高职高专工科类精品教材

AutoCAD 2006机械制图基础教程

AutoCAD 2006 JIXIE ZHITU JICHU JIAOCHENG

主　编　刘　旭　马　莉
副主编　曹　祺　王国民　郑　勇

中国科学技术大学出版社

内 容 简 介

AutoCAD已广泛应用于机械、建筑、电子和航天等诸多工程领域。本书以AutoCAD 2006为基础，指导读者熟悉和掌握AutoCAD的应用。

本书内容包括：绘图的准备工作，各种绘图命令和编辑命令的使用，文字和尺寸标注，图形输出，三维绘图基础以及上机练习。本书的内容和练习与实际应用紧密结合，以训练读者的绘图能力和提高考证的通过率。

本书适合作为各高职院校教材以及各类培训学校教材。

图书在版编目(CIP)数据

AutoCAD 2006机械制图基础教程/刘旭，马莉主编. —合肥：中国科学技术大学出版社，2010.2

ISBN 978-7-312-02655-3

Ⅰ.A… Ⅱ.①刘… ②马… Ⅲ.机械制图：计算机制图—应用软件，AutoCAD 2006—教材Ⅳ.TH126

中国版本图书馆CIP数据核字(2010)第008061号

出版 中国科学技术大学出版社
安徽省合肥市金寨路96号，邮编：230026
网址：http://press.ustc.edu.cn

印刷 中国科学技术大学印刷厂

经销 全国新华书店

开本 787mm×1092mm 1/16

印张 12.75

字数 326千

版次 2010年2月第1版

印次 2010年2月第1次印刷

定价 20.00元

前　言

AutoCAD 2006 是由美国 Autodesk 公司开发研制的通用计算机辅助设计(Computer Aided Design,简称 CAD)软件,具有易于掌握、使用方便等优点,能够绘制二维与三维图形、标注尺寸、渲染图形及打印图纸,彻底改变了传统的绘图模式,将设计人员从繁重的手工绘图中解脱出来,极大地提高了绘图速度,目前已广泛应用于各个领域。

我们根据 AutoCAD 2006 的特点和当前应用型教育对学生的要求编写了本教材,本书向学生介绍 AutoCAD 2006 的基本知识和常用绘图、编辑、修改、尺寸标注等命令的使用以及操作技巧;同时给学生提供了大量的与中级 AutoCAD 认证相关的练习和原题供大家训练实际绘图能力,以提高大家的绘图速度、质量和考证的通过率。

AutoCAD 2006 的应用已经深入到各个领域。对于当今很多专业的学生和专业人士而言,掌握 AutoCAD 已经成为一个重要的要求。结合实际应用的需要,本书共分为 10 章。第 1～5 章主要讲述绘图的前期准备工作,各种绘图命令和编辑命令的使用;第 6～7 章主要讲述文字和尺寸标注的方法;第 8 章主要讲述图形输出的相关知识;第 9 章主要讲述三维绘图的基础知识,该部分供学习能力较强的同学选学,在教学或个人学习中,可根据学校和个人的具体情况选择;第 10 章为上机练习部分,每个练习都给出了练习目的、练习内容、练习要求和练习步骤。部分章节的最后有综合示例,结合该章所讲述的内容以及实际应用给出了知识难点和实际应用分析。在本书的章节分布上,按照由浅入深、循序渐进的原则,结合一些实例来引导读者,对于一些应用少、难度大的内容则不介绍或少介绍,使读者能够更好更快地了解和掌握 AutoCAD 2006 的应用。

本书编者常年从事 AutoCAD 的教学和科研工作,对 AutoCAD 2006 有着很好的理解和丰富的教学经验。在内容的组织上结合了教学和科研等方面的经验,在书中给出了很多具体实例,供大家学习参考。

本书适合高等院校、高等职业学院以及成人高等学校主办的二级职业技术学院计算机及相关专业学生使用。

本书在编写过程中得到了安徽工贸职业技术学院以及电子工程系领导和很多老师的帮助,在此表示衷心的感谢。

本书由刘旭、马莉主编,马莉编写了第 1 章、第 2 章和部分上机练习,并对全书进行复核,曹祺编写了第 6 章和第 7 章,王国民编写了第 9 章和部分上机练习,其他章节由刘旭编写,郑勇参与了本书的讨论与定稿等工作。由于作者水平有限,书中不足之处在所难免,恳请广大读者批评指正。

编　者

2009 年 10 月

前言

目　录

前言 …………………………………………………………………………………… (ⅰ)

第 1 章　AutoCAD 2006 使用基础 ……………………………………………… (1)

1.1　简介 ………………………………………………………………………………… (1)

1.2　AutoCAD 2006 使用基础 …………………………………………………………… (2)

第 2 章　图层设置和图形显示控制 ……………………………………………… (11)

2.1　图层的设置和管理 ………………………………………………………………… (11)

2.2　图形显示控制 ……………………………………………………………………… (18)

2.3　综合示例 …………………………………………………………………………… (21)

第 3 章　绘图命令 ………………………………………………………………… (23)

3.1　绘制第一张图纸 …………………………………………………………………… (23)

3.2　构造线、射线、多线命令 ………………………………………………………… (26)

3.3　多段线、正多边形、矩形命令 …………………………………………………… (32)

3.4　圆、圆弧、圆环、椭圆、椭圆弧、样条曲线命令 ……………………………… (38)

3.5　点命令 ……………………………………………………………………………… (49)

3.6　面域与图案填充命令 ……………………………………………………………… (51)

3.7　表格命令 …………………………………………………………………………… (56)

3.8　块命令 ……………………………………………………………………………… (57)

3.9　综合示例 …………………………………………………………………………… (58)

第 4 章　对象捕捉命令 …………………………………………………………… (61)

4.1　手动捕捉 …………………………………………………………………………… (61)

4.2　自动捕捉 …………………………………………………………………………… (68)

4.3　综合示例 …………………………………………………………………………… (69)

第 5 章　编辑和修改命令 ………………………………………………………… (73)

5.1　概述 ………………………………………………………………………………… (73)

5.2　常用的编辑命令 …………………………………………………………………… (74)

5.3 常用修改命令 ……………………………………………… (76)
5.4 综合示例 ……………………………………………… (95)

第 6 章 文字 ……………………………………………… (97)
6.1 文字样式 ……………………………………………… (97)
6.2 单行文字标注与编辑 ……………………………………………… (101)
6.3 多行文字的标注 ……………………………………………… (102)
6.4 特殊字符 ……………………………………………… (105)
6.5 编辑文字 ……………………………………………… (106)
6.6 综合示例 ……………………………………………… (107)

第 7 章 标注 ……………………………………………… (110)
7.1 标注样式 ……………………………………………… (110)
7.2 常用标注命令 ……………………………………………… (121)
7.3 标注的编辑 ……………………………………………… (131)
7.4 综合示例 ……………………………………………… (133)

第 8 章 图形输出 ……………………………………………… (137)
8.1 配置输出设备 ……………………………………………… (137)
8.2 发布 DWF 文件 ……………………………………………… (140)
8.3 将图形发布到 Web 页 ……………………………………………… (140)

第 9 章 三维绘图基础 ……………………………………………… (141)
9.1 三维坐标系 ……………………………………………… (141)
9.2 设置视点 ……………………………………………… (144)
9.3 观察三维图形 ……………………………………………… (146)
9.4 绘制简单三维对象 ……………………………………………… (147)
9.5 绘制三维曲面常用命令 ……………………………………………… (147)
9.6 绘制三维实体常用命令 ……………………………………………… (152)
9.7 编辑三维实体常用命令 ……………………………………………… (157)

第 10 章 上机练习 ……………………………………………… (165)
练习 1 AutoCAD 2006 初识 ……………………………………………… (165)
练习 2 图层练习 ……………………………………………… (166)
练习 3 简单绘图 1 ……………………………………………… (168)
练习 4 简单绘图 2 ……………………………………………… (170)
练习 5 高级绘图 1 ……………………………………………… (172)

练习 6　高级绘图 2 …… (174)
练习 7　对象捕捉 …… (175)
练习 8　修改命令 1 …… (177)
练习 9　修改命令 2 …… (179)
练习 10　标注命令 1 …… (181)
练习 11　标注命令 2 …… (183)
练习 12　综合练习 1 …… (185)
练习 13　综合练习 2 …… (186)

参考文献 …… (194)

第 1 章　AutoCAD 2006 使用基础

本章要点

- ◆ 了解 AutoCAD 2006 的安装方法。
- ◆ 熟悉 AutoCAD 2006 的启动和工作界面。
- ◆ 掌握图纸的基本操作和 AutoCAD 2006 的常用命令。

1.1　简　　介

AutoCAD 2006 是由美国 Autodesk 公司开发研制的通用计算机辅助设计(Computer Aided Design,简称 CAD)软件,具有易于掌握、使用方便等优点,能够绘制二维与三维图形、标注尺寸、渲染图形及打印图纸,彻底改变了传统的绘图模式,将设计人员从繁重的手工绘图中解脱出来,极大地提高了绘图速度,目前已广泛应用于各种领域。

AutoCAD 2006 与 AutoCAD 先前的版本相比,在性能和功能方面都有较大的增强,同时保证与低版本完全兼容。其主要可完成以下功能:

1. 绘制与编辑图形

AutoCAD 2006 的“绘图”菜单中包含有丰富的绘图命令,使用它们可以绘制直线、构造线、多段线、圆、矩形、多边形、椭圆等基本图形,也可以将绘制的图形转换为面域对其进行填充。如果再借助于“修改”菜单中的修改命令,便可以绘制出各种各样的二维图形。

对于一些二维图形,通过拉伸、设置标高和厚度等操作就可以轻松地转换为三维图形。使用“绘图”|“建模”命令中的子命令,用户可以很方便地绘制圆柱体、球体、长方体等基本实体以及三维网格、旋转网格等曲面模型。同样再结合“修改”菜单中的相关命令,还可以绘制出各种各样的复杂三维图形。

2. 标注图形尺寸

尺寸标注是向图形中添加测量注释的过程,是整个绘图过程中不可缺少的一步。AutoCAD 2006 的“标注”菜单中包含了一套完整的尺寸标注和编辑命令,使用它们可以在图形的各个方向上创建各种类型的标注,也可以方便、快速地以一定格式创建符合行业或项目标准的标注。

标注显示了对象的测量值,对象之间的距离、角度等数值。在 AutoCAD 2006 中提供了线性、半径和角度 3 种基本的标注类型,可以进行水平、垂直、对齐、旋转、坐标、基线或连续等标注。此外,还可以进行引线标注、公差标注以及自定义粗糙度标注。标注的对象可以是二维图形也可以是三维图形。

3. 渲染三维图形

在 AutoCAD 2006 中,可以运用雾化、光源和材质将模型渲染为具有真实感的图像。如果是为了演示,可以渲染全部对象;如果时间有限或显示设备和图形设备不能提供足够的灰度等级和颜色,就不必精细渲染;如果只需快速查看设计的整体效果,则可以简单消隐或设置视觉样式。

4. 输出与打印图形

AutoCAD 2006 不仅允许将所绘图形以不同样式通过绘图仪或打印机输出,还能够将不同格式的图形导入 AutoCAD 2006 或将 AutoCAD 2006 图形以其他格式输出。因此,当图形绘制完成之后可以使用多种方法将其输出。例如,可以将图形打印在图纸上或创建成文件以供其他应用程序使用。

1.2 AutoCAD 2006 使用基础

1.2.1 AutoCAD 2006 的安装

1. 安装的要求

在单独的计算机上安装 AutoCAD 2006 之前,要确保计算机满足最低系统需求,参见表 1.1。

表 1.1 安装 AutoCAD 2006 的硬件和软件需求

硬件/软件	要求	注意
操作系统	Windows XP Professional,Service Pack 1 或 2 Windows XP Home Service Pack 1 或 2 Windows XP Tablet PC Windows 2000 Service Pack 4	1. 建议在用户界面语言与 AutoCAD 语言的代码页匹配的操作系统上安装非英文版本的 AutoCAD,代码页为不同语言的字符集提供支持 2. 必须有管理权限,才能安装 AutoCAD
Web 浏览器	具有 Service Pack 1(或更高版本)的Microsoft Internet Explorer 6.0	如果安装工作站上未安装具有 Service Pack 1(或更高版本)的 Microsoft Internet Explorer 6.0,则无法安装 AutoCAD,可以从 Microsoft 网站下载 Internet Explorer:http://www.microsoft.com/downloads/
处理器	Pentium Ⅲ 或更高,800 MHz	
RAM	512 MB(推荐)	
视频	1024×768 VGA 真彩色(最低要求)	需要支持 Windows 的显示适配器
硬盘	安装 500 MB	
定点设备	鼠标、轨迹球或其他设备	

续表

硬件/软件	要求	注意
CD-ROM	任意速度(仅用于安装)	
可选硬件	OpenGL 兼容三维视频卡 打印机或绘图仪 数字化仪 调制解调器或其他访问 Internet 连接的设备 网络接口卡	随三维图形卡附带的 OpenGL 驱动程序必须满足以下要求: 1. 完全支持 OpenGL 或更高版本 2. OpenGL 可安装客户端驱动程序(ICD) 3. 图形卡必须在其 OpenGL 驱动程序软件中具有 ICD(随某些卡提供的"miniGL"驱动程序无法与 AutoCAD 一起使用)

2. 安装步骤

(1) 将 AutoCAD CD 插入计算机的 CD-ROM 驱动器。

(2) 在媒体浏览器中,单击"安装"选项卡。

(3) 在"安装"选项卡上,单击"单机安装"。

(4) 在"安装 AutoCAD 2006"下,单击"安装"以启动 AutoCAD 2006 安装向导。

(5) 在"Autodesk 安装程序"页上单击"确定",以安装所需的支持部件。

(6) 在"欢迎使用 AutoCAD 2006 安装向导"对话框中,单击"下一步"。

(7) 查看所适用国家/地区的 Autodesk 软件许可协议,必须接受协议才能完成安装。要接受协议请单击"我接受",然后单击"下一步"。

(8) 在"序列号"页上,输入产品包装上的序列号或编组 ID,单击"下一步"。

(9) 在"用户信息"对话框中,输入用户信息,单击"下一步"。

(10) 在"选择安装类型"对话框中,指定所需的安装类型,然后单击"下一步"。

(11) 在"安装可选工具"页上,执行以下操作:

① 对于"安装 Express Tools"选项,如果要安装 AutoCAD Express Tools,请选中此选项的复选框。

② 对于"安装三维 DWF 发布"选项,如果要安装三维 DWF 发布,请选中此选项的复选框。

(12) 在"目标文件夹"对话框中,执行下列操作之一:

① 单击"下一步",接受默认的目标文件夹(C:\Program Files\AutoCAD 2006\)。

② 输入路径或单击"浏览",指定在其他驱动器和文件夹中安装 AutoCAD。单击"确定",然后单击"下一步"。

(13) 在"选择文本编辑器"页上,如果要编辑文本文件(例如 PGP 和 CUS 词典文件),请选择要使用的文本编辑器。可以接受默认编辑器,也可以从可用文本编辑器列表中选择,还可以单击"浏览"以定位未列出的文本编辑器。

(14) 在"选择文本编辑器"页上的"产品快捷方式"部分选择是否要在桌面上显示 AutoCAD 快捷方式图标。默认情况下,产品图标将在桌面上显示。如果不希望显示快捷方式图标,请清除该复选框,然后单击"下一步"。

(15) 在"开始安装"对话框中,单击"下一步"以开始安装。

(16) 在"AutoCAD 2006 已经成功安装"页上,单击"完成"。并将从此对话框中打开《自述》文件,自述文件包含 AutoCAD 2006 文档发布时尚未具备的信息。如果不需要查看《自述》文件，请清除“自述文件”旁边的复选框。

(17) 如有提示，请重新启动计算机。

1.2.2 AutoCAD 2006 的工作界面

启动 AutoCAD 2006 后，显示的工作界面如图 1.1 所示。其包括如下部分：“5 个栏”——标题栏、菜单栏、标准工具栏、对象特性工具栏、状态栏和“3 个口”——图形窗口、命令窗口、文本窗口。

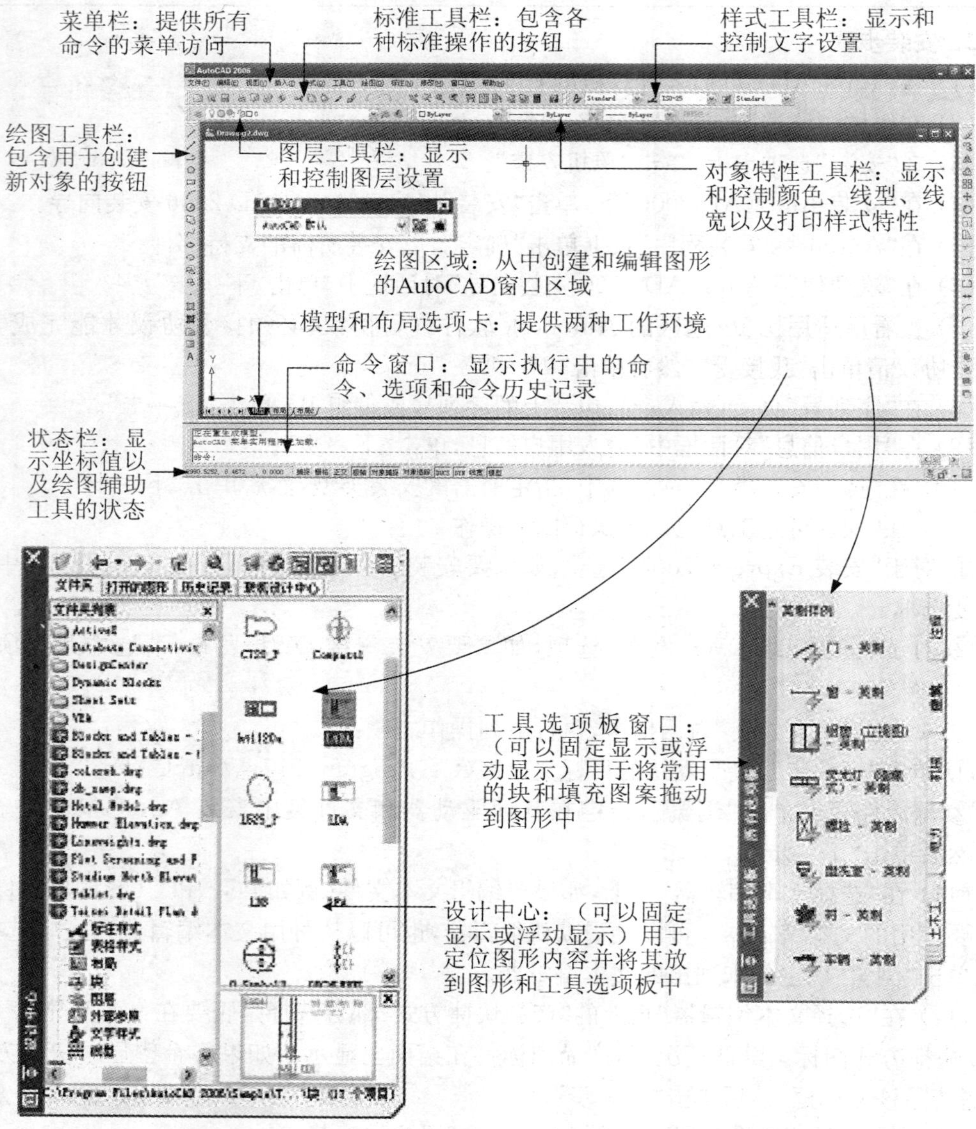

图 1.1　AutoCAD 2006 的初始工作界面

1. 标题栏

标题栏位于工作界面的最上方，如图 1.2 所示，用来显示 AutoCAD 2006 的程序图标以及当前图纸的名字和所在位置。单击其右侧的各按钮，可分别实现窗口的最小化、最大化（还原）以及关闭。

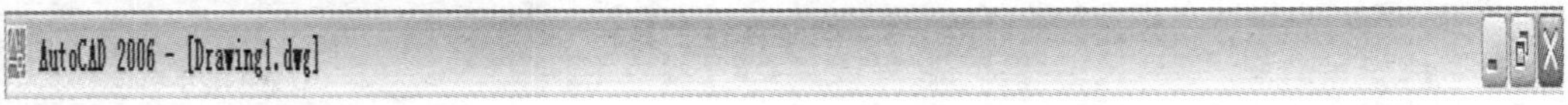

AutoCAD 2006 - [Drawing1.dwg]

图 1.2　标题栏

2. 菜单栏

中文版 AutoCAD 2006 的菜单栏由“文件”、“编辑”、“视图”等菜单组成，几乎包括了 AutoCAD 中全部的功能和命令。快捷菜单又称为上下文相关菜单。在绘图区域、工具栏、状态行、模型与布局选项卡以及一些对话框上右击时，将弹出一个快捷菜单，该菜单中的命令与 AutoCAD 当前状态相关。使用它们可以在不启动菜单栏的情况下快速、高效地完成某些操作，图 1.3 为 AutoCAD 2006 的菜单栏。

文件(F)　编辑(E)　视图(V)　插入(I)　格式(O)　工具(T)　绘图(D)　标注(N)　修改(M)　窗口(W)　帮助(H)

图 1.3　菜单栏

使用 AutoCAD 2006 的菜单栏要注意以下几个问题：

(1) 下拉菜单

下拉菜单包含文件、编辑、视图、插入等 11 项，用鼠标左键点击时，会在标题下出现菜单项。

(2) 级联菜单

菜单后面有一小三角形时，把光标放在菜单项上就会自动出现子菜单，它包括进一步的选项。

(3) 光标菜单

按下 Shift 键和鼠标右键就会在当前光标位置显示光标菜单。

3. 标准工具栏

标准工具栏共有 20 多个命令图标，如图 1.4 所示，分别代表不同的命令。当光标指向任一图标时，会在图标的右下角显示相应的命令名，同时在窗口的命令行有注解。

图 1.4　标准工具栏

4. 对象特性工具栏

对象特性工具栏包括图层处理、选择工具、线型工具、颜色工具等,如图 1.5 所示。

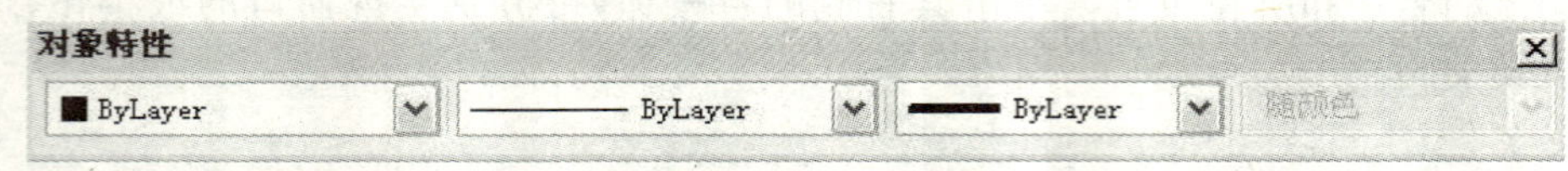

图 1.5　对象特性工具栏

5. 状态栏

状态栏用来显示 AutoCAD 当前的状态,如当前光标的坐标、命令和按钮的说明等。在绘图窗口中移动光标时,状态栏的"坐标"区将动态地显示当前坐标值。坐标显示取决于所选择的模式和程序中运行的命令,有"相对"、"绝对"和"无"3 种模式。状态栏中还包括如"捕捉"、"栅格"、"正交"、"极轴"、"对象捕捉"、"对象追踪"、"DUCS"、"DYN"、"线宽"、"模型"(或"图纸")10 个功能按钮,如图 1.6 所示。

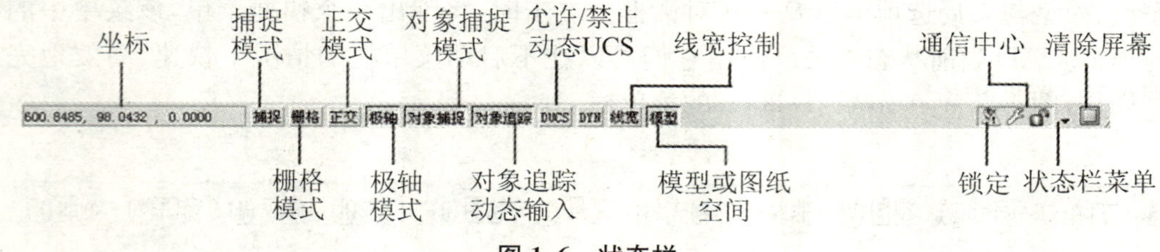

图 1.6　状态栏

6. 图形窗口

在 AutoCAD 中,绘图窗口是用户绘图的工作区域,所有的绘图结果都反映在这个窗口中。可以根据需要关闭其周围和里面的各个工具栏,以增大绘图空间。如果图纸比较大,需要查看未显示部分时可以单击窗口右边与下边滚动条上的箭头或拖动滚动条上的滑块来移动图纸。

在绘图窗口中除了显示当前的绘图结果外,还显示了当前使用的坐标系类型以及坐标原点、X 轴、Y 轴、Z 轴的方向等。默认情况下,坐标系为世界坐标系(WCS)。绘图窗口的下方有"模型"和"布局"选项卡,单击其标签可以在模型空间或图纸空间之间来回切换。

7. 命令窗口

"命令行"窗口位于绘图窗口的底部,用于接收用户输入的命令,并显示 AutoCAD 提示信息。在 AutoCAD 2006 中,"命令行"窗口可以拖放为浮动窗口。

8. 文本窗口

"AutoCAD 文本窗口"是记录 AutoCAD 命令的窗口,是放大的"命令行"窗口,它记录了已执行的命令,也可以用来输入新命令。在 AutoCAD 2006 中,可以选择"视图"、"显示"、"文本窗口"命令、按 F2 键来打开"AutoCAD 文本窗口",它记录了对文档进行的所有操作。

1.2.3　图纸的建立、打开、保存和关闭

1. 创建新图形文件

选择"文件"|"新建"命令(NEW),或在"标准"工具栏中单击"新建"按钮,可以创建新图

形文件，此时将打开“选择样板”对话框。在“选择样板”对话框中，可以在“名称”列表框中选中某一样板文件，这时在其右面的“预览”框中将显示出该样板的预览图像。单击“打开”按钮，可以以选中的样板文件为样板创建新图形，此时会显示图形文件的布局(选择样板文件 acad. dwt 或 acadiso. dwt 除外)，如图 1.7 所示。

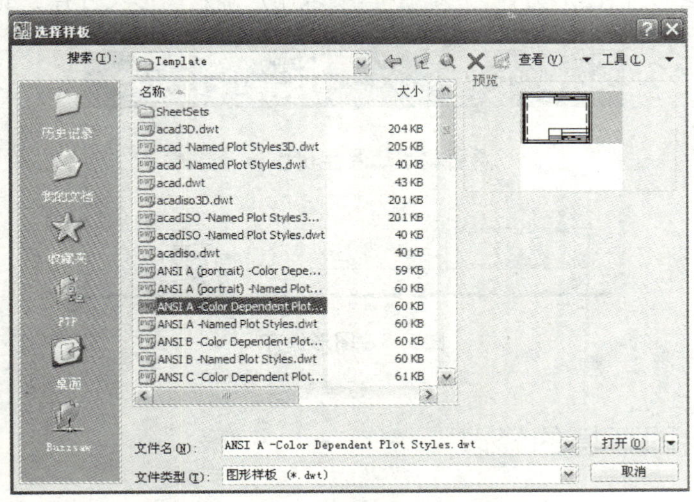

图 1.7　选择样板

2. 打开图形文件

选择“文件”|“打开”命令(OPEN)，或在“标准”工具栏中单击“打开”按钮，可以打开已有的图形文件，此时将打开“选择文件”对话框。选择需要打开的图形文件，在右面的“预览”框中将显示出该图形的预览图像。默认情况下，打开的图形文件的格式为. dwg。

在 AutoCAD 中，可以以“打开”、“以只读方式打开”、“局部打开”和“以只读方式局部打开”4 种方式打开图形文件。当以“打开”、“局部打开”方式打开图形时，可以对打开的图形进行编辑，如果以“以只读方式打开”、“以只读方式局部打开”方式打开图形时，则无法对打开的图形进行编辑。如果选择以“局部打开”、“以只读方式局部打开”打开图形，这时将打开“局部打开”对话框。可以在“要加载几何图形的视图”选项组中选择要打开的视图，在“要加载几何图形的图层”选项组中选择要打开的图层，然后单击“打开”按钮，即可在视图中打开选中图层上的对象。

3. 保存图形文件

在 AutoCAD 中，可以使用多种方式将所绘图形以文件形式存入磁盘。例如，可以选择“文件”|“保存”命令(SAVE)，或在“标准”工具栏中单击“保存”按钮，以当前使用的文件名保存图形；也可以选择“文件”|“另存为”命令(SAVE AS)，将当前图形以新的名称保存。

在第一次保存创建的图形时，系统将打开“图形另存为”对话框。默认情况下，文件以“AutoCAD 2004 图形(＊. dwg)”格式保存，也可以在“文件类型”下拉列表框中选择其他格式，如 AutoCAD 2000/LT 2000 图形(＊. dwg)、AutoCAD 图形标准(＊. dws)等格式。

4. 关闭图形文件

选择“文件”|“关闭”命令(CLOSE)，或在绘图窗口中单击“关闭”按钮，可以关闭当前图

形文件。如果当前图形没有存盘，系统将弹出 AutoCAD 警告对话框，询问是否保存文件(图 1.8)。此时，单击“是(Y)”按钮或直接按 Enter 键，可以保存当前图形文件并将其关闭；单击“否(N)”按钮，可以关闭当前图形文件但不存盘；单击“取消”按钮，取消关闭当前图形文件操作，即不保存也不关闭。如果当前所编辑的图形文件没有命名，那么单击“是(Y)”按钮后，AutoCAD 会打开“图形另存为”对话框，要求用户确定图形文件存放的位置和名称。

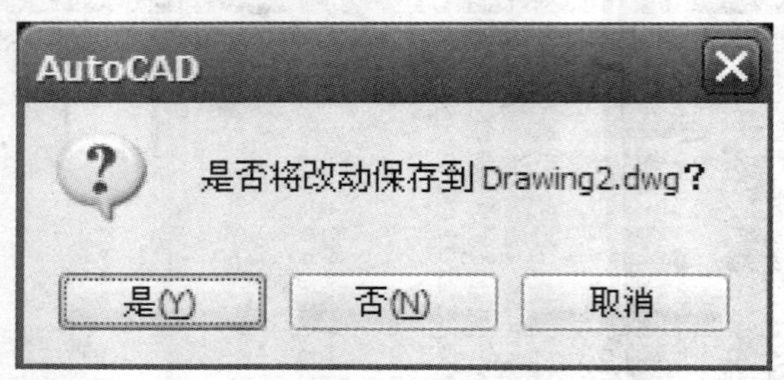

图 1.8 图形保存

1.2.4 绘图环境的修改

1. 设置参数选项

通常情况下，安装好 AutoCAD 2006 后就可以在其默认状态下绘制图形，但有时为了使用特殊的定点设备、打印机或提高绘图效率，用户需要在绘制图形前先对系统参数进行必要的设置。

选择“工具”|“选项”命令(OPTIONS)，可打开“选项”对话框(图 1.9)。在该对话框中包含“文件”、“显示”、“打开和保存”、“打印和发布”、“系统”、“用户系统配置”、“草图”、“三维建模”、“选择”和“配置”10 个选项卡。

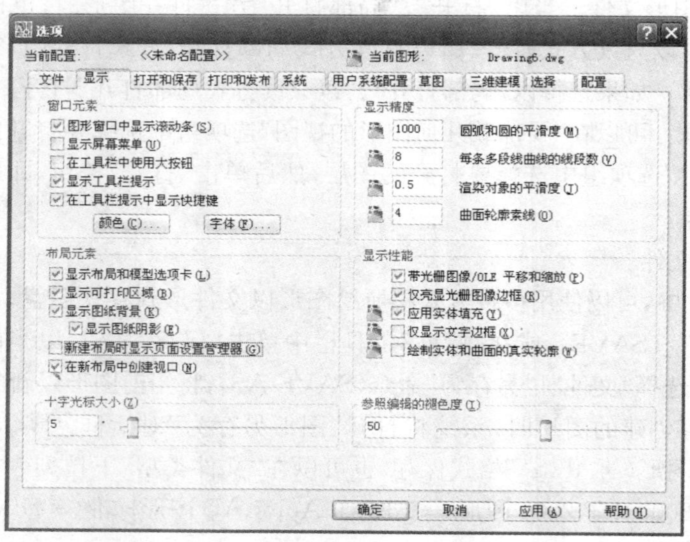

图 1.9 选项对话框

2. 设置图形单位

在 AutoCAD 中，用户可以采用 1∶1 的比例绘图，因此，所有的直线、圆和其他对象都可以以真实大小来绘制。例如，如果一个零件长 200 cm，那么它也可以按 200 cm 的真实大小来绘制，在需要打印出图时，再将图形按图纸大小进行缩放。

在中文版 AutoCAD 2006 中，用户可以选择“格式”|“单位”命令，在打开的“图形单位”对话框中设置绘图时使用的长度单位、角度单位以及单位的显示格式和精度等参数，如图 1.10 所示。

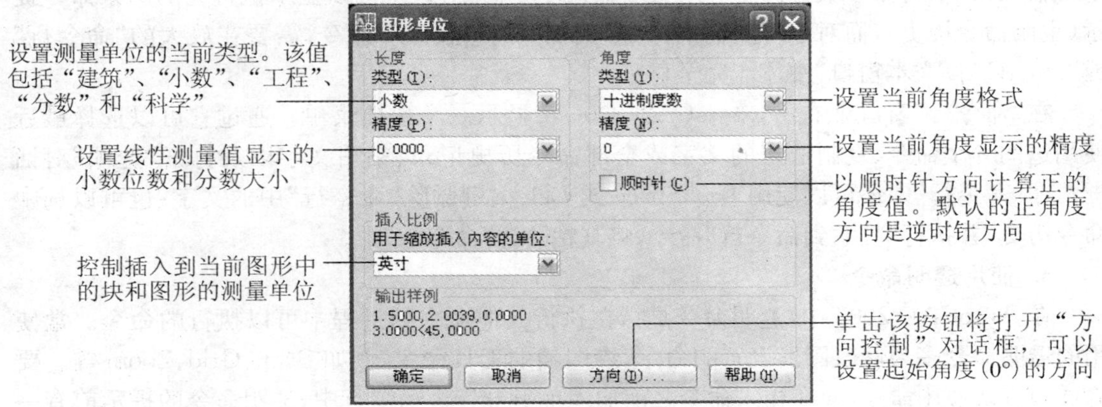

图 1.10　图形单位对话框

3. 设置绘图图限

在中文版 AutoCAD 2006 中，用户不仅可以通过设置参数选项和图形单位来设置绘图环境，还可以设置绘图图限。使用 Limits 命令可以在模型空间中设置一个想像的矩形绘图区域，也称为图限。它确定的区域是可见栅格指示的区域，也是选择“视图”|“缩放”|“全部”命令时决定显示多大图形的一个参数。

1.2.5　AutoCAD 2006 常用命令

在 AutoCAD 2006 中，菜单命令、工具按钮、命令和系统变量大都是相互对应的。可以选择某一菜单命令，或单击某个工具按钮，或在命令行中输入命令和系统变量来执行相应命令。可以说，命令是 AutoCAD 2006 绘制与编辑图形的核心。

1. 使用鼠标操作执行命令

在绘图窗口，光标通常显示为“十”字线形式。当光标移至菜单选项、工具或对话框内时，它会变成一个箭头。无论光标是“十”字线形式还是箭头形式，当单击或者按动鼠标键时，都会执行相应的命令或动作。在 AutoCAD 2006 中，鼠标键是按照下述规则定义的：

(1) 拾取键

通常指鼠标左键，用于指定屏幕上的点，也可以用来选择 Windows 对象、AutoCAD 对象、工具栏按钮和菜单命令等。

(2) 回车键

指鼠标右键，相当于 Enter 键，用于结束当前使用的命令，此时系统将根据当前绘图状态而弹出不同的快捷菜单。

(3) 弹出菜单

当使用 Shift 键和鼠标右键的组合时，系统将弹出一个快捷菜单，用于设置捕捉点的方法。对于 3 键鼠标，弹出按钮通常是鼠标的中间按钮。

2. 使用命令行

在 AutoCAD 2006 中，默认情况下“命令行”是一个可固定的窗口，可以在当前命令行提示下输入命令、对象参数等内容。对大多数命令，“命令行”中可以显示执行完的两条命令提示(也叫命令历史)，而对于一些输出命令，例如 TIME、LIST 命令，需要在放大的“命令行”或“AutoCAD 文本窗口”中才能完全显示。

在“命令行”窗口中右击，AutoCAD 2006 将显示一个快捷菜单。通过它可以选择最近使用过的 6 个命令、复制选定的文字或全部命令历史记录、粘贴文字以及打开“选项”对话框。在“命令行”中还可以使用 BackSpace 或 Delete 键删除“命令行”中的文字；也可以选中命令历史，并执行“粘贴到命令行”命令，将其粘贴到“命令行”中。

3. 使用透明命令

在 AutoCAD 2006 中，透明命令是指在执行其他命令的过程中可以执行的命令。常使用的透明命令多为修改图形设置的命令、绘图辅助工具命令，例如 Snap、Grid、Zoom 等。要以透明方式使用命令，应在输入命令之前输入单引号(')。命令行中，透明命令的提示前有一个双折号(≫)。完成透明命令后，将继续执行原命令。

4. 使用系统变量

在 AutoCAD 2006 中，系统变量用于控制某些功能和设计环境、命令的工作方式，它可以打开或关闭捕捉、栅格或正交等绘图模式，设置默认的填充图案，或存储当前图形和 AutoCAD配置的有关信息。

系统变量通常是 6～10 个字符长的缩写名称。许多系统变量有简单的开关设置。例如 GRIDMODE 系统变量用来显示或关闭栅格，当在“命令行”的“输入 GRIDMODE 的新值〈1〉:”提示下输入 0 时，可以关闭栅格显示；输入 1 时，可以打开栅格显示。有些系统变量则用来存储数值或文字，例如 DATE 系统变量用来存储当前日期。

可以在对话框中修改系统变量，也可以直接在“命令行”中修改系统变量。例如要使用 ISOLINES 系统变量修改曲面的线框密度，可在“命令行”提示下输入该系统变量名称并按 Enter 键，然后输入新的系统变量值并按 Enter 键即可，详细操作如下：

命令　ISOLINES　(输入系统变量名称)

输入　ISOLINES　的新值〈4〉:32　(输入系统变量的新值)

第 2 章　图层设置和图形显示控制

本章要点

- 掌握图层的新建和线型的设置以及更改。
- 熟悉图形显示的相关控制。

图层是用户组织和管理图形的强有力工具。在中文版 AutoCAD 2006 中，所有图形对象都具有图层、颜色、线型和线宽这 4 个基本属性。用户可以使用不同的图层、颜色、线型和线宽绘制不同的对象和元素，非常方便地控制了对象的显示和编辑，从而提高绘制复杂图形的效率和准确性。

2.1　图层的设置和管理

2.1.1　图层的设置

2.1.1.1　图层特性管理器

图层是 AutoCAD 2006 提供的一个管理图形对象的工具，用户可以根据图层对图形几何对象、文字、标注等进行归类处理，使用图层来管理它们，不仅能使图形的各种信息清晰、有序、便于观察，而且也会给图形的编辑、修改和输出带来很大的方便。

AutoCAD 2006 提供了图层特性管理器，利用该工具，用户可以很方便地创建图层以及设置其基本属性。选择“格式”|“图层”命令，即可打开“图层特性管理器”对话框(图 2.1)。

2.1.1.2　创建新图层

开始绘制新图形时，AutoCAD 将自动创建一个名为“0”的特殊图层。默认情况下，图层“0”将被指定使用 7 号颜色(白色或黑色，由背景色决定，本书中将背景色设置为白色，因此，图层颜色就是黑色)、“Continuous”线型、“默认”线宽及“normal”打印样式，用户不能删除或重命名该图层“0”。在绘图过程中，如果用户要使用更多的图层来组织图形，就需要先创建新图层。

在“图层特性管理器”对话框中单击“新建图层”按钮可以创建一个名称为“图层 1”的新图层。默认情况下，新建图层与当前图层的状态、颜色、线性、线宽等设置相同。当创建了图层后，图层的名称将显示在图层列表框中，如果要更改图层名称，可单击该图层名，然后输入一个新的图层名并按 Enter 键即可。

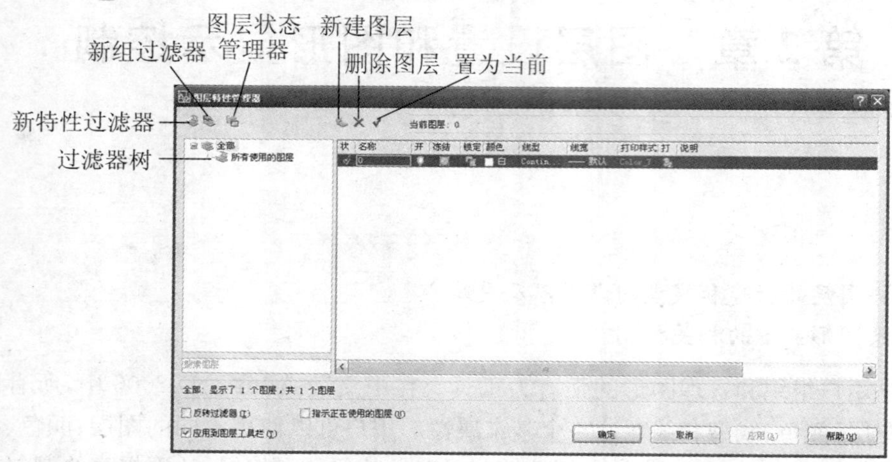

图 2.1 图层特性管理器

2.1.1.3 设置图层颜色

颜色在图形中具有非常重要的作用，可用来表示不同的组件、功能和区域。图层的颜色实际上是图层中图形对象的颜色。每个图层都拥有自己的颜色，对不同的图层可以设置相同的颜色，也可以设置不同的颜色，绘制复杂图形时就可以很容易区分图形的各部分。

新建图层后，要改变图层的颜色可在"图层特性管理器"对话框中单击图层的"颜色"列对应的图标，打开"选择颜色"对话框(图 2.2)。

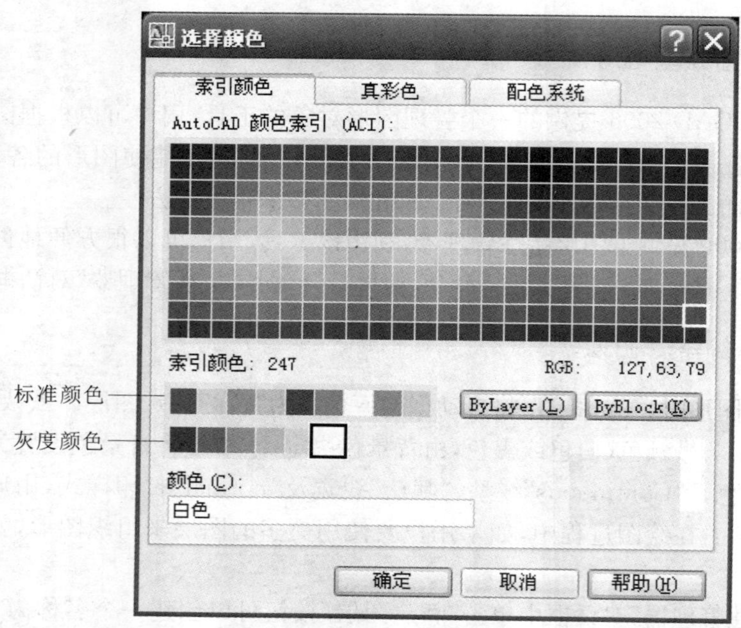

图 2.2 选择颜色

2.1.1.4　使用与管理线型

线型是指图形基本元素中线条的组成和显示方式，如虚线和实线等。在 AutoCAD 中既有简单线型，也有由一些特殊符号组成的复杂线型，以满足不同国家或行业标准的要求。

1. 设置图层线型

在绘制图形时要使用线型来区分图形元素，这就需要对线型进行设置。默认情况下，图层的线型为“Continuous”。要改变线型，可在图层列表中单击“线型”列的“Continuous”，打开“选择线型”对话框，在“已加载的线型”列表框中选择一种线型，然后单击“确定”按钮（图 2.3）。

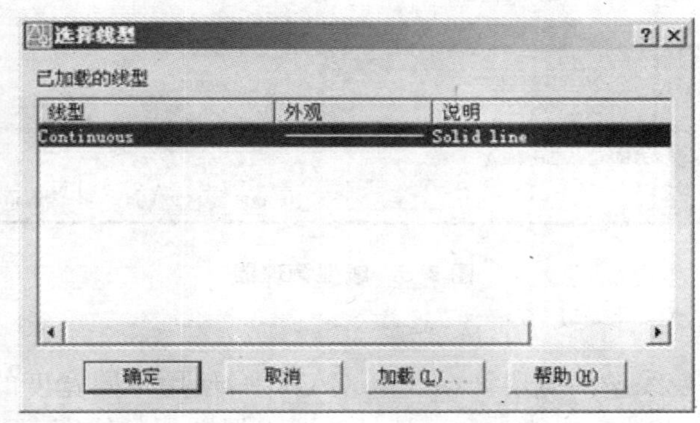

图 2.3　选择线型

2. 加载线型

默认情况下，在“选择线型”对话框的“已加载的线型”列表框中只有“Continuous”一种线型，如果要使用其他线型，必须将其添加到“已加载的线型”列表框中。可单击“加载”按钮打开“加载或重载线型”对话框，从当前线型库中选择需要加载的线型，然后单击“确定”按钮（图 2.4）。

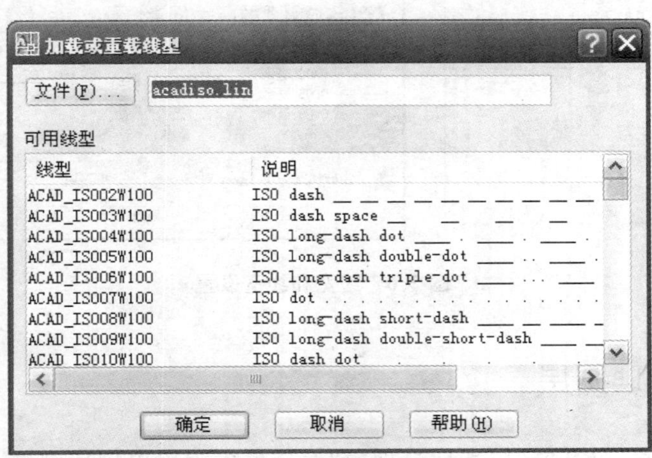

图 2.4　加载或重载线型

3. 设置线型比例

选择“格式”|“线型”命令,打开“线型管理器”对话框,可设置图形中的线型比例,从而改变非连续线型的外观,如图 2.5 所示。

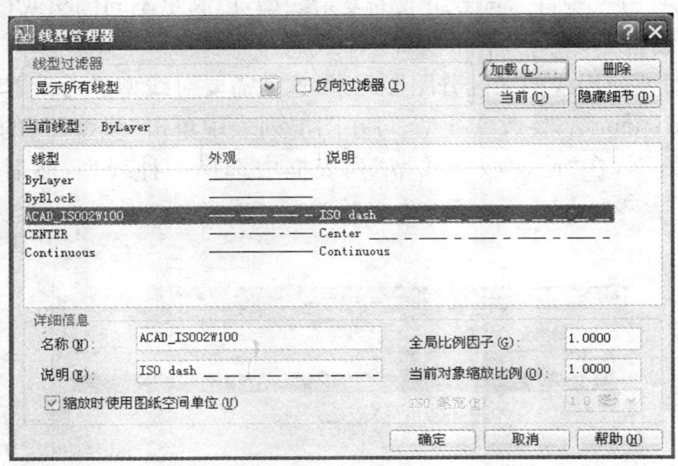

图 2.5　线型管理器

4. 设置图层线宽

线宽设置就是改变线条的宽度。在 AutoCAD 中,使用不同宽度的线条表现对象的大小或类型,可以提高图形的表达能力和可读性。要设置图层的线宽,可以在“图层特性管理器”对话框的“线宽”列中单击该图层对应的线宽“——默认”,打开“线宽”对话框,有 20 多种线宽可供选择。也可以选择“格式”|“线宽”命令,打开“线宽设置”对话框,通过调整线宽比例,使图形中的线宽显示得更宽或更窄,如图 2.6 所示。

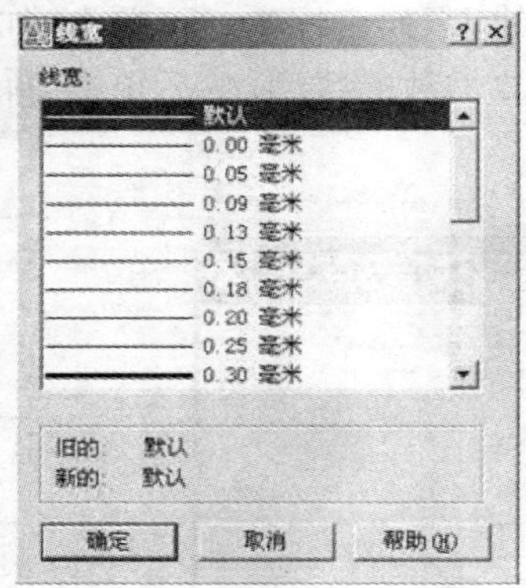

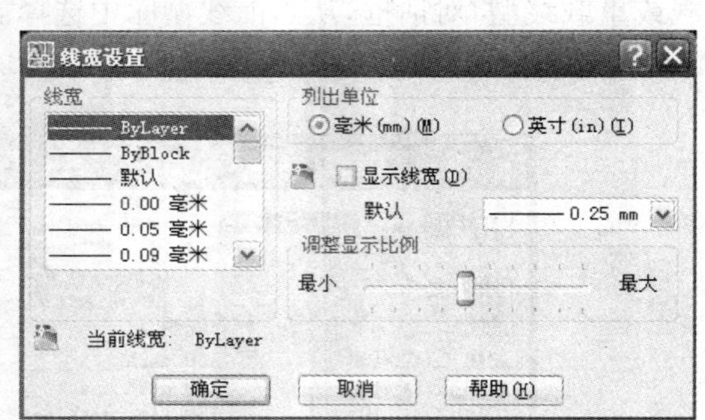

图 2.6　线宽和线宽设置

2.1.2　管理图层

在 AutoCAD 中,使用“图层特性管理器”对话框不仅可以创建图层,设置图层的颜色、线型和线宽,还可以对图层进行更多的设置与管理,如图层的切换、重命名、删除及图层的显示控制等。

1. 设置图层特性

使用图层绘制图形时，新对象的各种特性将默认为随层，由当前图层的默认设置决定。也可以单独设置对象的特性，新设置的特性将覆盖原来随层的特性。在“图层特性管理器”对话框中，每个图层都包含状态、名称、打开/关闭、冻结/解冻、锁定/解锁、线型、颜色、线宽和打印样式等特性(图 2.7)。

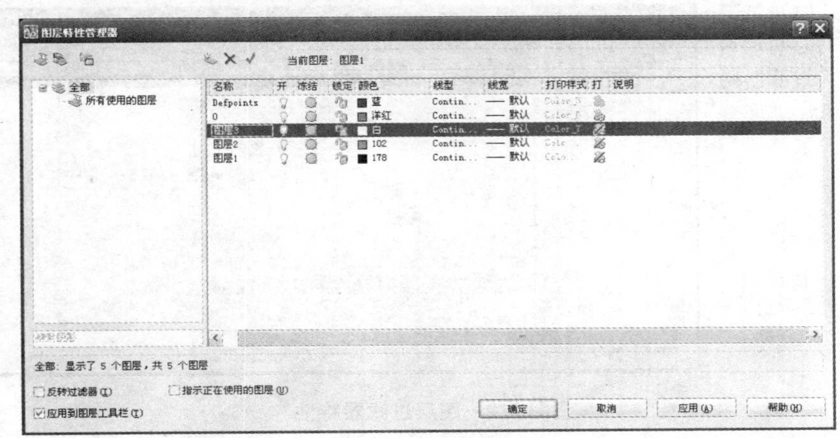

图 2.7　图层特性管理器

2. 切换当前层

在“图层特性管理器”对话框的图层列表中，选择某一图层后，单击“当前图层”按钮，即可将该层设置为当前层。在实际绘图时，为了便于操作，主要通过“图层”工具栏和“对象特性”工具栏来实现图层切换，这时只需选择要将其设置为当前层的图层名称即可。此外，“图层”工具栏和“对象特性”工具栏中的主要选项与“图层特性管理器”对话框中的内容相对应，因此也可以用来设置与管理图层特性，如图 2.8 所示。

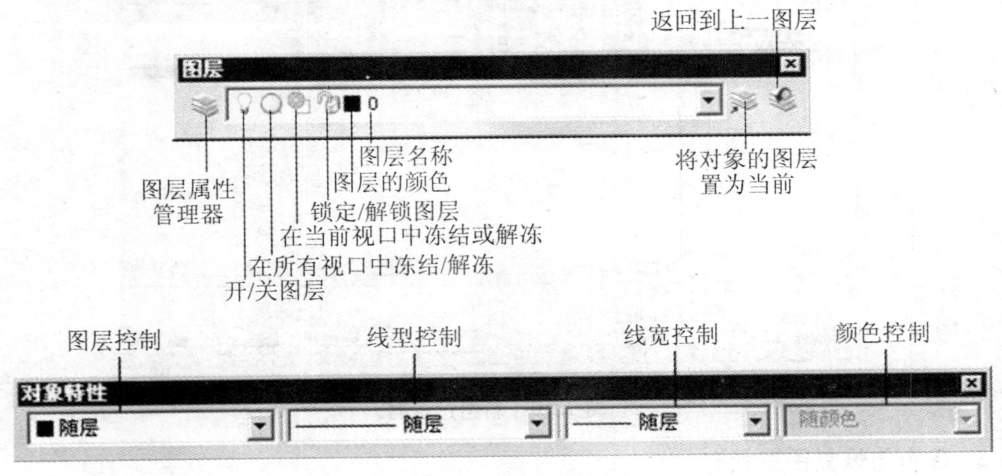

图 2.8　图层和对象特性

3. 使用“图层过滤器特性”对话框过滤图层

在 AutoCAD 2006 中,图层过滤功能大大简化了在图层方面的操作。图形中包含大量图层时,在“图层特性管理器”对话框中单击“新特性过滤器”按钮,可以使用打开的“图层过滤器特性”对话框来命名图层过滤器(图 2.9)。

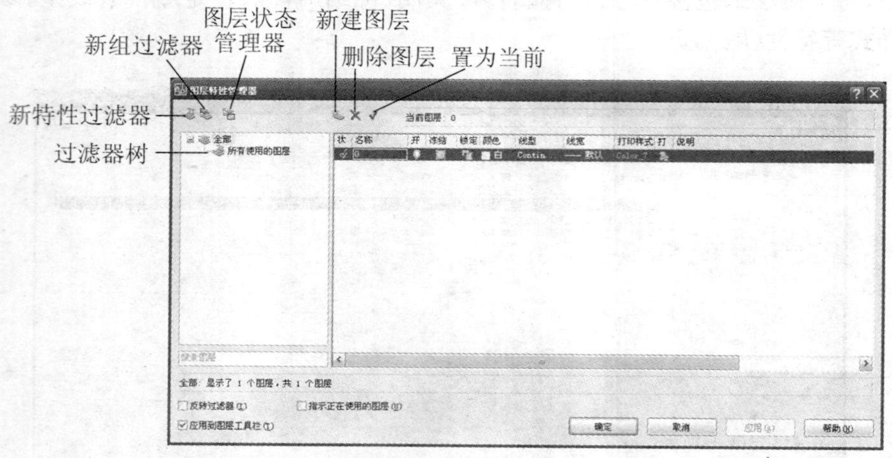

图 2.9 图层过滤器特性

4. 使用“新组过滤器”过滤图层

在 AutoCAD 2006 中,还可以通过“新组过滤器”过滤图层。可在“图层特性管理器”对话框中单击“新组过滤器”按钮,并在对话框左侧过滤器树列表中添加一个“组过滤器 1”(也可以根据需要命名组过滤器)。在过滤器树中单击“所有使用的图层”节点或其他过滤器,显示对应的图层信息,然后将需要分组过滤的图层拖动到创建的“组过滤器 1”上即可,如图 2.10所示。

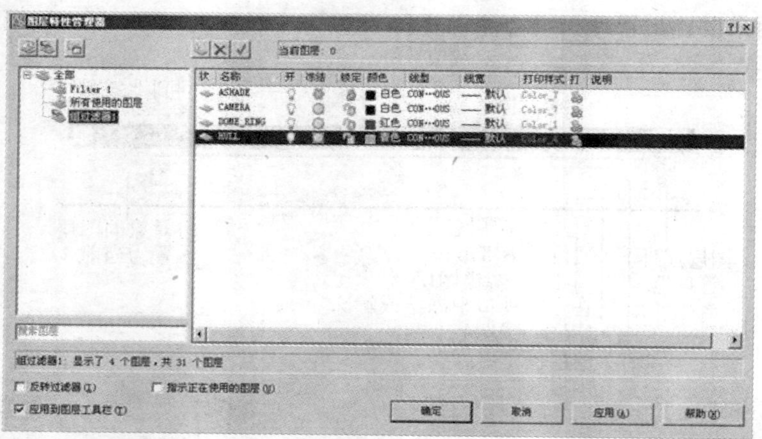

图 2.10 新组过滤器

5. 保存与恢复图层状态

图层设置包括图层状态和图层特性。图层状态包括图层是否打开、冻结、锁定、打印和在新视口中自动冻结。图层特性包括颜色、线型、线宽和打印样式。可以选择要保存的图层状态和图层特性。例如,可以选择只保存图形中图层的“冻结/解冻”设置,忽略所有其他设置。恢复图层状态时,除了每个图层的冻结或解冻设置以外,其他设置仍保持当前设置。在 AutoCAD 2006 中,可以使用“图层状态管理器”对话框来管理所有图层的状态。

6. 转换图层

使用“图层转换器”可以转换图层,实现图形的标准化和规范化。“图层转换器”能够转换当前图形中的图层,使之与其他图形的图层结构或 CAD 标准文件相匹配(图 2.11)。例如,如果打开一个与绘图者要求的图层结构不一致的图形时,可以使用“图层转换器”转换图层名称和属性,以符合绘图者的图形标准。

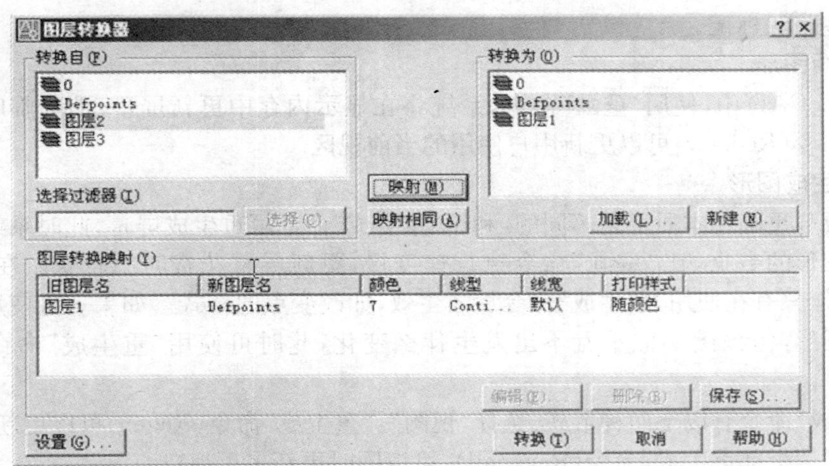

图 2.11　图层转换器

7. 改变对象所在图层

在实际绘图中,如果绘制完某一图形元素后,发现该元素并没有绘制在预先设置的图层上,可选中该图形元素,并在“对象特性”工具栏的图层控制下拉列表框中选择预设层名,然后按下 Esc 键来改变对象所在图层。

8. 使用图层工具管理图层

在 AutoCAD 2006 中新增了图层管理工具,利用该功能用户可以更加方便地管理图层。选择“格式”|“图层工具”命令中的子命令,就可以通过图层工具来管理图层,如图 2.12 所示。

图 2.12　图层工具

2.2 图形显示控制

2.2.1 重画与重生成图形

在绘图和编辑过程中，屏幕上常常留下对象的拾取标记，这些临时标记并不是图形中的对象，有时会使当前图形画面显得混乱，这时就可以使用 AutoCAD 的重画与重生成图形功能清除这些临时标记。

1. 重画图形

在 AutoCAD 中，使用“重画”命令，系统将在显示内存中更新屏幕，消除临时标记。使用“重画”命令(Redraw)可以更新用户使用的当前视区。

2. 重生成图形

重生成与重画在本质上是不同的，利用“重生成”命令可重生成屏幕，此时系统从磁盘中调用当前图形的数据，比“重画”命令执行速度慢，更新屏幕花费时间较长。在 AutoCAD 中，某些操作只有在使用“重生成”命令后才生效，如改变点的格式。如果一直使用某个命令修改编辑图形，但该图形似乎看不出发生什么变化，此时可使用“重生成”命令更新屏幕显示。

“重生成”命令有以下两种形式：选择“视图”|“重生成”命令(Regen)可以更新当前视区；选择“视图”|“全部重生成”命令(Regenall)，可以同时更新多重视口。

2.2.2 缩放视图

按一定比例、观察位置和角度显示的图形称为视图。在 AutoCAD 中，可以通过缩放视图来观察图形对象。缩放视图可以增加或减少图形对象的屏幕显示尺寸，但对象的真实尺寸保持不变。通过改变显示区域和图形对象的大小以便更准确、更详细地绘图。

1. “缩放”菜单和“缩放”工具栏

在 AutoCAD 2006 中，选择“视图”|“缩放”命令(Zoom)中的子命令或使用“缩放”工具栏，可以缩放视图。

通常，在绘制图形的局部细节时，需要使用缩放工具放大该绘图区域，当绘制完成后，再使用缩放工具缩小图形来观察图形的整体效果。常用的缩放命令或工具有“实时”、“窗口”、“动态”和“中心点”，如图 2.13 所示。

2. 实时缩放视图

选择“视图”|“缩放”|“实时”命令，或在“标准”工具栏中单击“实时缩放”按钮进入实时缩放模式，此时鼠标指针呈 形状。此时向上拖动光标可放大整个图形；向下拖动光标可缩小整个图形；释放鼠标后停止缩放。

3. 窗口缩放视图

选择“视图”|“缩放”|“窗口”命令，可以在屏幕上拾取两个对角点以确定一个矩形窗口，

之后系统将矩形范围内的图形放大至整个屏幕。

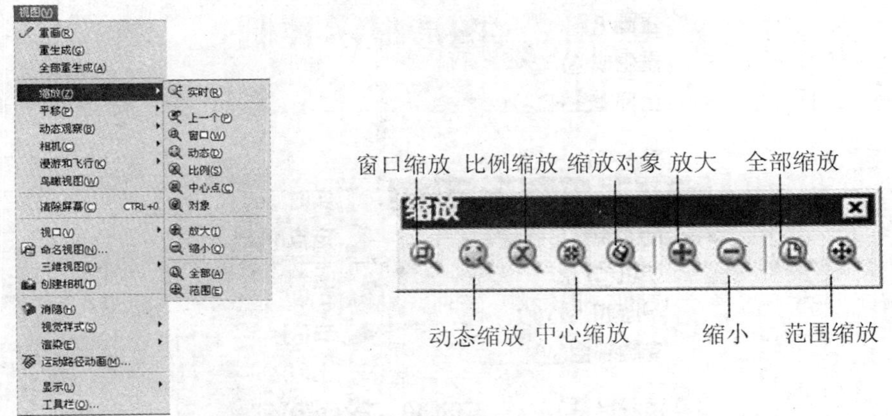

图 2.13　"缩放"菜单和"缩放"工具栏

在使用窗口缩放时，如果系统变量 REGENAUTO 设置为关闭状态，则与当前显示设置的界线相比拾取区域显得过小。系统提示将重新生成图形，并询问是否继续下去，此时应回答 No，并重新选择较大的窗口区域。

4. 动态缩放视图

选择"视图"|"缩放"|"动态"命令，可以动态缩放视图。当进入动态缩放模式时，在屏幕中将显示一个带"×"的矩形方框。单击鼠标左键，此时选择窗口中心的"×"消失，显示一个位于右边框的方向箭头，拖动鼠标可改变选择窗口的大小，以确定选择区域大小，最后按下 Enter 键，即可缩放图形。

5. 设置视图中心点

选择"视图"|"缩放"|"中心点"命令，在图形中指定一点，然后指定一个缩放比例因子或者指定高度值来显示一个新视图，而选择的点将作为该新视图的中心点。如果输入的数值比默认值小，则会增大图像。如果输入的数值比默认值大，则会缩小图像。

要指定相对的显示比例，可输入带"×"的比例因子数值。例如，输入"2×"将显示比当前视图大两倍的视图。如果正在使用浮动视口，则可以输入"×p"来相对于图纸空间进行比例缩放。

2.2.3　平移视图

使用平移视图命令，可以重新定位图形，以便看清图形的其他部分。此时不会改变图形中对象的位置或比例，只改变视图。

1. "平移"菜单

选择"视图"|"平移"命令中的子命令，单击"标准"工具栏中的"实时平移"按钮，或在命令行直接输入"PAN"命令，都可以平移视图。使用平移命令平移视图时，视图的显示比例不变。除了可以上、下、左、右平移视图外，还可以使用"实时"和"定点"命令平移视图，如图 2.14 所示。

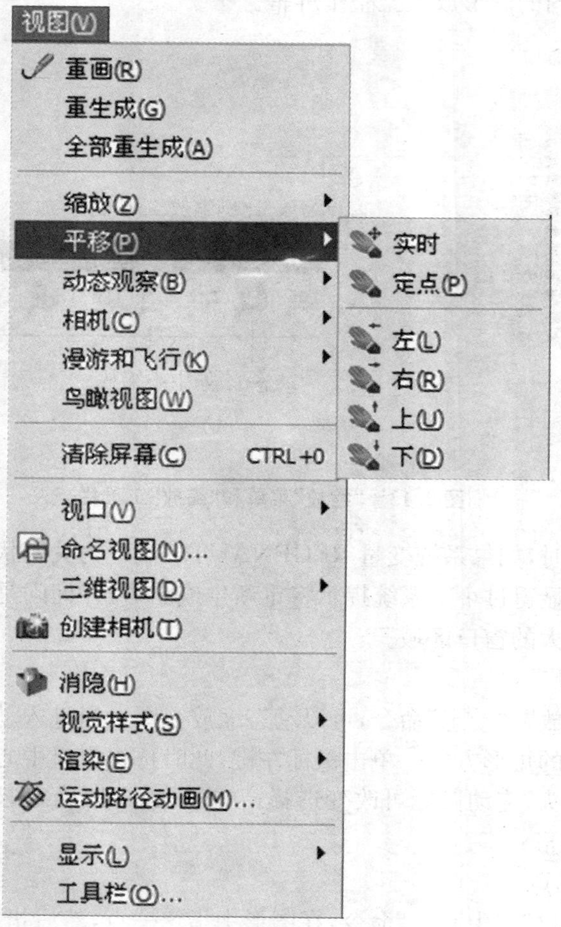

图 2.14 平移

2. 实时平移

选择"视图"|"平移"|"实时"命令，此时光标指针变成一只小手，按住鼠标左键拖动，窗口内的图形就可按光标移动的方向移动。释放鼠标，可返回到平移等待状态。按 Esc 键或 Enter 键退出实时平移模式。

3. 定点平移

选择"视图"|"平移"|"定点"命令，可以通过指定基点和位移值来平移视图。在 AutoCAD 中，"平移"功能通常又称为摇镜，它相当于将一个镜头对准视图，当镜头移动时，视口中的图形也跟着移动。

2.2.4 控制可见元素的显示

在 AutoCAD 中，图形的复杂程度会直接影响系统刷新屏幕或处理命令的速度。为了提高程序的性能，可以关闭文字、线宽或填充显示。

1. 控制填充显示

使用 FILL 变量可以打开或关闭宽线、宽多段线和实体填充。当关闭填充时，可以提高 AutoCAD 的显示处理速度。当实体填充模式关闭时，填充不可打印。但是，改变填充模式的设置并不影响显示具有线宽的对象。当修改了实体填充模式后，使用“视图”|“重生成”命令可以查看效果，且新对象将自动反映新的设置。

2. 控制线宽显示

当在模型空间或图纸空间中工作时，为了提高 AutoCAD 的显示处理速度，可以关闭线宽显示。单击状态栏上的“线宽”按钮或使用“线宽设置”对话框，可以切换线宽显示的开和关。线宽以实际尺寸打印，但在模型选项卡中与像素成比例显示，任何线宽的宽度如果超过了一个像素就有可能降低 AutoCAD 的显示处理速度。如果要使 AutoCAD 的显示性能最优，则在图形中工作时应该把线宽显示关闭。

3. 控制文字快速显示

在 AutoCAD 中，可以通过设置系统变量 QTEXT 打开“快速文字”模式或关闭文字显示。快速文字模式打开时，只显示定义文字的框架。

与填充模式一样，关闭文字显示可以提高 AutoCAD 的显示处理速度。打印快速文字时，则只打印文字框而不打印文字。无论何时修改了快速文字模式，都可以选择“视图”|“重生成”命令查看现有文字上的改动效果，且新的文字自动反映新的设置。

2.3　综 合 示 例

【例】　按表 2.1 的要求设置图层、线型以及颜色。

表 2.1　图层、线型以及颜色

层名	颜色	线型	用途
粗实线	白色	粗实线	粗实线
细实线	绿色	细实线	细实线
中心线	红色	点画线	中心线
虚线	品红	虚线	虚线
尺寸线	白色	细实线	尺寸线
剖面线	青色	细实线	剖面线
双点画线	蓝色	双点画线	双点画线

操作步骤：

以细实线为例来讲解一下设置图层、线型以及颜色的具体过程。

(1) 单击 打开“图层特性管理器”对话框，单击 创建一个名称为“图层 1”的新图层。将“图层 1”改为“细实线”，按 Enter 键即可。

(2) 选择 ■白色 设置图层颜色，打开“选择颜色”对话框，在这里按要求将“细实线”设置为“绿色”。

(3) 选择单击“线型”列的“Continuous”，打开“选择线型”对话框，在“已加载的线型”列表框中选择一种线型，然后单击“确定”按钮。

默认情况下，在“选择线型”对话框的“已加载的线型”列表框中只有“Continuous”一种线型，如果要使用其他线型，必须将其添加到“已加载的线型”列表框中。可单击“加载”按钮打开“加载或重载线型”对话框，从当前线型库中选择需要加载的线型，然后单击“确定”按钮。

(4) 选择“—— 默认 ”，打开“线性管理器”对话框，可设置图形中的线型比例，从而改变非连续线型的外观。

(5) 重复步骤(1)～(4)完成其他图层、线型以及颜色的设置。

【练习】 练习图层之间的切换、冻结以及锁定等操作。

第3章 绘图命令

本章要点

◆ 掌握 AutoCAD 2006 中绘制二维图形的基本方法。

◆ 熟悉和掌握各种绘图指令的使用方法和注意事项。

3.1 绘制第一张图纸

3.1.1 直线命令

1. 命令功能

创建两个指定坐标点之间的直线。

2. 命令调用方式

菜单方式:【绘图】→【直线】

图标方式:

键盘输入方式:Line

3. 命令操作

【例 3.1】 下面以图 3.1 为例介绍直线的画法。

命令:Line

指定第一点: 100,100↙ (指定 A 点的坐标)

指定下一点或[放弃(U)]: @0,100↙ (指定 B 点的坐标)

指定下一点或[放弃(U)]: @50,0↙ (指定 C 点的坐标)

指定下一点或[闭合(C)/放弃(U)]: @50,−50↙ (指定 D 点的坐标)

指定下一点或[闭合(C)/放弃(U)]: @50<0↙ (指定 E 点的坐标)

指定下一点或[闭合(C)/放弃(U)]: @0,−50↙ (指定 F 点的坐标)

指定下一点或[闭合(C)/放弃(U)]: C↙

4. 说明

(1) 最初由两点决定一直线,若继续输入第三点,则画出第二条直线,以此类推。

(2) 坐标输入时可用光标指点输入坐标,或用绝对坐标和相对坐标直接输入。

(3) 在“From Point:”处直接回车表示若上次作出的是线,则从其终点开始绘图;若最后作出的是弧,则从其终点及其切线方向作图,要求输入长度。

(4) U(Undo)——回退一次,即消去最后画的一条线。

C(Close)——最后一段线回到起始点,即形成封闭图形,同时命令结束。

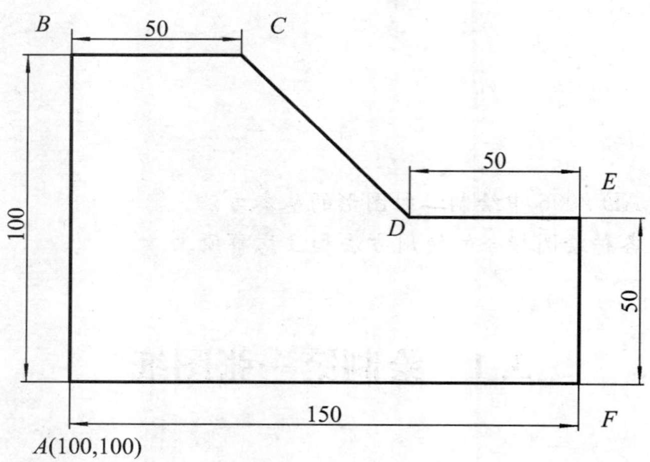

图 3.1 平面图形

3.1.2 坐标输入方法

3.1.2.1 认识世界坐标系与用户坐标系

AutoCAD 采用的是三维笛卡儿坐标系统来确定点的位置。在状态栏中显示的三维坐标值就是笛卡儿坐标系中的数值。它准确地反映当前十字光标所处的位置。按坐标系统的原点是否可变,坐标系又可分为世界坐标系(WCS)和用户坐标系(UCS)。

1. 世界坐标系

AutoCAD 的默认坐标系为世界坐标系(又称为 WCS),如图 3.2 所示,它包括 X 轴和 Y 轴(如果在三维空间,还有一个 Z 轴)。当用户开始创建一张新图时,世界坐标系是缺省坐标系统,其坐标原点和坐标轴方向均不会改变。WCS 坐标轴的交汇处显示“口”形标记,但坐标原点并不在坐标系的交汇点,而位于图形窗口的左下角,所有的位移都是相对于原点计算的,并且沿 X 轴正向及 Y 轴正向的位移规定为正方向。

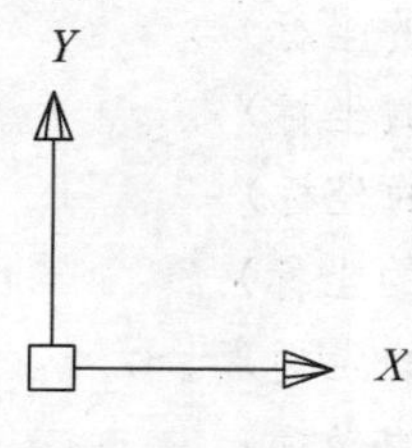

图 3.2 世界坐标系

2. 用户坐标系

在 AutoCAD 2006 中,为了能够更好地辅助绘图,经常需要修改坐标系的原点和方向,这时世界坐标系将变为用户坐标系即 UCS。UCS 的原点以及 X 轴、Y 轴、Z 轴方向都可以移动及旋转,甚至可以依赖于图形中某个特定的对象。尽管用户坐标系中 3 个轴之间仍然互相垂直,但是在方向及位置上却都更灵活。另外,UCS 没有“口”形标记。如图 3.3 所示的即是一个用户自己设置的坐标系。

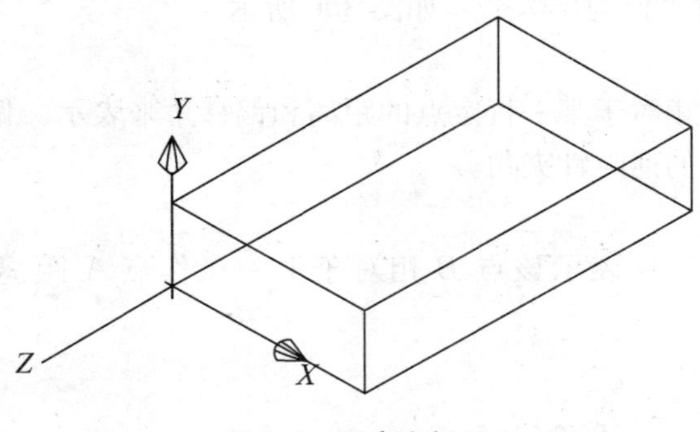

图 3.3　用户坐标系

3.1.2.2　坐标的表示方法

1. 绝对坐标

绝对坐标是以原点(0,0,0)为基点定位所有的点。按绝对坐标表示方法的不同,绝对坐标又可分为绝对直角坐标和绝对极坐标。

(1) 绝对直角坐标

在绝对直角坐标系中,X、Y、Z 轴在原点相交。绘图区内任何一点均可以用(x,y,z)来表示,用户可以通过输入 X、Y、Z 坐标值来定义点的位置。在 XOY 平面绘图时,Z 坐标缺省值为 0,用户仅输入 X、Y 坐标即可。

格式:X,Y　(注意,X,Y 之间必须用逗号隔开)

【例 3.2】 启动直线命令后,分步输入 0,0 ↙和 100,100 ↙,即可从原点 A 到点 B(100,100)画出一条直线,如图 3.4 所示。

B(100,100)
Y
X
A(0,0)

图 3.4　绝对直角坐标

(2) 绝对极坐标

极坐标是通过相对于极点的距离和角度来定义点的位置的。在系统缺省的情况下,AutoCAD 2006 以逆时针方向来测量角度,水平向右为零度。绝对极坐标以原点为极点。

格式:距离〈角度

【例 3.3】 90〈60,表示该点相对原点的距离为 90 个绘图单位,而该点与原点间的连线与零度方向(通常为 X 轴正方向)之间的夹角为 60°,如图 3.5 所示。

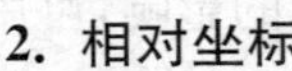

2. 相对坐标

相对坐标是某点相对某一特定点的位置。绘图中常将上一操作点看成是特定点。相对坐标又可分为相对直角坐标和相对极坐标。相对坐标的表示特点是在坐标前加上相对坐标符号“@”。

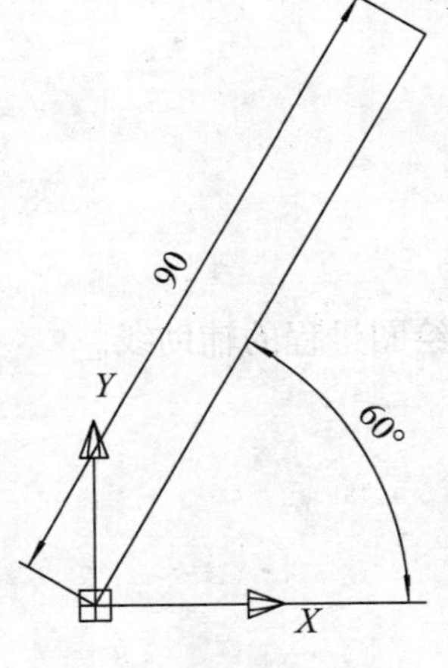

图 3.5　绝对极坐标

(1) 相对直角坐标

格式:@x,y

【例 3.4】 如上一操作点 A 的坐标是(20,20),我们通过键盘输入@30,40 后,则就等同于确定了该点 B 的绝对坐标为(50,60),如图 3.6 所示。

(2) 相对极坐标

相对极坐标用通过相对于某一特定点的距离和偏移角来表示。偏移角是要输入的点相对于特定点在水平方向的逆时针夹角。

格式:@距离〈角度

【例 3.5】 如@50〈45 表示该点 B 相对于上一操作点 A 距离是 50,角度是 45°,如图 3.7所示。

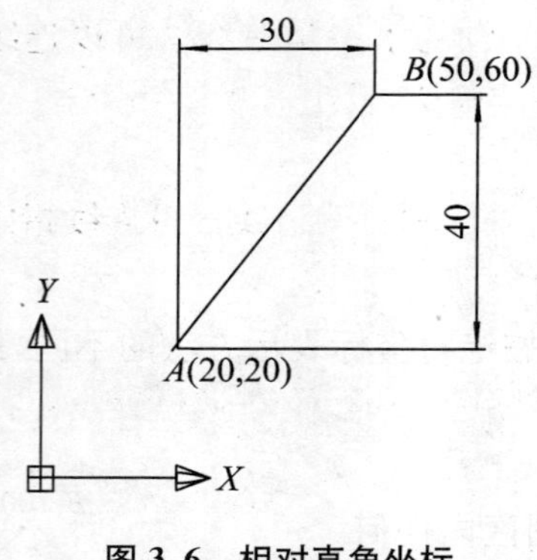

图 3.6　相对直角坐标

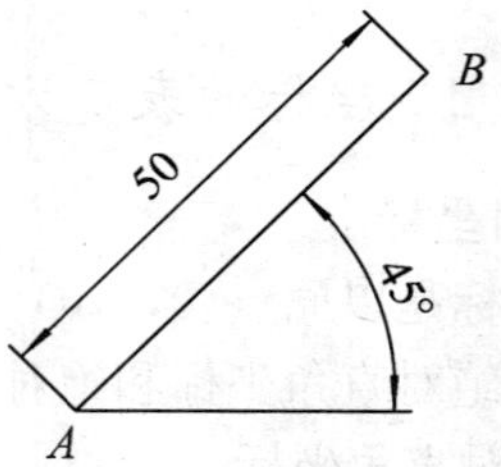

图 3.7　相对极坐标

3. 直接输入

再定点时,可以利用直接的距离输入方法,即移动光标确定画线的方向,然后再从键盘直接输入直线距离按回车即可。

3.2　构造线、射线、多线命令

3.2.1　构造线

1. 命令功能

绘制一条两端无限延长的直线,它不受缩放的影响,可用作为绘图过程的辅助线。

2. 命令调用方式

菜单方式:【绘图】→【构造线】

图标方式:

键盘输入方式:xline

3. 操作步骤

命令:xline

指定点或[水平(H)/垂直(V)/角度(A)/二等分(B)/偏移(O)]:

4. 选项说明

(1) 指定点

这是 Xline 命令的默认项,当给出一点坐标后,AutoCAD 继续提示:

指定通过点:此时应给出构造线将通过的另一点,AutoCAD 将绘出一条通过两指定点的直线,并继续提示:

指定通过点:如果希望终止绘制构造线命令,则可以按回车键或者鼠标右键确认,都可以退出命令。

(2) 水平(H)

可以绘制出通过指定通过点的平行于当前坐标系 X 轴的水平构造线。可以连续指定通过点,绘制出一系列构造线,直至按回车键或者鼠标右键确认,退出命令。

(3) 垂直(V)

可以绘制出通过指定通过点的平行于当前坐标系 Y 轴的垂直构造线。可连续指定通过点,绘制出一系列构造线,直至按回车键或者鼠标右键确认,退出命令。

(4) 角度(A)

可以绘制出与指定直线呈一定角度的构造线。选择该选项后,AutoCAD 提示:

输入构造线角度(O)或[参照(R)]:

① 输入构造线角度

输入角度后,AutoCAD 提示:

指定通过点:

指定点后,AutoCAD 将绘制出通过指定点且与 X 轴正方向呈给定夹角的构造线。可以连续指定通过点,绘制出一系列构造线,直至按回车键或者鼠标右键确认,退出命令。

② 参照(R)

选择该选项,则绘制出与已知直线呈指定角度的构造线。AutoCAD 提示:

选择直线对象:

拾取将被参照的直线后,AutoCAD 继续提示:

输入参照线角度(O):

指定与参照线的夹角后,AutoCAD 继续提示:

指定通过点:

指定点后,AutoCAD 将绘制出一条与参照线呈指定角度并通过指定点的构造线。可以连续指定通过点,绘制出一系列构造线,直至按回车键或者鼠标右键确认,退出命令。

(5) 二等分(B)

可以绘制出一条通过第一点,并平分以第一点为顶点与第二、第三点组成的夹角的构造线。选择该选项后,AutoCAD 提示:

指定角的顶点:

指定角的起点:

指定角的端点:

逐一响应后,将绘制出平分以上三点组成的角并通过顶点的构造线。可以连续指定角的端点,绘制出一系列构造线,直至按回车键或者鼠标右键确认,退出命令。

(6) 偏移(O)

可以绘制出与指定直线平行且满足给定距离的构造线。选择该选项后,AutoCAD 提示:

指定偏移距离或[通过(T)]〈当前值〉:

① 指定偏移距离

输入距离后,AutoCAD 提示:

选择直线对象:

指定要偏移的边:

给定偏移方向后,AutoCAD 绘制出构造线。可以连续选择直线对象,绘制出一系列构造线,直至按回车键或者鼠标右键确认,退出命令。

② 通过(T)

选择该选项后,AutoCAD 提示:

选择直线对象:

指定通过点:

指定通过点后,AutoCAD 绘制出构造线。可以连续选择直线对象,绘制出一系列构造线,直至按回车键或者鼠标右键确认,退出命令。

3.2.2 射线

1. 命令功能

绘制一条一端无限延长的直线,它不受缩放的影响,可用作绘图过程的辅助线。

2. 命令调用方式

菜单方式:【绘图】→【射线】

图标方式:

键盘输入方式:RAY

3. 操作步骤

命令:RAY

指定起点:当指定射线的起始位置后,AutoCAD 继续提示:

指定通过点:

可以通过指定多个通过点来绘制多条射线,所有的射线都具有相同的起点。

【例 3.6】 使用构造线和射线绘制如图 3.8 所示图形中的辅助线。

操作步骤如下:

(1) 单击绘图工具栏上的"构造线"命令按钮。

(2) 指定点或[水平(H)/垂直(V)/角度(A)/二等分(B)/偏移(O)]:H ↙

(3) 指定通过点:在绘图窗口单击一点,绘制一条水平构造线。

(4) 指定通过点:↙

(5) 单击绘图工具栏上的"构造线"命令按钮。

(6) 指定点或[水平(H)/垂直(V)/角度(A)/二等分(B)/偏移(O)]:H ↙

(7) 指定通过点:在绘图窗口单击一点,绘制一条垂直构造线。

(8) 指定通过点:↙

(9) 选择【工具】→【草图设置】菜单,打开"草图设置"对话框,在"极轴追踪"选项卡中,勾选"启用极轴追踪",然后在"增量角"的下拉列表框中选择"30",并单击"确定"按钮。

(10) 选择【绘图】→【射线】菜单。

(11) 指定通过点:单击水平构造线与垂直构造线的交点 O,然后移动光标,此时将显示跟踪线,并显示跟踪参数。等到跟踪参数显示为"极轴:300.0000<300 *"(前面的长度可以是任意值)时单击,绘制一条射线。

(12) 指定通过点:移动光标,此时将显示跟踪线,并显示跟踪参数。等到跟踪参数显示为"极轴:300.0000<240 *"(前面的长度可以是任意值)时单击,绘制另外一条射线。

(13) 指定通过点:↙

(14) 关闭绘图窗口,并保存图形。

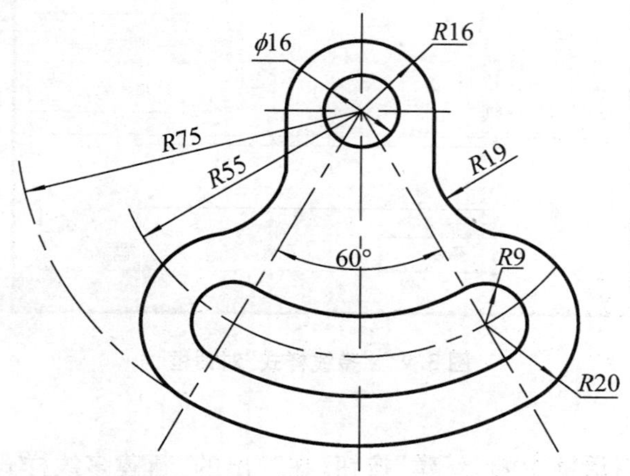

图 3.8 样条曲线的调整点显示

3.2.3 多线命令

1. 命令功能

多线是一种由多条平行线组成的组合对象,平行线之间的间距和数目是可以调整的,多线常用于绘制建筑图中的墙体、电子线路图等平行线对象。

2. 命令调用方式

菜单方式:【绘图】→【多线】

键盘输入方式:Mline

3. 操作步骤

命令:mline

当前设置:对正=上,比例=20.00,样式=STANDARD

指定起点或[对正(J)/比例(S)/样式(ST)]:

4. 说明

(1) 使用多线样式对话框

选择"格式"|"多线样式"命令(MLSTYLE),打开"多线样式"对话框,可以根据需要创建多线样式,设置其线条数目和线的拐角方式。该对话框中各选项的功能如图 3.9 所示。

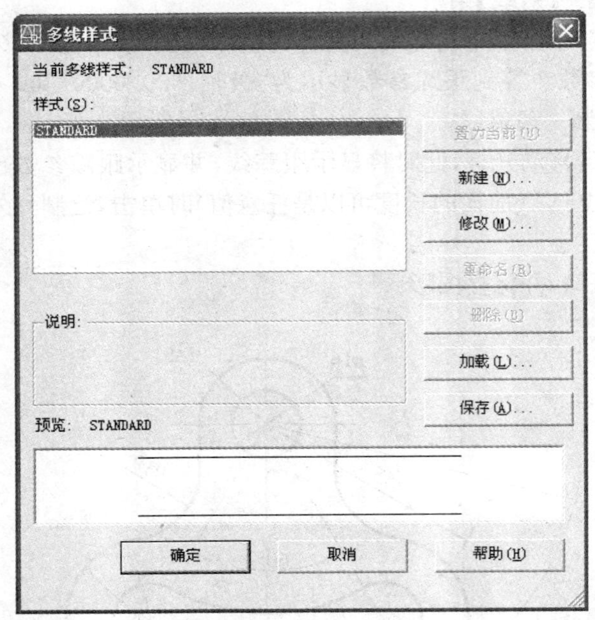

图 3.9　"多线样式"对话框

(2) 创建多线样式

单击"多线样式"对话框中的"新建"按钮,在弹出的"新建多线样式"对话框中输入新样式名后,单击"继续"按钮,将打开"新建多线样式"对话框,可以创建新多线样式的封口、填充、元素特性等内容,如图 3.10 所示。

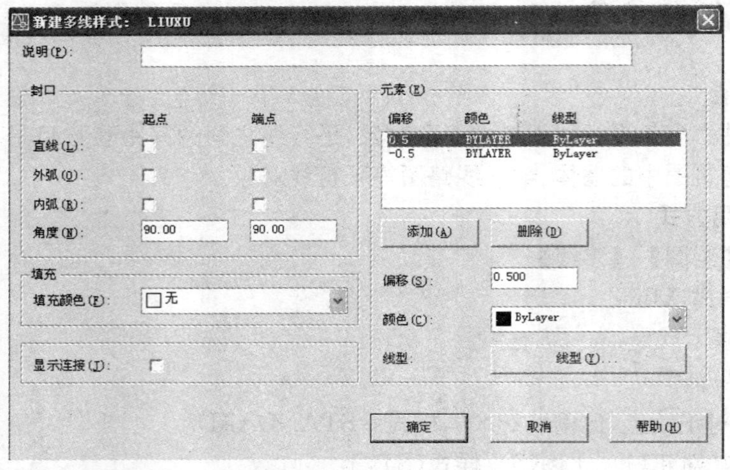

图 3.10　"新建多线样式"对话框

(3) 修改多线样式

在“多线样式”对话框中单击“修改”按钮，使用打开的“修改多线样式”对话框可以修改创建的多线样式。“修改多线样式”对话框与“新建多线样式”对话框中的内容完全相同，用户可参照创建多线样式的方法对多线样式进行修改。

(4) 编辑多线选择

“修改”|“对象”|“多线”命令(MLEDIT)，打开“多线编辑工具”对话框，可以使用其中的12种编辑工具编辑多线。

【例3.7】 使用多线绘制如图3.11所示的管道图形，其中中线为红色虚线，边线为黑色实线，管道宽为60。

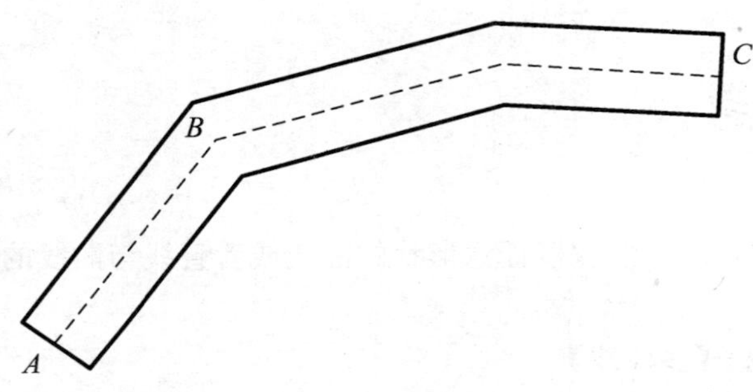

图3.11 管道

操作步骤如下：

(1) 单击【格式】→【多线样式】菜单，弹出如图3.9所示的“多线样式”对话框。

(2) 在“名称”框中输入线型名为“管道”，并单击“添加”将其作为当前线型。

(3) 单击“元素特性”，打开“元素特性”对话框。

(4) 单击“添加”，增加一条新线，其偏移量为“0”。

(5) 单击中间线段(即偏移量为“0”的线段)，其颜色变成蓝色，表示已被激活。单击“颜色”，打开“选择颜色”对话框，选择红色，然后单击“确定”。

(6) 单击“线型”，打开“选择线型”对话框，再单击“加载”，打开“加载或重载线型”对话框，从中选择“DASHED”作为中间线条的线型，然后单击“确定”返回“选择线型”对话框，选中该线型，单击“确定”返回“元素特性”对话框。最后单击“确定”又返回“多线样式”对话框。

(7) 单击“多线特性”，打开“多线特性”对话框。

(8) 勾选“直线”行所对应的“起点”与“端点”开关，并在“角度”所在行中分别输入“90”，以确定多线两端以直角封端。

(9) 线型设置完毕，单击“确定”返回作图状态。

(10) 单击绘图工具栏上的“多线”命令 。

(11) 当前设置：对正＝上，比例＝1.00，样式＝STANDARD

指定起点或[对正(J)/比例(S)/样式(ST)]：J ↙

(12) 输入对正类型[上(T)/无(Z)/下(B)]：Z ↙

(13) 指定起点或[对正(J)/比例(S)/样式(ST)]：S ↙

(14) 输入多线比例〈1.00〉：60 ↙

(15) 指定起点或[对正(J)/比例(S)/样式(ST)]:拾取 A 点作为多线的起点
(16) 指定下一点或[放弃(U)]:拾取 B 点
(17) 指定下一点或[放弃(U)]:拾取 C 点
(18) 指定下一点或[闭合(C)/放弃(U)]:C↙
即可绘制出如图 3.11 所示的图形。

3.3 多段线、正多边形、矩形命令

3.3.1 多段线

1. 命令功能

绘制任意宽度的直线、任意宽度任意形状的曲线或者直线与曲线的任意结合。

2. 命令调用方式

菜单方式:【绘图】→【多段线】

图标方式:

键盘输入方式:Pline(或 pl)

3. 操作步骤

命令:Pline
指定起点:
当前线宽是 0.0000(或另外的数字):
指定起点后,AutoCAD 继续提示:
指定下一点或[圆弧(A)/闭合(C)/半宽(H)/长度(L)/放弃(U)/宽度(W)]:

4. 选项说明

(1) 指定下一点

将画出两点间当前线宽度的线段,并重复以上提示,直至按回车键或鼠标右键确认,退出命令。

(2) 闭合(C)

闭合用于绘制由当前位置到起点位置的直线段,构成一个封闭图形,并结束命令。

(3) 放弃(U)

放弃用于删除多段线上最后绘出的线段,它可以重复使用,直至全部删除多段线并结束命令。

(4) 长度(L)

从当前点绘制指定长度的直线段。选择该选项后 AutoCAD 提示:

指定直线长度:

输入长度值后,AutoCAD 将绘制之前一条线段的末端为起点、给定长度的线段。如前一条线段是直线,绘出的直线段与其方向相同;如前一条线段是圆弧,绘出的直线段沿着该圆弧终点的切线方向。

(5) 宽度(W)

用于设定线宽。选择该选项后 AutoCAD 提示：

指定起始宽度：

指定终止宽度：

可直接输入宽度值也可通过鼠标拾取宽度，即以最后一点到拾取点的距离作为线宽。起始宽度与终止宽度的值可以相同也可以不同。终止宽度将作为后面绘制多段线的默认宽度，直至被重新设置。

注意：多段线线段的起点和终点坐标位于线宽度的中心。

(6) 半宽(H)

其用法和提示与宽度(W)类似，但输入的数值应为线宽的一半。

(7) 圆弧(A)

用于画多段线圆弧。

选择该选项后 AutoCAD 提示：

指定圆弧的端点或[角度(A)/圆心(CE)/闭合(CL)/方向(D)/半宽(H)/直线(L)/半径(R)/第二点(S)/放弃(U)/宽度(W)]：

① 指定圆弧的端点

指定圆弧端点后，AutoCAD 将前一线段的终点作为本次所画圆弧的起点，并以前一线段终点的方向作为本次所画圆弧的起始方向，绘制圆弧。重复以上提示，可以绘制多段圆弧。

② 闭合(CL)、放弃(U)、宽度(W)和半宽(H)

此提示下的这四个选项与上一层提示中的相应选项类似，故不再赘述。

③ 角度(A)

选择该选项后 AutoCAD 提示：

指定包含角：

指定圆弧的端点或[圆心(CE)/半径(R)]：

输入正的角度，按逆时针方向画弧，否则按顺时针方向画弧。

④ 圆心(CE)

选择该选项后，AutoCAD 提示：

指定圆弧的圆心：

指定圆弧的终点或[角度(A)/长度(L)]：

以上选项与圆弧命令中的相应选项类似。

⑤ 方向(D)

用来确定圆弧的方向。

选择该选项后 AutoCAD 提示：

指定切线方向：

指定圆弧的另一端点：

重复响应，可以绘制一系列光滑过渡的圆弧。

⑥ 直线(L)

将绘圆弧方式改为绘直线方式。

⑦ 半径(R)

按半径绘制圆弧。

选择后 AutoCAD 提示：

指定圆弧半径：

指定圆弧的端点或[角度(A)]：

⑧ 第二点(S)

根据三点画圆弧。

选择后 AutoCAD 提示：

指定圆弧上的第二点：

指定圆弧的端点：

【例 3.8】 用多段线命令绘制如图 3.12 所示的平面图形。

操作步骤如下：

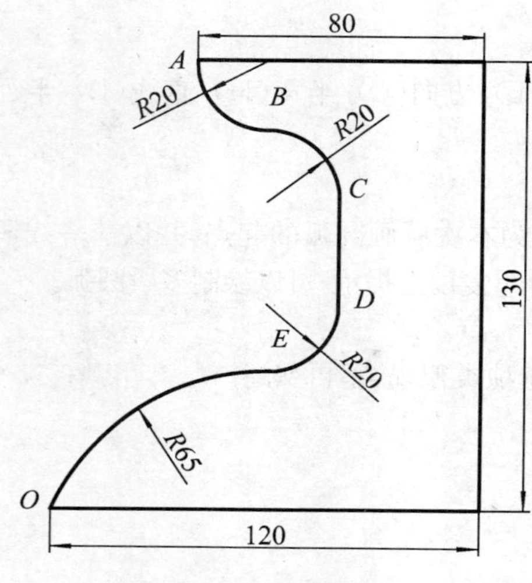

图 3.12 多段线命令的应用

(1) 用多段线命令绘制长度为 120、130、80 的直线：单击 ⮐ → 输入 150，100 ↙（选择起点 O）→ 输入 W（选择线宽）→ 输入 1（设定线宽为 1）→ 输入 120 → 输入 130 → 输入 80（用“直线的距离输入法”）。

(2) 用圆弧命令绘制圆弧 AB：输入 A ↙ → 输入 CE ↙ → 输入 @20，0（圆心）↙ → 输入 @0，−20 ↙

(3) 用圆弧命令绘制圆弧 BC：输入 @20，−20 ↙

(4) 绘制直线 CD：输入 L ↙ → 输入 30 ↙

(5) 绘制圆弧 DE：输入 A ↙ 输入 @−20，−20 ↙

(6) 绘制圆弧 EO：输入 CL ↙

3.3.2 编辑多段线

1. 命令功能

对多段线实体进行编辑修改。

2. 命令调用方式

菜单方式：【修改】→【对象】→【多段线】

键盘输入方式：pedit

3. 操作步骤

命令：pedit

选择多段线： （用光标选取一条多段线）

输入选项[闭合(C)/合并(J)/宽度(W)/编辑顶点(E)/拟合(F)/样条曲线(S)/非曲线化(D)/线型生成(L)/放弃(U)]：

使用这些选项可以对编辑调整点进行修改，从而改变多段线的形状。

4. 选项说明

(1) 闭合(C)或打开(O)

用于闭合一条开式多段线或打开一条闭合多段线。如果选取的多段线是非闭合的，上述提示中会出现“闭合(C)”选项；如果选取的多段线是闭合的，上述提示中第一个选项则是“打开(O)”。

(2) 合并(J)

将多个相连的线段、圆弧和多段线转换并连接到当前多段线上。当前多段线不封闭时才能连接，且连接对象中必须有一个与当前多段线的起点或终点连接。

(3) 宽度(W)

设置整条多段线的宽度。AutoCAD 提示：

指定所有线段的新宽度：（输入新线宽即可）

(4) 编辑顶点(E)

用于编辑多段线的顶点。AutoCAD 系统自动用“×”符号标记出当前编辑的顶点。选择该选项，AutoCAD 提示：

[下一个(N)/上一个(P)/打断(B)/插入(I)/移动(M)/重生成(R)/拉直(S)/切向(T)/宽度(W)/退出(X)]：

① 下一个(N)/上一个(P)

选择下一个或上一个顶点作为当前编辑顶点。

② 打断(B)

删除指定两顶点间的多段线，操作中将当前编辑顶点作为第一个断开点，并出现提示：

输入选项[下一个(N)/上一个(P)/转至(G)/退出(X)]：〈N〉

其中，下一个(N)/上一个(P)：（用来选择第二个断开点）

转至(G)：（执行删除操作）

退出(X)：（退出删除操作）

③ 插入(I)

在当前顶点之后插入一个新顶点。

④ 移动(M)

移动当前顶点到用户指定的位置。

⑤ 重生成(R)

在屏幕上重新生成多段线。

⑥ 拉直(S)

删除所选两顶点间所有顶点并用一直线段代替。

⑦ 切向(T)

为当前编辑顶点指定一个切线方向，用于曲线拟合。

⑧ 宽度(W)

设置多段线中每一段的宽度。

⑨ 退出(X)

退出顶点编辑状态，回到多段线的编辑状态。

(5) 拟合(F)

创建一条平滑曲线,它由连接各对顶点的弧线段组成,曲线通过多段线的所有顶点并使用指定的切线方向。

(6) 样条曲线(S)

使用选定的多段线的顶点作为曲线的控制点或边框来生成曲线。

(7) 非曲线化(D)

将用"拟合(F)"或"样条曲线(S)"产生的多段线恢复成原来的多段线。但要注意:一条带有圆弧的多段线拟合后,原圆弧已经修改,采取此项操作,无法还原成原来的多段线。

(8) 线型生成(L)

用于控制多段线为非实线状态时的显示方式,即控制虚线或细点画线等非实线型的多段线角点的连续性。选择该选项,AutoCAD 提示:

输入多段线线型生成选项[开(ON)/关(OFF)]:〈默认项〉

选择"关(OFF)",将使多段线角点封闭,反之,选择"开(ON)",则多段线角点处是否封闭完全依赖于线型比例的控制。

(9) 放弃(U)

放弃操作,可一直返回到编辑多段线的开始状态。

3.3.3 正多边形

1. 命令功能

绘制 3 到 1024 条边的正多边形,正多边形的大小可由与其内接、外切圆的半径或者以边的长度来确定。

2. 命令调用方式

菜单方式:【绘图】→【正多边形】

图标方式:

键盘输入方式:Polygon

3. 操作步骤

命令:Polygon

输入边的数目〈4〉:

输入要绘制的多边形的边数后,AutoCAD 继续提示:

指定正多边形中心点或[边(E)]:

4. 选项说明

(1) 指定正多边形中心点

输入正多边形中心点后,AutoCAD 继续提示:

输入选项[内接于圆(I)/外切于圆(C)]〈I〉:

① 内接于圆(I)——可以绘制与圆内接的正多边形。

② 外切于圆(C)——可以绘制与圆外切的正多边形。

确定选项后,AutoCAD 继续提示:

指定圆的半径:

输入半径后，系统会假设由一圆心为指定中心点，以指定半径为半径的圆，所绘制的正多边形与该圆内接或外切。

(2) 边(E)

选择该选项后，AutoCAD继续提示：

指定边的第一个端点：

指定要绘制的多边形的某一条边的第一个端点后，AutoCAD继续提示：

指定边的第二个端点：

指定要绘制的多边形的某一条边的第二个端点后，AutoCAD会以两个端点的连线作为多边形的一条边，并按指定的边数沿逆时针方向绘制多边形。

3.3.4 矩形

在AutoCAD中可以使用"矩形"命令绘制矩形。选择"绘图"|"矩形"命令(RECTANGLE)，或在"绘图"工具栏中单击"矩形"按钮，即可绘制出倒角矩形、圆角矩形、有厚度的矩形等多种矩形(图3.13)。

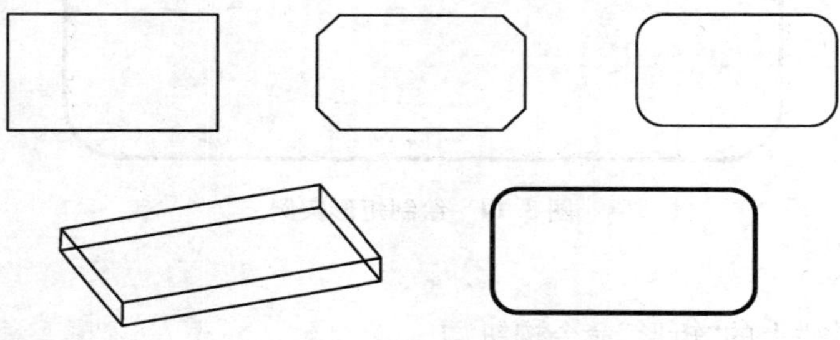

图3.13　多种矩形样式

1. 命令功能

根据已知的两个角点或者长度和宽度绘制矩形。

2. 命令调用方式

菜单方式：【绘图】→【矩形】

图标方式：▭

键盘输入方式：rectangle

3. 操作步骤

命令：rectangle

指定第一个角点或[倒角(C)/标高(E)/圆角(F)/厚度(T)/线宽(W)]：

选择各选项的方法有两种：一是直接输入相应的字母；二是单击鼠标右键弹出快捷菜单，在快捷菜单中选取。

4. 选项说明

(1) 指定第一角点

这是该命令的缺省项，可用光标拾取，或直接输入点的绝对坐标或相对坐标。

(2) 倒角(C)

可以设置所画矩形倒角尺寸。

(3) 圆角(F)

可以设置所画矩形圆角的半径。

(4) 标高(E)

可以设置三维矩形的高度。

(5) 厚度(T)

可以设置三维矩形的厚度。

(6) 线宽(W)

可以设置构成矩形的直线宽度,其默认值为 0。

【例 3.9】 绘制如图 3.14 所示的矩形,两角点为(50,60),(110,90),圆角半径为 5,直线宽度为 1。

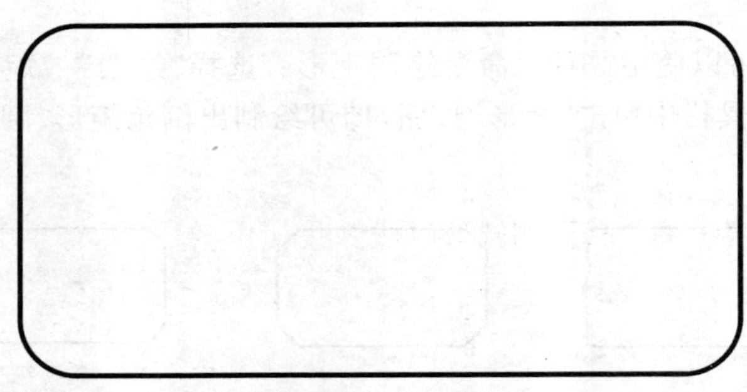

图 3.14　绘制矩形实例

操作步骤如下:

单击绘图工具栏上的"矩形"命令按钮□。

指定第一个角点或[倒角(C)/标高(E)/圆角(F)/厚度(T)/线宽(W)]:F ↙

指定矩形的圆角半径〈缺省值〉:5 ↙

指定第一个角点或[倒角(C)/标高(E)/圆角(F)/厚度(T)/线宽(W)]:W ↙

指定矩形的线宽〈缺省值〉:1 ↙

指定第一个角点或[倒角(C)/标高(E)/圆角(F)/厚度(T)/线宽(W)]:50,60 ↙

指定另一个角点:110,90 ↙

3.4　圆、圆弧、圆环、椭圆、椭圆弧、样条曲线命令

3.4.1　圆

1. 命令功能

创建圆。

2. 命令调用方式

菜单方式:【绘图】→【圆】,如图 3.15 所示。

图标方式:⊘

键盘输入方式:circle

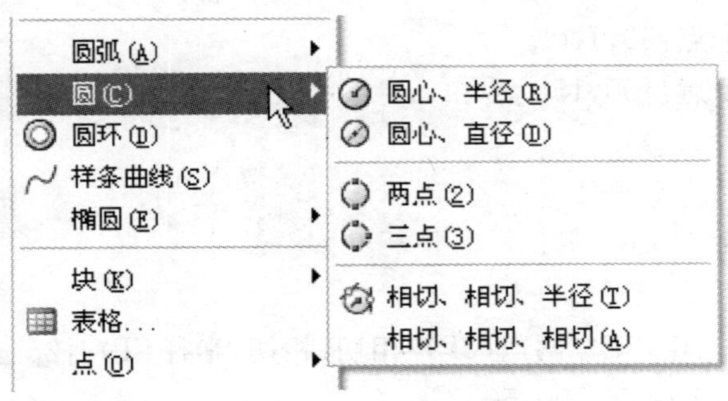

图 3.15 菜单方式绘制圆

3. 命令操作

AutoCAD 2006 提供了 6 种绘制圆的方法,如图 3.15 中下拉菜单中所示。

(1) 圆心坐标和半径

具体操作:

命令:circle

指定圆的圆心或[三点(3P)/两点(2P)/相切、相切、半径(T)]:100,100 ↙

指定圆的半径或[直径(D)]:50 ↙

结果如图 3.16 所示。

(2) 圆心、直径法

具体操作:

命令:circle

指定圆的圆心或[三点(3P)/两点(2P)/相切、相切、半径(T)]:100,100 ↙

指定圆的半径或[直径(D)]:D ↙

指定圆的直径:100 ↙

结果如图 3.17 所示。

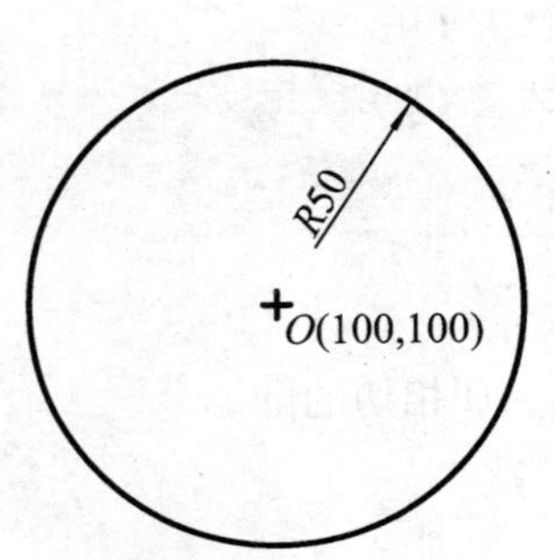

图 3.16 圆的画法(圆心坐标和半径)

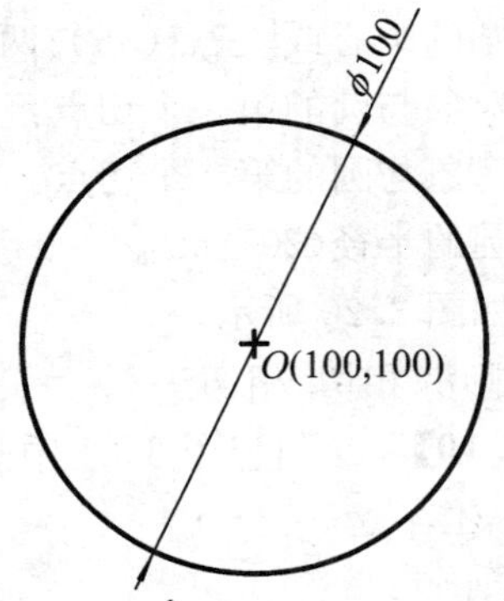

图 3.17 圆的画法(圆心、直径法)

(3) 三点法

具体操作：

命令：circle

指定圆的圆心或[三点(3P)/两点(2P)/相切、相切、半径(T)]：3p ↙

指定圆上的第一个点：100,50 ↙

指定圆上的第二个点：50,100 ↙

指定圆上的第三个点：100,150 ↙

结果如图 3.18 所示。

(4) 两点法

具体操作：

命令：circle

指定圆的圆心或[三点(3P)/两点(2P)/相切、相切、半径(T)]：2p ↙

指定圆直径的第一个端点：100,50 ↙

指定圆直径的第二个端点：100,150 ↙

结果如图 3.19 所示。

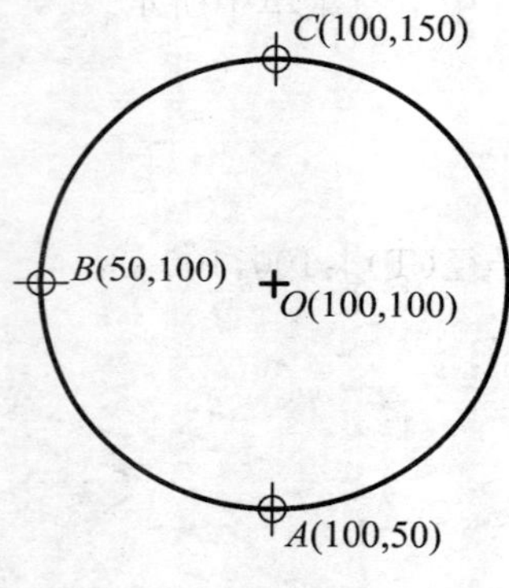

图 3.18　圆的画法(三点法)

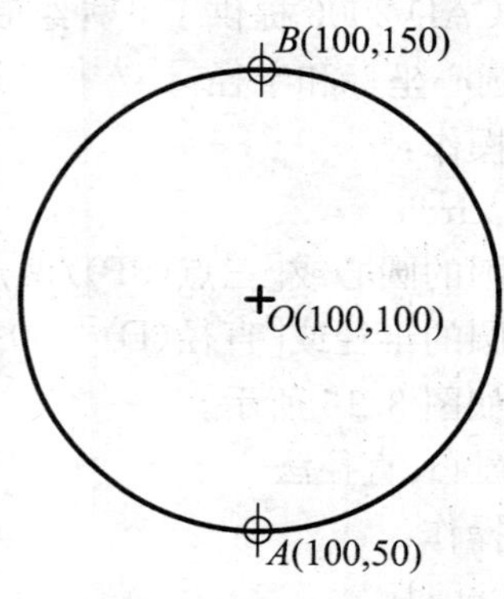

图 3.19　圆的画法(两点法)

(5) 相切、相切、半径

具体操作：

命令：circle

指定圆的圆心或[三点(3P)/两点(2P)/相切、相切、半径(T)]：T ↙

指定对象与圆的第一个切点：（选择第一个相切实体圆 O1）

指定对象与圆的第二个切点：（选择第二个相切实体圆 O2）

指定圆的半径〈20〉：50 ↙

结果如图 3.20 所示。

(6) 相切、相切、相切法

【例 3.10】 绘制与图 3.21 中圆 O1、圆 O2 以及直线 AB 相切的圆。

具体操作：

命令：circle

指定圆的圆心或[三点(3P)/两点(2P)/相切、相切、半径(T)]：3p ↙

指定圆上的第一个点:_tan 到 (利用捕捉方式选择与圆相切的第一条直线)
指定圆上的第二个点:_tan 到 (利用捕捉方式选择与圆相切的第二条直线)
指定圆上的第三个点:_tan 到 (利用捕捉方式选择与圆相切的第三条直线)
完成图如图 3.22 所示。

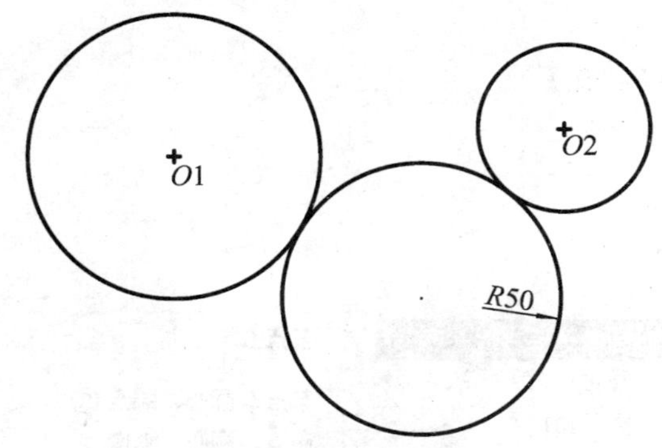

图 3.20 圆的画法(相切、相切、半径)

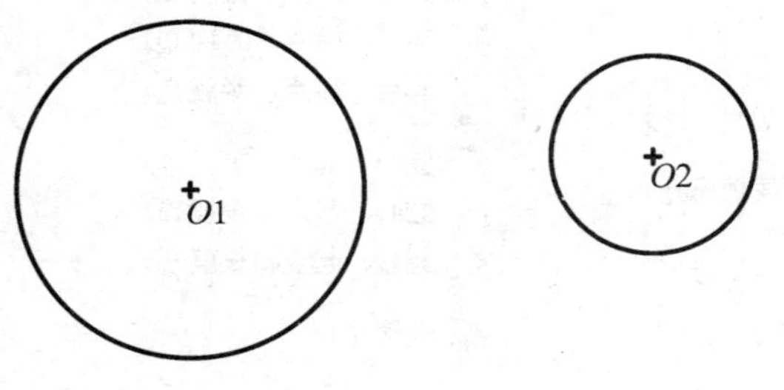

图 3.21 例 3.10 原图

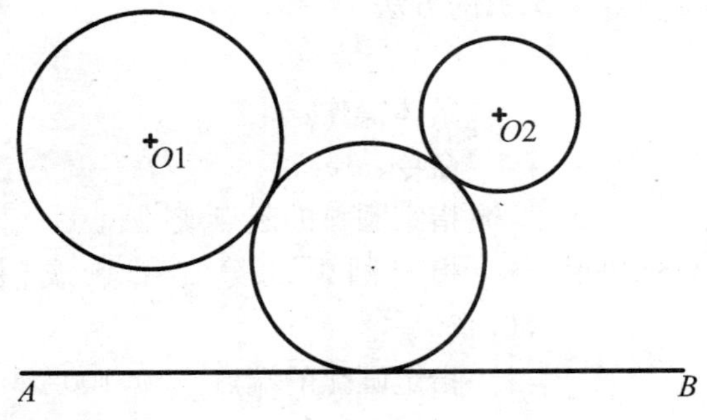

图 3.22 圆的画法(相切、相切、相切)

3.4.2 圆弧

1. 命令功能

创建圆弧。

2. 命令调用方式

菜单方式:【绘图】→【圆弧】

如图 3.23 所示。

图标方式:

键盘输入方式:arc

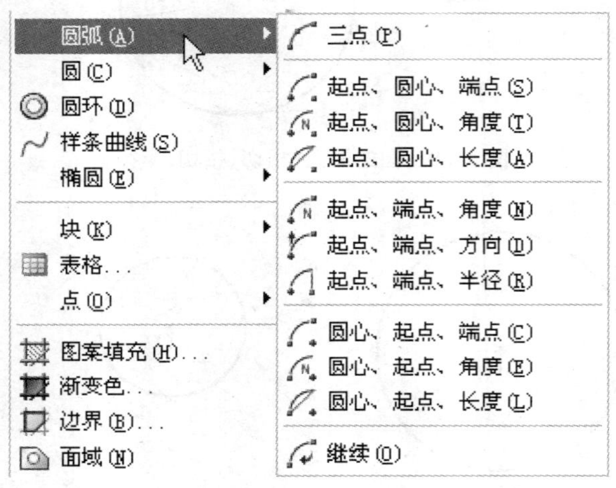

图 3.23　菜单方式绘制圆弧

3. 命令操作

圆弧的画法有多种,但一般情况用得并不多,而是先画出整圆,再经剪断处理生成圆弧则显得更加直观、方便。如图 3.23 所示为绘制圆弧的 11 种方法。

下面介绍最常用的 3 种绘制圆弧的方法。

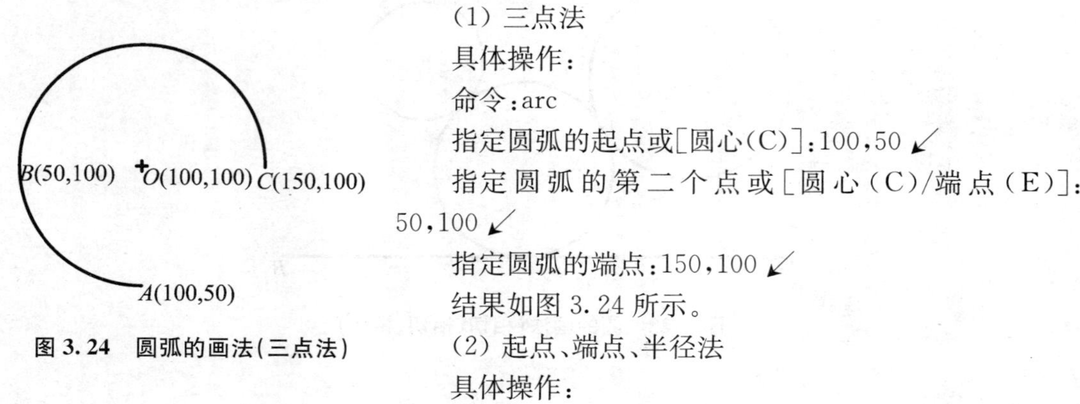

图 3.24　圆弧的画法(三点法)

(1) 三点法

具体操作:

命令:arc

指定圆弧的起点或[圆心(C)]:100,50 ↙

指定圆弧的第二个点或[圆心(C)/端点(E)]:50,100 ↙

指定圆弧的端点:150,100 ↙

结果如图 3.24 所示。

(2) 起点、端点、半径法

具体操作:

命令:arc

指定圆弧的起点或[圆心(C)]:150,150 ↙
指定圆弧的第二个点或[圆心(C)/端点(E)]:E ↙
指定圆弧的端点:200,150 ↙
指定圆弧的圆心或[角度(A)/方向(D)/半径(R)]:R ↙
指定圆弧的半径:50 ↙
结果绘出如图 3.25 所示的凹圆弧。

如果输入的起点坐标为(200,150),端点坐标为(150,150),绘制出来的圆弧将如图 3.26 所示,这是因为 AutoCAD 中默认设置的圆弧正方向为逆时针方向,圆弧沿正方向生成。

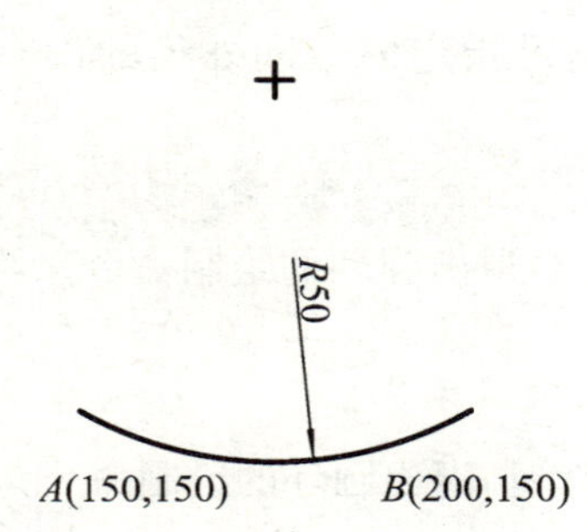

图 3.25 圆弧的画法(起点、端点、半径法)——凹圆弧

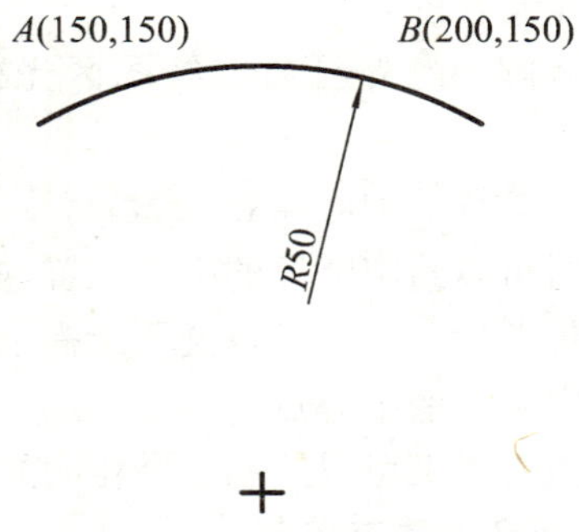

图 3.26 圆弧的画法(起点、端点、半径法)——凸圆弧

(3) 起点、端点、角度法

以绘制如图 3.27 所示的圆弧为例。

具体操作:

命令:arc
指定圆弧的起点或[圆心(C)]:150,150 ↙
指定圆弧的第二个点或[圆心(C)/端点(E)]:E ↙
指定圆弧的端点:200,150 ↙
指定圆弧的圆心或[角度(A)/方向(D)/半径(R)]:A ↙
指定包含角:60° ↙

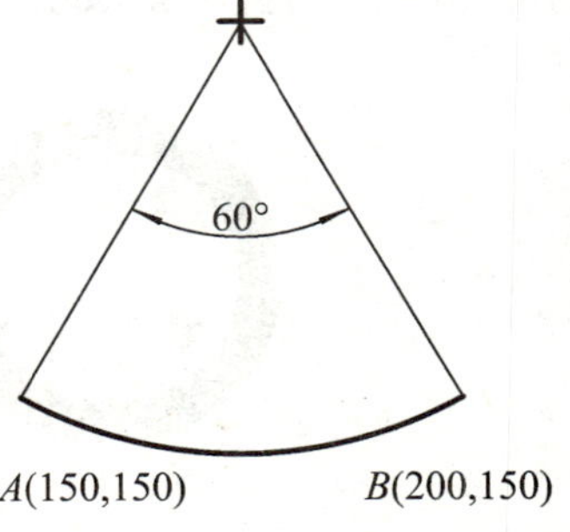

图 3.27 起点、端点、角度法绘制圆弧

4. 说明

(1) 缺省状态时,以逆时针画圆弧。若所画圆弧不符合需要,可以将起始点及终点调换次序后再画。

(2) 如果用回车键回答第一提问,则以上次所画线或圆弧的终点及方向作为本次所画弧的起点及起始方向,这种方法特别适用于与上次线或圆弧相切的情况。

3.4.3 圆环

1. 命令功能

绘制实心或空心的圆或圆环。

2. 命令调用方式

菜单方式:【绘图】→【圆环】

图标方式:◎

键盘输入方式:donut

3. 操作步骤

命令:donut

指定圆环的内径〈5〉:

输入圆环的内径。如果内径值设为 0,则绘制的圆环为填充的实心圆。

指定圆环的外径〈10〉:

输入圆环的外径后在绘图区光标处会出现一个满足指定内径和外径的没有填充的圆环。

指定圆环的中心点:

此时可以给定圆环的中心位置,如果直接按回车键,会退出圆环的绘制命令。给定圆环的中心位置后,AutoCAD 会不断提示:

指定圆环的中心点:

在该提示下可以绘制多个相同的圆环,直到按下回车键,退出圆环的绘制命令为止。

4. 圆环的填充控制

圆环是否填充,可以用 Fill 命令来控制。

命令:Fill

输入模式[开(ON)/关(OFF)]〈开〉:

系统默认值为"开"。此时如果输入"OFF",则可取消填充方式,在此之后绘制多个相同的圆环,便不再有填充,如图 3.28 所示。

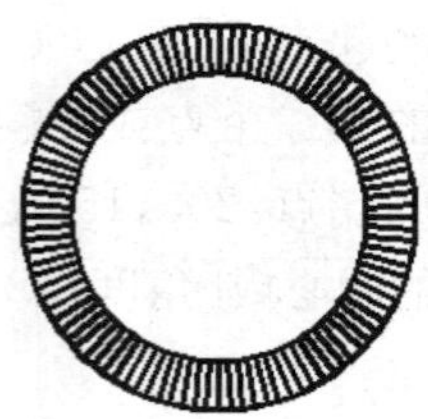

图 3.28 圆环和实心圆

3.4.4 椭圆

1. 命令功能

绘制椭圆或椭圆弧。

2. 命令调用方式

菜单方式:【绘图】→【椭圆】

图标方式:⬭

键盘输入方式:ellipse

3. 操作步骤

命令:ellipse

指定椭圆轴的端点或[圆弧(A)/中心点(C)]:

4. 选项说明

(1) 指定椭圆轴的端点

指定椭圆上某轴的一个端点后,AutoCAD继续提示:

指定轴的另一端点:

指定轴的另一个端点后,AutoCAD继续提示:

指定另一条半轴的长度或[旋转(R)]:

① 指定另一条半轴的长度

输入另一轴的长度值或者用光标点取距离,都可绘制出椭圆并结束命令。

② 旋转(R)

选择该选项后,AutoCAD继续提示:

指定绕长轴旋转的角度:

根据椭圆生成原理:圆绕其一条直径旋转一定角度后的投影即是椭圆。作为轴的这条直径就是椭圆的长轴。当旋转角度为0°时,就是圆。当旋转角度为90°时,是一条直线。输入角度范围为0°~89.9°,随着角度的增加,椭圆越来越扁。

这种绘制椭圆的方法如图3.29(a)所示。

(2) 中心点(C)

选择该选项后,AutoCAD继续提示:

指定椭圆中心点:

椭圆的中心点确定后,椭圆的位置就随之确定。此时,只要再为两轴各确定一个端点,便可确定椭圆的形状。AutoCAD继续提示:

指定轴的端点: (指定椭圆某一轴的一个端点)

指定另一条半轴的长度或[旋转(R)]:

回答与上述相同。

这种绘制椭圆的方法如图3.29(b)所示。

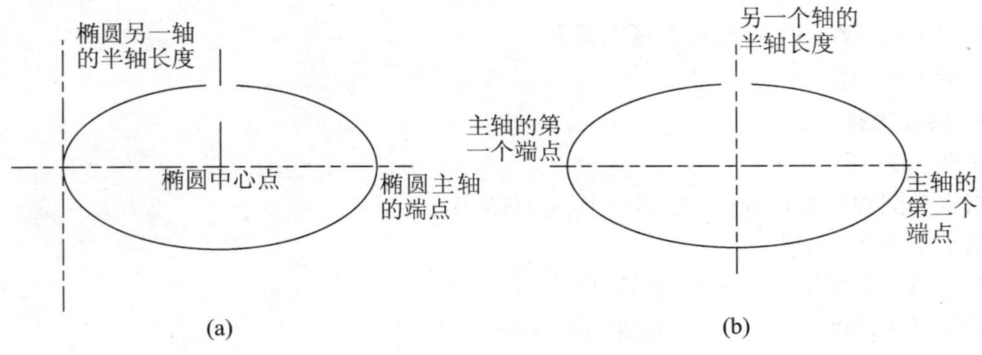

图3.29 椭圆的绘制方法

(3) 圆弧(A)

此选项用于绘制椭圆弧。它需要先画出椭圆再截取一段弧,因而开始的提示及应答与绘制椭圆一样。AutoCAD 提示:

指定椭圆轴的端点或[圆弧(A)/中心点(C)]:

指定轴的另一端点:

指定另一条半轴的长度或[旋转(R)]:

上述命令用于绘制一个椭圆,当椭圆确定后,AutoCAD 继续提示:

指定起始角度或[参数(P)]:

① 指定起始角度

输入起始角度后,AutoCAD 继续提示:

指定终止角度或[参数(P)/包含角度(I)]:

a. 输入终止角度后,将画出起始角至终止角之间(逆时针为正)的椭圆弧。

b. 指定包含角度后,则画出自起始角开始包含指定角度(逆时针为正)的椭圆弧。

② 选择参数(P)选项时

AutoCAD 提示:

指定起始参数或[角度(A)]:

指定终止参数或[角度(A)/包含角度(I)]:

参数的作用仍然是用来计算椭圆弧的起始角和终止角。

一般而言,绘制椭圆弧需要确定一系列参数,比较烦琐,所以应用机会不多,实际绘图时,往往通过编辑修改椭圆来得到满足要求的椭圆弧。

3.4.5 椭圆弧

绘制椭圆弧的途径与绘制椭圆相同。它需要先画出一个母体椭圆,然后再指定起始角与终止角或者指定起始角与夹角来截取一段弧。

1. 命令功能

绘制一段椭圆弧。

2. 调用方式

菜单方式:【绘图】→【椭圆】→【圆弧】

图标方式:

3. 操作步骤

命令:ellipse

指定椭圆轴的端点或[圆弧(A)/中心点(C)]:

指定轴的另一端点:

指定另一条半轴的长度或[旋转(R)]:

指定终止角度或[参数(P)/包含角度(I)]:

指定起始参数或[角度(A)]:

指定终止参数或[角度(A)/包含角度(I)]:

可见,此命令与椭圆命令中的“圆弧(A)”相同。

3.4.6 样条曲线

1. 绘制样条曲线

(1) 命令功能:

绘制一条平滑相连的样条曲线。

(2) 命令调用方式

菜单方式:【绘图】→【样条曲线】

图标方式:~

键盘输入方式:spline

(3) 操作步骤

命令:spline

指定第一个点或[对象(O)]:

(4) 选项说明:

① 指定第一个点

输入第一点后,出现一橡皮筋线,并提示:

指定下一点:

指定下一点或[闭合(C)/拟合公差(F)]〈起点切向〉:

a. 按回车键或鼠标右键确认,则结束线段控制点的选择,并提示:

指定起点切向:

如选择一点,则起点至该点的方向就决定了起点切向。直接回车则以第一点至第二点的方向决定起点切向。AutoCAD 继续提示:

指定端点切向:

如选择一点,则末端点至该点的方向就决定了终点切向。直接回车则以最后一点至倒数第二点的方向决定终点切向。

下一点:

拾取下一点后,则下一段加入样条曲线,再拾取一点又加入一段,直至退出命令。

b. 闭合(C)选项

选择该选项后,AutoCAD 用第一段样条的起点作为最后一段样条的终点并结束样条曲线的绘制。然后提示:

指定切向:

可以选择一点决定闭合点处的切向,也可直接回车,由 AutoCAD 计算切向。

c. 拟合公差(F)

拟合公差用于控制样条曲线对数据点的接近程度,拟合公差的大小对当前图形有效。拟合公差越小,样条曲线越接近数据点,如为 0,表明样条曲线精确通过数据点,如图 3.30 所示。

② 对象(O)

此选项用于将经过样条曲线拟合的多义线变成样条曲线。

2. 编辑样条曲线

(1) 命令功能

对样条曲线实体进行编辑修改。

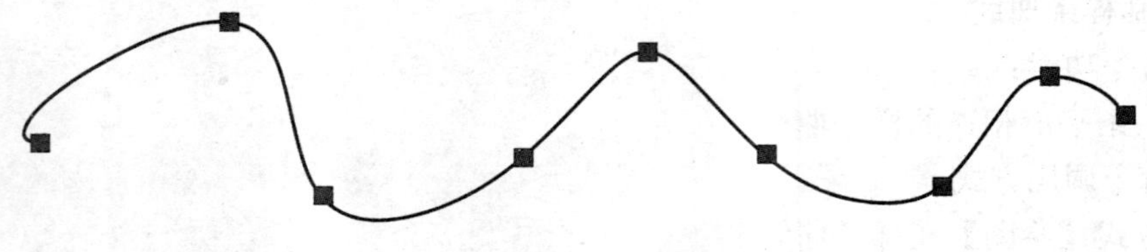

图 3.30　样条曲线

(2) 命令调用方式

菜单方式:【绘图】→【样条曲线】

键盘输入方式:splinedit

(3) 操作步骤

命令:splinedit

选择样条曲线:

用光标选取一条样条曲线,则其控制点会以界标点形式显示出来。控制点决定样条曲线是如何画出的,但控制点不一定在样条曲线上。

输入选项[拟合数据(F)/闭合(C)/移动顶点(M)/精度(R)/反转(E)/放弃(U)]:

使用这些选项可以对编辑调整点进行修改,从而改变样条曲线的形状。

(4) 选项说明

① 拟合数据(F)

选中此项后,样条曲线的控制点显示变为调整点显示。执行此项后,调整点都处于样条曲线上。

② 闭合(C)或打开(O)

用于闭合一条开式样条曲线或打开一条闭合样条曲线。如果选取的样条曲线是非闭合的,上述提示中会出现"闭合(C)"选项;如果选取的样条曲线是闭合的,上述提示中第一个选项则是"打开(O)"。

③ 移动顶点(M)

选中此项后,AutoCAD 提示:

指定新位置或[下一个(N)/上一个(P)/选择点(S)/退出(X)]:〈下一个〉

使用这些选项可以移动样条曲线的控制点,同时清除编辑调整点。

④ 精度(R)

选中此项后,AutoCAD 提示:

输入精度选项[添加控制点(A)/提高阶数(E)/权值(W)/退出(X)]:〈退出〉

使用这些选项可以对控制点进行操作,从而进一步调整样条曲线的形状。

⑤ 反转(E)

改变样条曲线方向,起点和终点交换。

⑥ 放弃(U)

放弃操作,可一直返回到编辑样条曲线的开始状态。

3.5 点命令

3.5.1 单点

1. 命令功能

在屏幕指定位置绘制一个点。

2. 命令调用方式

菜单方式:【绘图】→【点】→【单点】

键盘输入方式:pointe

3. 操作步骤

命令:pointe

当前点模式:PDMODE=0 PDSIZE=0.000

指定点:

可以在绘图区直接指定点或输入点的坐标值。

4. 调整点的样式和大小

点的样式系统默认为一个小黑点,AutoCAD提供了多种样式的点,用户可以根据需要设置点的样式。

命令调用方式:

菜单方式:【格式】→【点样式】

AutoCAD会弹出如图3.31所示的“点样式”对话框。

在该对话框中,可以单击相应的点的图标来选择点的外观样式。点的大小是按照相对于绘图屏幕的百分比或者以绘图单位来设置的,可以在对话框中勾选“点大小”下面的两个单选框来设置点的尺寸样式,在点大小的文本框中输入不同的值则可以改变点的大小。

修改点样式后,单击“确定”按钮,这时图形中已有的点对象和将要绘制的点对象的样式都会发生改变。

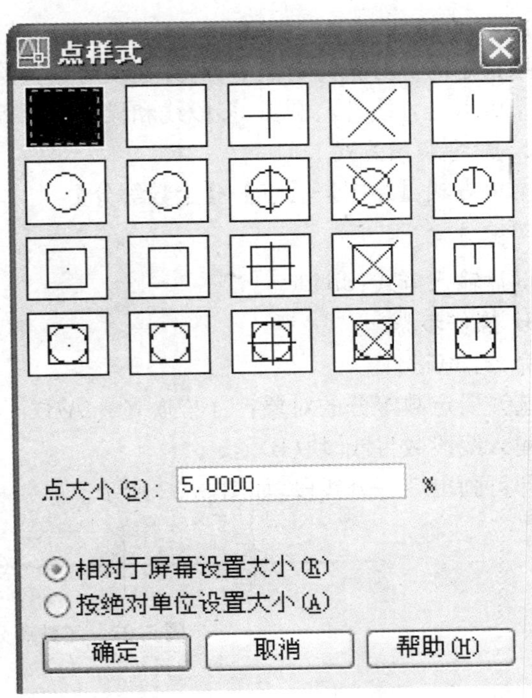

图3.31 “点样式”对话框

3.5.2 多点

1. 命令功能

在屏幕上连续绘制多个点。

2. 命令调用方式

菜单方式:【绘图】→【点】→【多点】

图标方式:

3. 操作步骤

激活命令后,AutoCAD 提示:

当前点模式:PDMODE=0 PDSIZE=0.000

指定点:

可以在绘图区直接指定点或输入点的坐标值。系统连续提示:

指定点:

可以在绘图区不同的位置绘制一系列点。如果要退出命令,只有按下 Esc 键。

3.5.3 定数等分

1. 命令功能

按指定的等分数将对象等分,并在该对象上绘制等分点,或在等分点处插入块。它适用的对象可以是直线、圆、圆弧、多段线和样条曲线等。

2. 命令调用方式

菜单方式:【绘图】→【点】→【定数等分】

图标方式:

键盘输入方式:divide

3. 操作步骤

命令:divide

选择要定数等分的对象: (拾取直线 *AB*)

输入线段数目或[块(B)]:5 ↙

即可画出 5 等分线段,如图 3.32 所示。

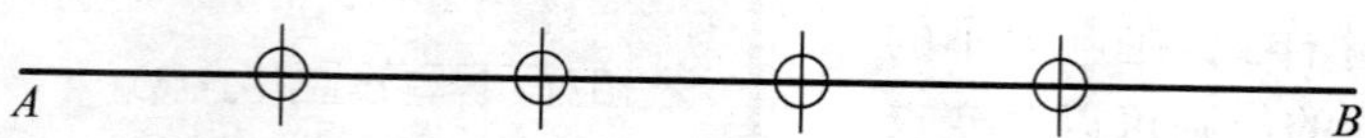

图 3.32 定数等分 5 等分

3.5.4 定距等分

1. 命令功能

按指定的长度测量某一对象,并用点在该对象上的分点处作标记,或在分点处插入块。

它适用的对象可以是直线、圆、圆弧、多段线和样条曲线等。

2. 命令调用方式

菜单方式:【绘图】→【点】→【定距等分】

图标方式:

键盘输入方式:measure

3. 操作步骤

命令:measure

选择要定距等分的对象: (拾取直线 AB,长度为 50)

输入线段数目或[块(B)]:10 ↙

即可画出定距长度为 10 的等分点(图 3.33)。

注意:放置点或块的起始位置是从选择对象时离选择点最近的端点开始的。

图 3.33 定距等分

3.6 面域与图案填充命令

3.6.1 面域

1. 命令功能

可以将由某些对象围成的封闭区域转换为面域,这些封闭区域可以是圆、椭圆、封闭的二维多段线和封闭的样条曲线等对象,也可以是由圆弧、直线、二维多段线、椭圆弧、样条曲线等对象构成的封闭区域。

2. 命令调用方式

菜单方式:【绘图】→【面域】

键盘输入方式:region

3. 操作步骤

选择"绘图"|"面域"命令(region),或在"绘图"工具栏中单击"面域"按钮,然后选择一个或多个用于转换为面域的封闭图形,当按下 Enter 键后即可将它们转换为面域。因为圆、多边形等封闭图形属于线框模型,而面域属于实体模型,因此它们在选中时表现的形式也不相同。

选择"绘图"|"边界"命令(boundary),也可以使用打开的"边界创建"对话框来定义面域。此时,在"对象类型"下拉列表框中选择"面域"选项,单击"确定"按钮后创建的图形将是一个面域,而不是边界。

4. 面域的布尔运算

布尔运算的对象只包括实体和共面的面域，对于普通的线条图形对象无法使用布尔运算。使用“修改”|“实体编辑”子菜单中的相关命令可以对面域进行如下的布尔运算：

(1) 并集

创建面域的并集，此时需要连续选择要进行并集操作的面域对象，直到按下 Enter 键，即可将选择的面域合并为一个图形并结束命令。

(2) 差集

创建面域的差集，使用一个面域减去另一个面域。

(3) 交集

创建多个面域的交集即各个面域的公共部分，此时需要同时选择两个或两个以上面域对象，然后按下 Enter 键即可。

面域的布尔运算如图 3.34 所示。

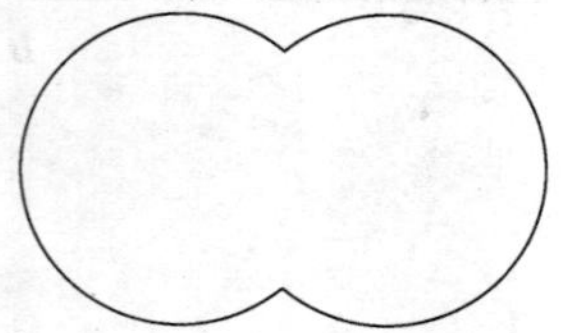
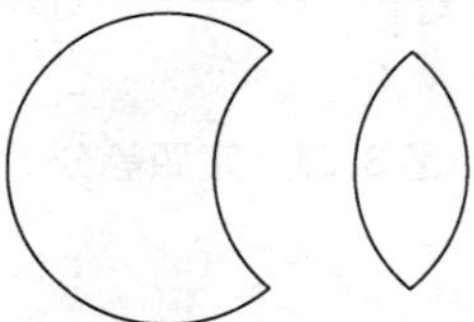
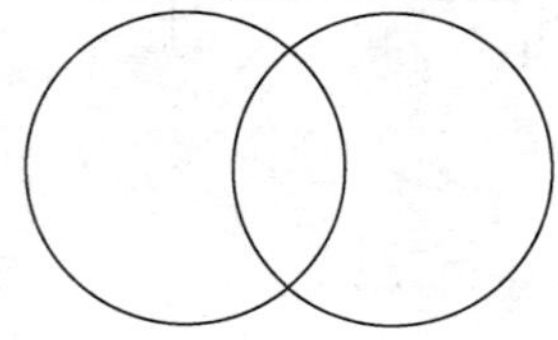

图 3.34　面域的布尔运算

5. 从面域中提取数据

在 AutoCAD 2006 中，选择“工具”|“查询”|“面域/质量特性”命令(Massprop)，然后选择面域对象，按 Enter 键，系统将自动切换到“AutoCAD 文本窗口”，显示面域对象的数据特性。

3.6.2　图案填充命令

在剖视图和断面图中，经常需要在图中某些指定的区域内填充某种图案或剖面线，以表示该区域的结构特点，并表示构成该物体的材料。下面重点介绍 AutoCAD 图案填充方面的内容。

1. AutoCAD 图案填充的基本概念

(1) 边界定义

当进行图案填充时，首先要确定填充边界。定义边界的对象只能是直线、圆、圆弧等实体或由这些实体定义的块，而且作为边界的实体在当前屏幕上必须是可见的和封闭的。

(2) 图案填充的 3 种方式

AutoCAD 允许以如下 3 种方式进行图案填充：

① 一般方式

该方式为缺省方式，填充效果如图 3.35(a)所示。在此方式下剖面图案中的每一条线都从两端开始向区域内画线，遇到内部实体时就断开，直到遇到下一个实体时再画线。

② 最外层方式

该方式从边界开始向里画线，只要在边界内部遇到实体时就断开，不再画线，如图

3.35(b)所示。

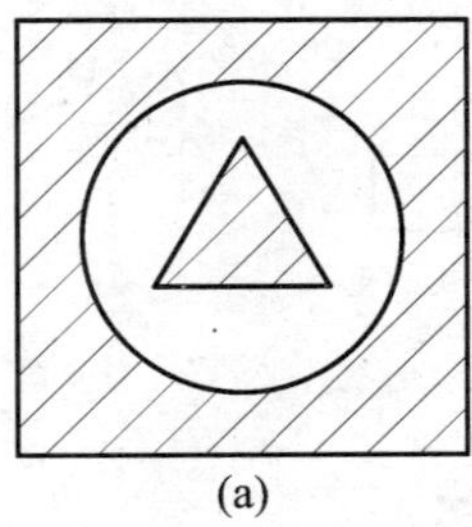
(a)

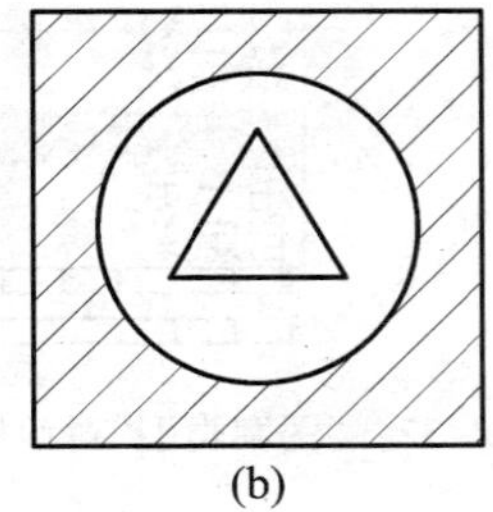
(b)

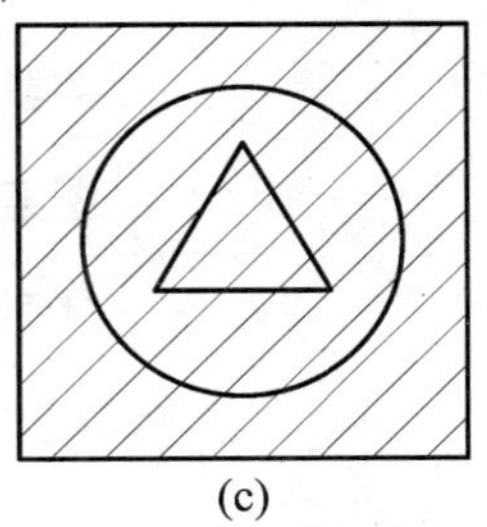
(c)

图 3.35　图案的填充方式

③ 忽略方式

该方式忽略边界内的实体，所有内部结构都被剖面线覆盖，如图 3.35(c)所示。

2. 图案填充的操作

(1) 图案填充的命令功能

在指定的区域内，填充剖面图案。

(2) 图案填充命令调用方式

菜单方式：【绘图】→【图案填充】

图标方式：

键盘输入方式：hatch

(3) 操作步骤

命令：hatch

AutoCAD 会弹出如图 3.36 所示的“图案填充”对话框。

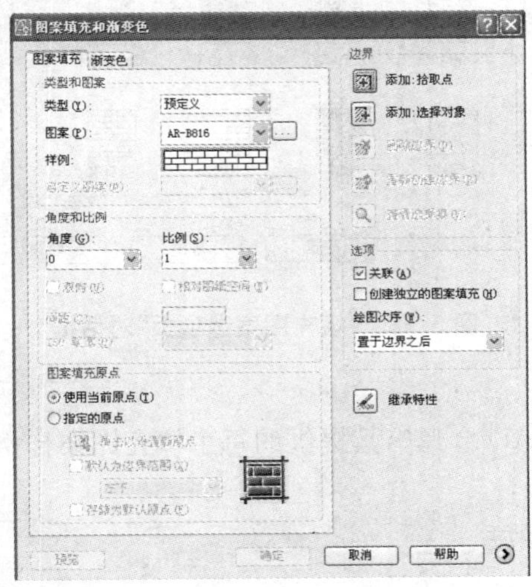

图 3.36　“图案填充”对话框

(4) 选项卡说明

① “快速”选项卡的使用说明

a. 类型

用户可以通过下拉列表在“预定义”、“自定义”、“用户定义”之间选择，如图 3. 37 所示。

图 3. 37　“图案类型”对话框

其中“预定义”表示用 AutoCAD 提供的图案进行填充；“自定义”表示选择用户事先定义好的图案进行填充；“用户定义”表示用户可以临时定义填充图案，该图案由一组平行线或相互垂直的两组平行线组成。

b. 图案

选择“预定义”填充类型时，用户可以从“图案”下拉列表中选择填充图案的名字，也可以单击右边的按钮，弹出如图 3. 38 所示的“填充图案选项板”，从中选择所需要的填充图案样例。

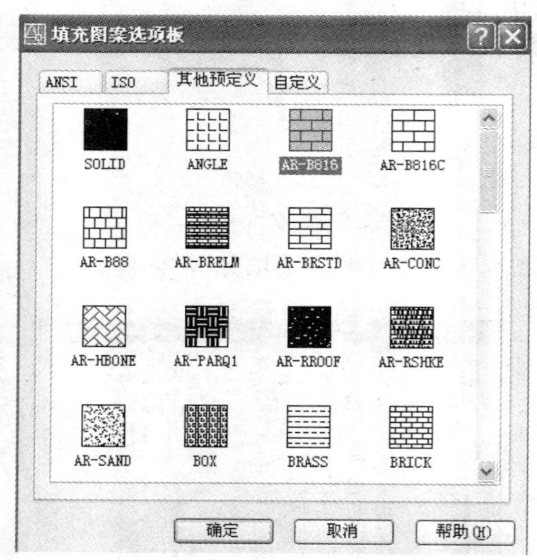

图 3. 38　“填充图案选项板”对话框

c. 样例

单击样例图案，AutoCAD 会弹出其提供的每个填充图案样例。

d. 角度

确定填充图案的旋转角度。

e. 比例

确定填充图案时的比例值。实际显示为调整填充图案的疏密程度。

需要注意的是，图案填充的比例值不当时会造成填充线太密或太疏，甚至会导致无填充结果，此时可以调整比例值，直到合适为止。为了避免填充线过密而耽搁太多的时间，在无法确定填充比例时，建议先选择较大的比例，然后逐渐减小。

f. 间距

只有选择“用户定义”类型时才有效，用于确定填充平行线之间的距离。

g. 拾取点

以拾取某个填充区域内部一点的形式确定填充边界。单击该按钮后，AutoCAD临时切换到作图屏幕，并在命令行窗口中提示：

选择内部点：

此时用户可以在希望填充的区域内部任意拾取一点，AutoCAD会自动确定出包围该点的封闭填充边界，同时亮显这些边界。如果在拾取一点后不能形成封闭边界，则系统会给出相应的错误提示。

h. 选择对象

以选择对象的形式确定填充边界。

单击该按钮后，AutoCAD临时切换到作图屏幕，并在命令行窗口中提示：

选择对象：

此时用户可以在屏幕上选择构成填充区域的填充边界，被选中的边界会被亮显。如果选错了填充边界，可以键入“U”取消，也可以单击鼠标右键，从快捷菜单中选择“全部清除”或“放弃上次选择/拾取”。

i. 继承特性

选用已有的填充图案作为当前的填充图案。单击该按钮后，AutoCAD临时切换到作图屏幕，并在命令行窗口中提示：

选择关联填充对象：

此时用户在选择屏幕上的某一填充图案后，系统自动返回到“边界图案填充”对话框，并在对话框中显示出该填充图案的相应设置及有关特性参数。

j. 组成

用于设置填充图案与填充边界的关系。选中“关联”复选框时，填充图案与填充边界保持关联关系，当对填充边界进行某些编辑操作时，系统会根据边界的位置重新生成填充图案；选中“不关联”复选框时，填充图案与填充边界没有关联关系。系统默认设置为“关联”。

k. 双向

只有选择“用户定义”类型时才有效，用于确定填充线是由一组平行线还是相互垂直的两组平行线组成。选择“双向”开关为相互垂直的两组平行线，否则为一组平行线。

② “高级”选项卡的使用说明

在填充操作前，若需要对填充方式或填充边界进行处理时，可单击“边界图案填充”对话框中的“高级”选项卡，其功能如下：

a. 孤岛检测样式

确定对孤岛的填充方式。所谓“孤岛”是指位于填充区域内部的封闭区域。此选项下有“普通”、“外部”、“忽略”3种，分别对应于前面所述的图案填充的3种方式（一般方式、最外层方式、忽略方式）。

以普通方式填充时，如果填充边界内有诸如文字、属性这样的特殊对象，且在选择填充边界时也选择了它们，图案填充时这些对象处会自动断开，就像用一个比它们略大的看不见的框子保护起来一样，使得这些对象更加清晰。

b. 边界集

当通过拾取点的方式定义填充边界时，用来选定那些可供 AutoCAD 产生填充边界的对象集合。在默认状态下，AutoCAD 将根据当前视口中所有可见对象确定边界对象集。

c. 对象类型

选中“保留边界”复选框时，系统将填充边界以对象的形式保留，这是可在对象类型下拉列表框中选择边界保留的类型，可以在“面域”、“多段线”两个选项中选择。

d. 孤岛检测方式

确定是否将孤岛作为填充边界。“填充”选项有效时，填充时将孤岛作为填充边界；“射线”选项有效时，填充时将从拾取点出发到最近的一个对象，然后按逆时针方向扫描边界。这样，孤岛就不作为填充边界了。

3.7　表格命令

1. 命令功能

可以利用该命令方便地绘制表格。

2. 命令调用方式

菜单方式：【绘图】→【表格】

图标：

键盘输入方式：table

3. 操作步骤

(1) 插入表格

选择“绘图”|“表格”(table)，打开“插入表格”对话框，如图 3.39 所示，用户可以根据需要对表格进行设置。

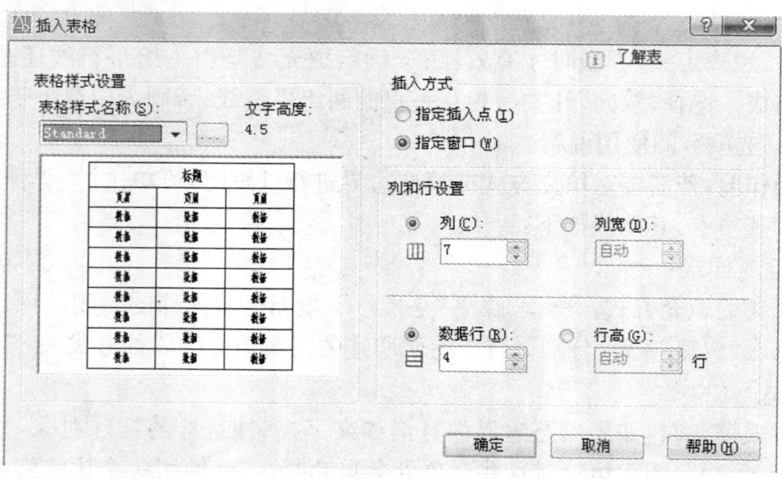

图 3.39　“插入表格”对话框

(2) 表格样式

在"插入表格"对话框中点击 按钮可以打开"表格样式"对话框，如图 3.40 所示，用户可以根据需要对"文字样式"、"文字高度"、"文字颜色"、"对齐方式"等内容进行设置和修改。

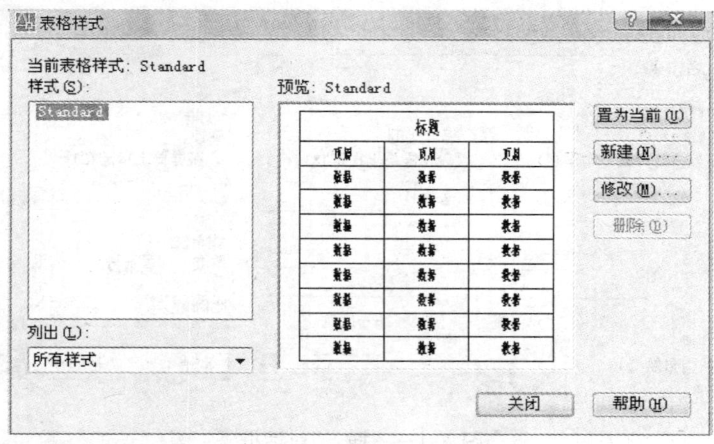

图 3.40 "表格样式"对话框

3.8 块命令

1. 命令功能

将建立的图形块或另一图形文件按指定的位置插入到当前文件，并可以任意改变插入的位置、比例和角度。

2. 命令调用方式

菜单方式:【插入】→【块】

图标:

键盘输入方式:ddinsert

3. 操作步骤

(1) 创建块

选择"绘图"|"块"|"创建"命令(Block)，打开"块定义"对话框，如图 3.41 所示，可以将已绘制的对象创建为块。

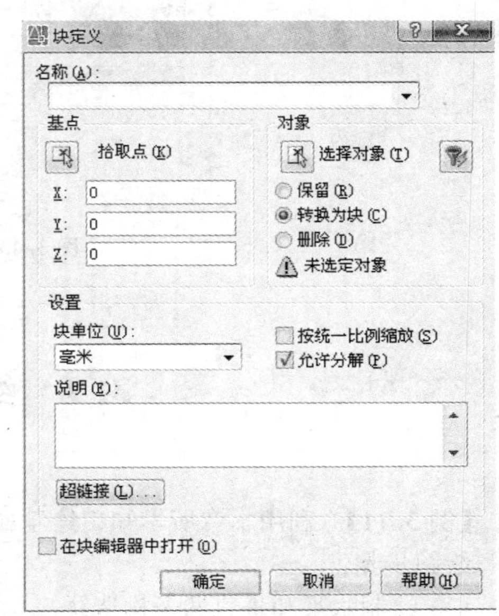

图 3.41 "块定义"对话框

(2) 插入块

选择"插入"|"块"命令(Insert)，打开"插入"对话框，如图 3.42 所示。用户可以利用它在图形中插入块或其他图形，并且在插入块的同时还可以改变所插入块或图形的比例与旋转角度。

（3）存储块

在 AutoCAD 2006 中，使用 Wblock 命令可以将块以文件的形式写入磁盘。执行 Wblock 命令将打开“写块”对话框，如图 3.43 所示。

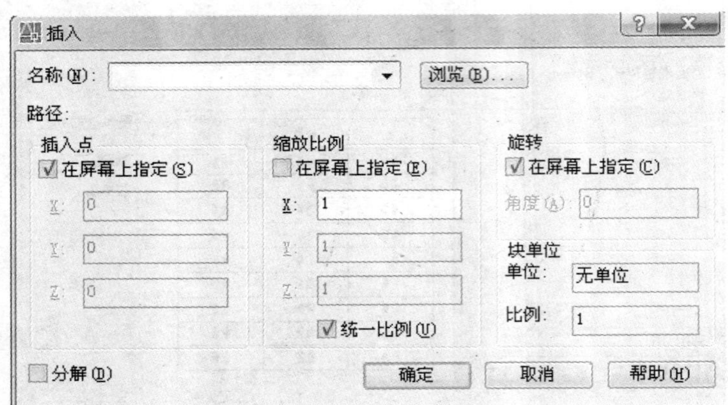

图 3.42　“插入”对话框

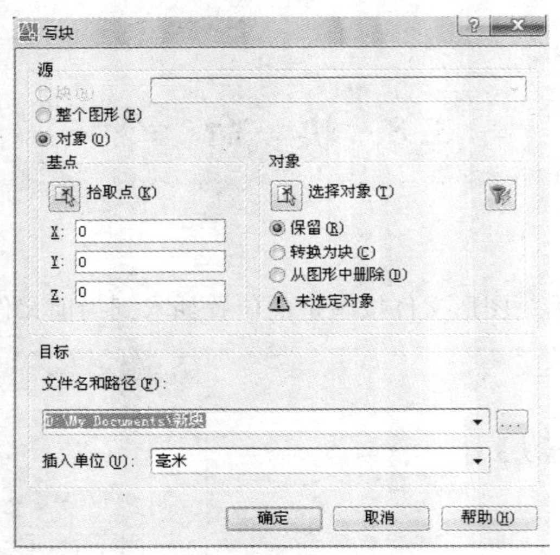

图 3.43　“写块”对话框

3.9　综合示例

【例 3.11】　利用本章所学知识绘制如图 3.44 所示图形——钩子。

绘图步骤：

（1）绘制水平和垂直两条构造线。

（2）单击 ⊙，以水平和垂直两条构造线的交点为圆心绘制 $R15$、$R27$、$R113$ 三个圆。

(3) 绘制 $R70$ 的圆关键就是找到 $R70$ 的圆心，因为 $R27$ 与 $R70$ 的圆内切，所以我们可以构造 $R43$ 的辅助圆，如图 3.45 所示，与水平线距离为 7 的直线的交点即为 $R70$ 的圆心 O。

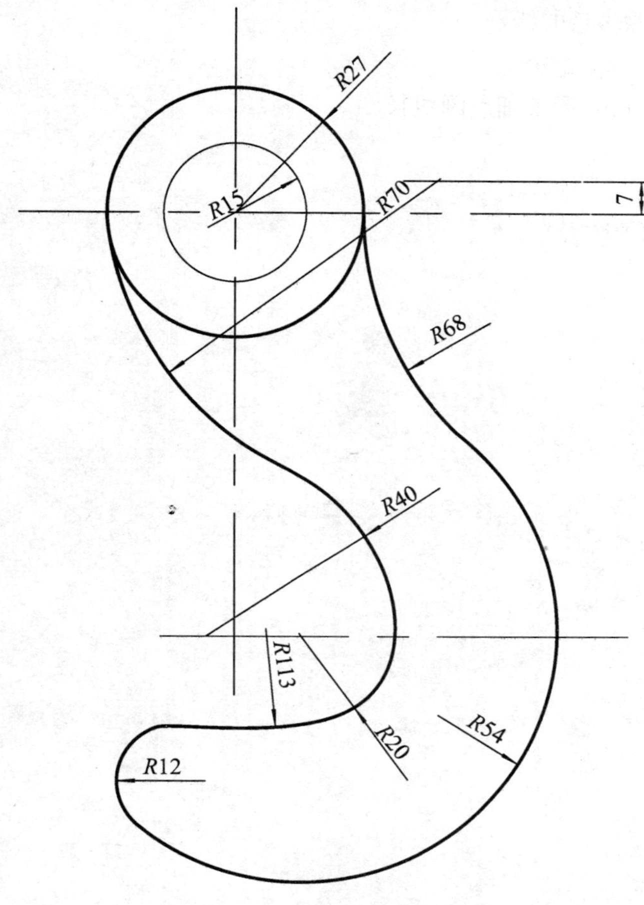

图 3.44 钩子

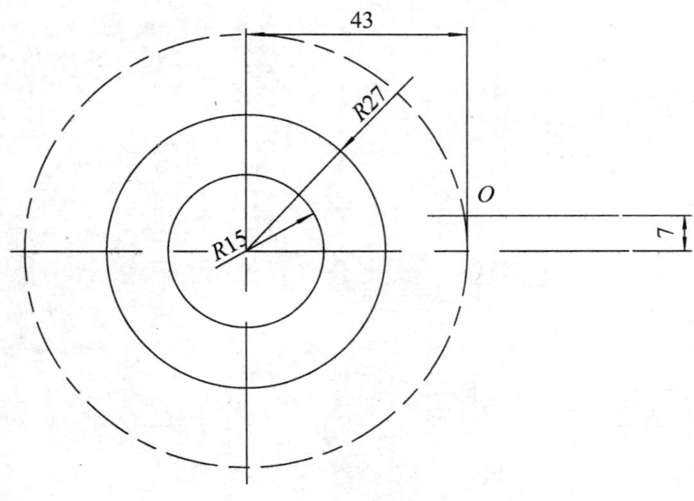

图 3.45 找圆心

(4) 根据第三步同样的方法找到圆心绘制 $R20$、$R54$。

(5) 再用相切、相切、半径的方法绘制 $R68$、$R40$、$R12$ 三个相切圆。

(6) 单击 删除多余的线。

(7) 用 Polyline 加粗轮廓线。

(8) 用夹点编辑命令调整细点画线长度。

(9) 完成绘图。

第 4 章　对象捕捉命令

本章要点

- ◆ 了解手动捕捉的各种方式，熟悉其使用方法。
- ◆ 掌握自动捕捉的使用方法和注意事项。

对象捕捉(Object Snap)是 AutoCAD 2006 系统中精确定位的有效方法。对象捕捉方式打开后，在光标处出现一个可以调节的靶区，移动靶区选取实体，AutoCAD 就会在选取的实体中寻找满足要求的点，并把光标移动到满足条件的特殊点上。

用户可以使用多种方式打开和使用对象捕捉命令，常用的有以下两种：

1. 对象捕捉工具栏

如图 4.1 所示，用户可以使用对象捕捉工具栏上相应的快捷键来打开相应命令。

图 4.1　对象捕捉工具栏

2. 光标菜单

用户也可以从光标菜单(或称为快捷菜单)上打开相应命令，打开光标菜单的方法是 Shift 键+鼠标右键，打开后如图 4.2 所示。

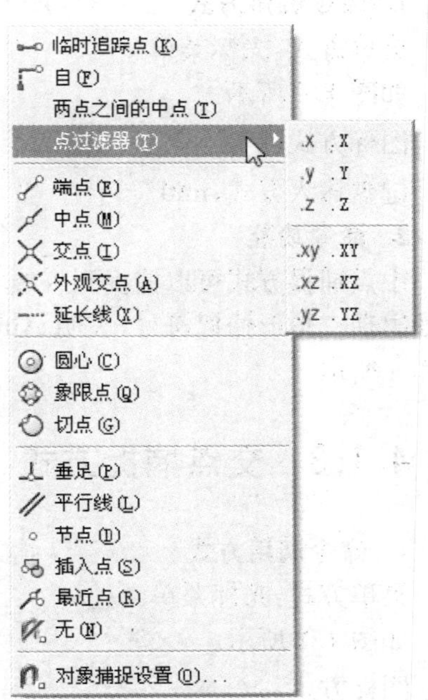

图 4.2　光标菜单

4.1　手 动 捕 捉

4.1.1　端点捕捉方式

1. 命令调用方式

菜单方式：光标菜单

如图 4.2 所示。

图标方式：

键盘输入方式:end

2. 命令功能

端点捕捉方式可以捕捉到直线、圆弧等各种对象的端点。移动光标靠近对象端点所在位置,在端点处出现矩形捕捉符号,表明 AutoCAD 已经捕捉到对象的端点。如果在十字光标的附近有几个对象的端点,那么 AutoCAD 将捕捉最靠近十字光标的对象的端点。端点捕捉方式如图 4.3 所示。

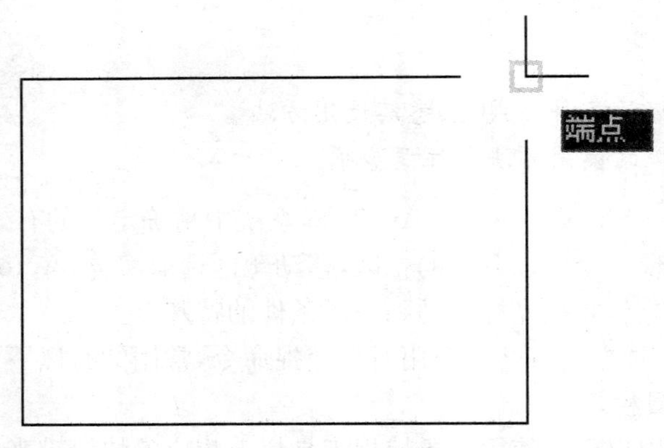

图 4.3 端点捕捉方式

4.1.2 中点捕捉方式

1. 命令调用方式

菜单方式:光标菜单

如图 4.2 所示。

图标方式:

键盘输入方式:mid

2. 命令功能

中点捕捉方式可以捕捉到直线等对象的中点。移动光标靠近对象中点所在位置,在中点处出现三角形捕捉符号,表明 AutoCAD 2006 已经捕捉到对象的中点。中点捕捉方式如图 4.4 所示。

4.1.3 交点捕捉方式

1. 命令调用方式

菜单方式:光标菜单

如图 4.2 所示。

图标方式:

键盘输入方式:int

2. 命令功能

交点捕捉方式可以捕捉到两条或两条以上直线、圆、多段线等对象的交点。移动光标靠近对象交点所在位置，在交点处出现十字标记表示捕捉符号，表明 AutoCAD 2006 已经捕捉到对象的交点，交点捕捉方式如图 4.5 所示。

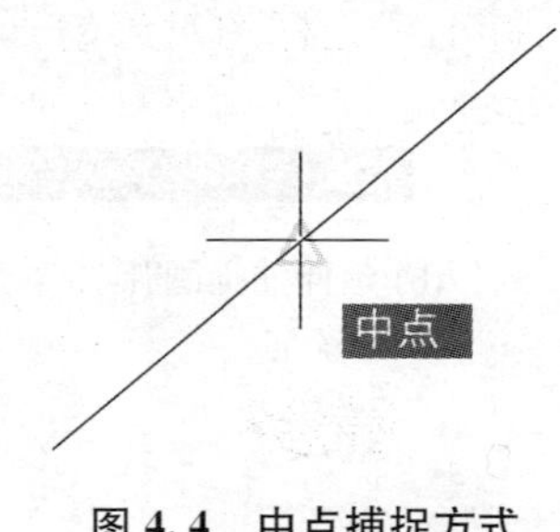

图 4.4　中点捕捉方式

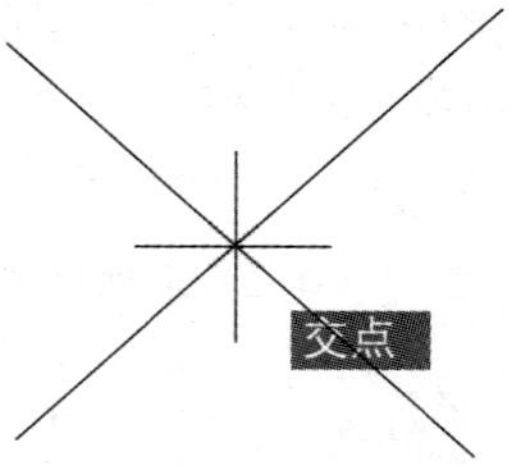

图 4.5　交点捕捉方式

4.1.4　外观交点捕捉方式

1. 命令调用方式

菜单方式：光标菜单

如图 4.2 所示。

图标方式：

键盘输入方式：app

2. 命令功能

外观交点捕捉方式可以捕捉直线、圆、椭圆等任意两种对象的外观交点（即在 3D 空间中两对象并不真正相交，只是从外观上观察效果所存在的一个交点）。

4.1.5　延伸捕捉方式

1. 命令调用方式

菜单方式：光标菜单

如图 4.2 所示。

图标方式：

键盘输入方式：ext

2. 命令功能

可以将直线或圆弧延伸。

(1) 如果延伸捕捉直线可以捕捉直线方向上的点，如图 4.6(a)所示。

(2) 如果延伸捕捉圆弧可以捕捉与此圆弧具有相同圆心和半径的圆上的点，如图 4.6(b)所示。

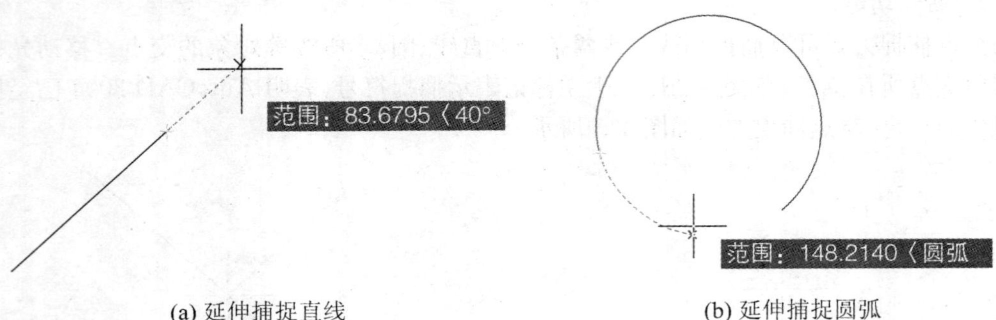

(a) 延伸捕捉直线　(b) 延伸捕捉圆弧

图 4.6　延伸捕捉方式

4.1.6　圆心捕捉方式

1. 命令调用方式

菜单方式：光标菜单

如图 4.2 所示。

图标方式：◎

键盘输入方式：cen

2. 命令功能

圆心捕捉方式可以捕捉到圆、圆弧、椭圆、椭圆弧的中心点。移动光标靠近对象中心点所在位置，在中心点处出现圆形捕捉符号，表明 AutoCAD 2006 已经捕捉到对象的圆心点。圆心捕捉方式如图 4.7 所示。

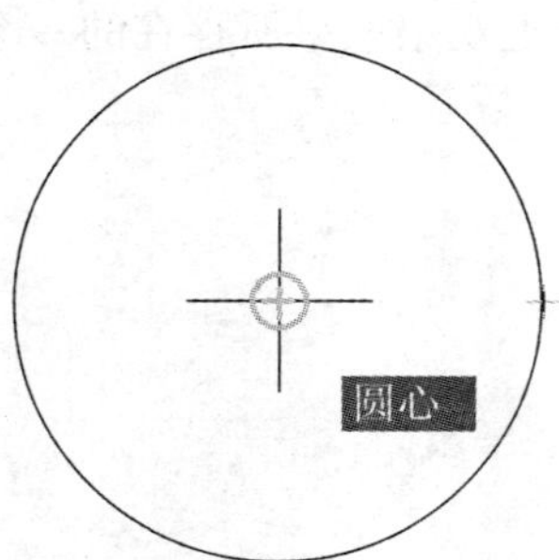

图 4.7　圆心捕捉方式

4.1.7　象限点捕捉方式

1. 命令调用方式

菜单方式：光标菜单

如图 4.2 所示。

图标方式：◇

键盘输入方式：qua

2. 命令功能

象限点捕捉方式可以捕捉到圆、圆弧、椭圆、椭圆弧上的象限点，即位于 0°、90°、180°、270°位置上的点，但是对直线段不起作用。移动光标靠近对象的象限点所在位置，在象限点处出现旋转 90°的矩形捕捉符号，表明 AutoCAD 2006 已经捕捉到对象的象限点。象限点捕捉方式如图 4.8 所示。

4.1.8　切点捕捉方式

1. 命令调用方式

菜单方式：光标菜单

如图 4.2 所示。

图标方式：

键盘输入方式：tan

2. 命令功能

切点捕捉方式可以捕捉到与圆、圆弧、椭圆、椭圆弧相切的点，切点捕捉方式如图 4.9 所示。

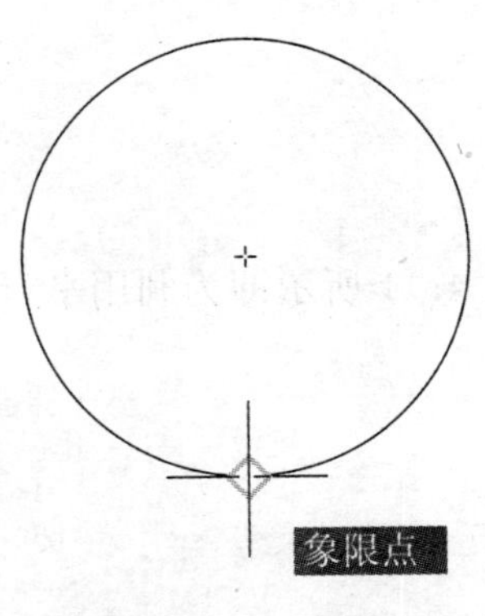

图 4.8　象限点捕捉方式

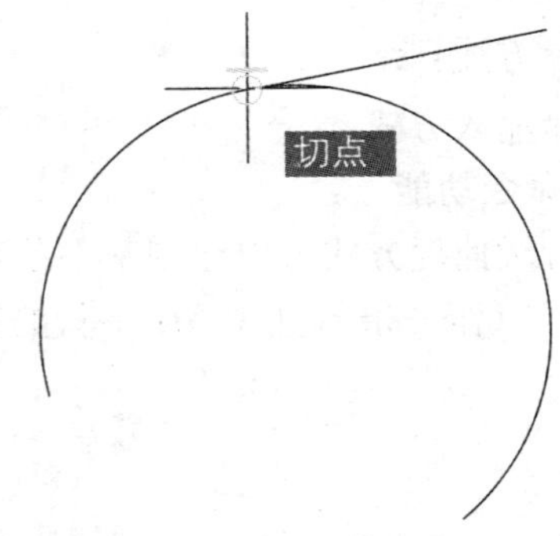

图 4.9　切点捕捉方式

4.1.9　垂足捕捉方式

1. 命令调用方式

菜单方式：光标菜单

如图 4.2 所示。

图标方式：

键盘输入方式：per

2. 命令功能

垂足捕捉方式可以捕捉从预定点到所选择对象的垂足点。用垂足捕捉方式可以绘制直线的垂线或是圆、圆弧、椭圆、椭圆弧等的法线。垂足捕捉方式如图 4.10 所示。

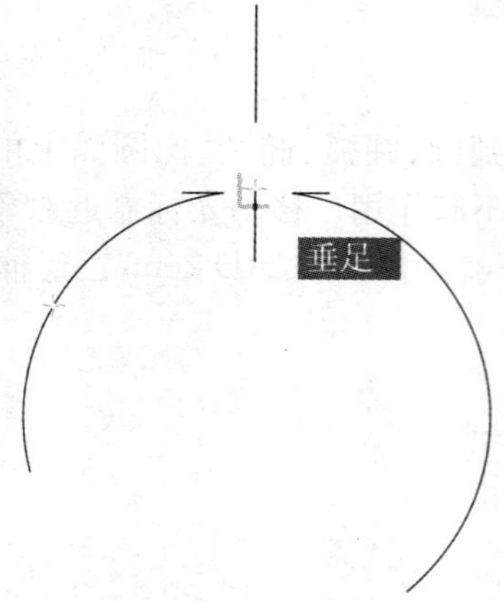

图 4.10 垂足捕捉方式

4.1.10 平行线捕捉方式

1. 命令调用方式

菜单方式:光标菜单

如图 4.2 所示。

图标方式:⫽

键盘输入方式:par

2. 命令功能

平行线捕捉方式可以绘制某一条直线的平行线,如图 4.11 所示即为利用平行线捕捉方式通过 C 点作一条与直线 AB 平行的直线 CD。

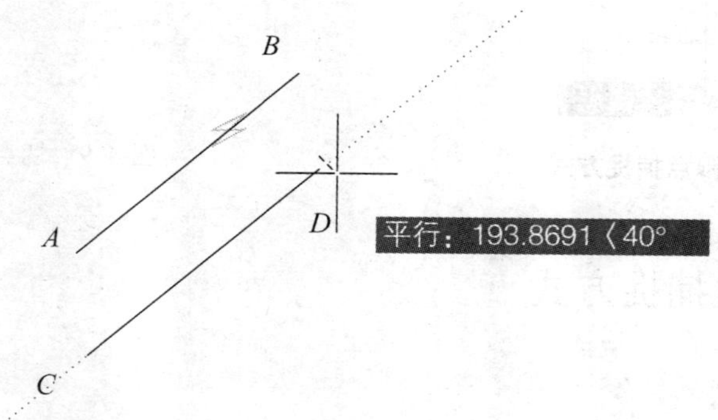

图 4.11 平行线捕捉方式

4.1.11 插入点捕捉方式

1. 命令调用方式

菜单方式:光标菜单

如图 4.2 所示。

图标方式：

键盘输入方式：ins

2. 命令功能

插入点捕捉方式可以捕捉到块、属性、文本对象的插入点。

4.1.12　节点捕捉方式

1. 命令调用方式

菜单方式：光标菜单

如图 4.2 所示。

图标方式：

键盘输入方式：nod

2. 命令功能

可以捕捉到点实体对象，即只能捕捉到真正的点，节点捕捉方式如图 4.12 所示。

图 4.12　节点捕捉方式

4.1.13　最近点捕捉方式

1. 命令调用方式

菜单方式：光标菜单

如图 4.2 所示。

图标方式：

键盘输入方式：nea

2. 命令功能

最近点捕捉方式可以捕捉到对象上离十字光标最近的点，最近点捕捉方式如图 4.13 所示。

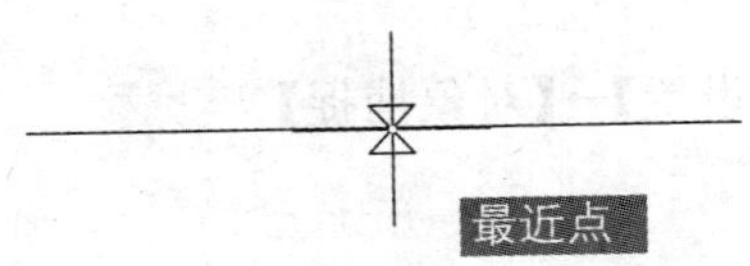

图 4.13　最近点捕捉方式

4.2　自动捕捉

绘图过程中，使用对象捕捉非常多。为此，AutoCAD 2006 提供了一种自动捕捉模式。自动捕捉就是当把光标放在一个被捕捉对象上时，系统自动捕捉到对象上所有符合条件的几何特征点，并显示相应的标记。如果把光标放在捕捉点上多停留一会，系统还会显示捕捉的提示。

如图 4.14 所示，如果要打开对象捕捉模式，可以在“草图设置”对话框的“对象捕捉”选项卡中选中“启用对象捕捉”复选框，然后在“对象捕捉模式”选项组中选中相应复选。

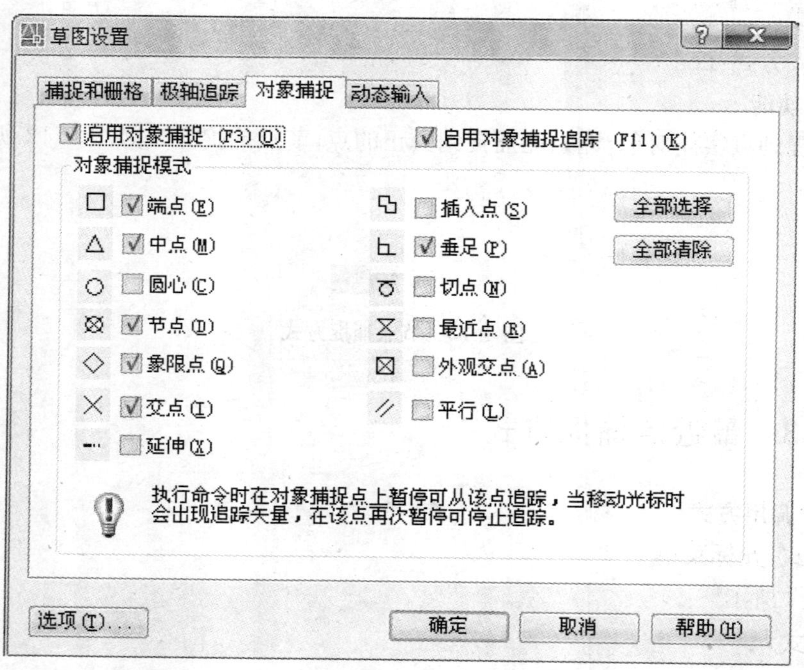

图 4.14　“草图设置”对话框

1. 命令功能

设置对象捕捉模式。

2. 命令调用方式

菜单方式:【工具】→【草图设置】→【对象捕捉】

图标方式：n。

键盘输入方式：osnap

3. 注意事项

在该对话框中，如果勾选“启用对象捕捉”复选框，则可以打开自动捕捉模式。当然也可以通过单击状态栏中的 对象捕捉 功能按钮或按 F3 键来控制对象捕捉功能的开关。在“对象捕捉模式”选项组内可以选择一种或多种对象捕捉模式。并不是打开的模式越多越好，因为打开的太多会使系统无法识别选定点。

4.3 综合示例

【例】 使用对象捕捉命令绘制如图 4.15 所示的图形。

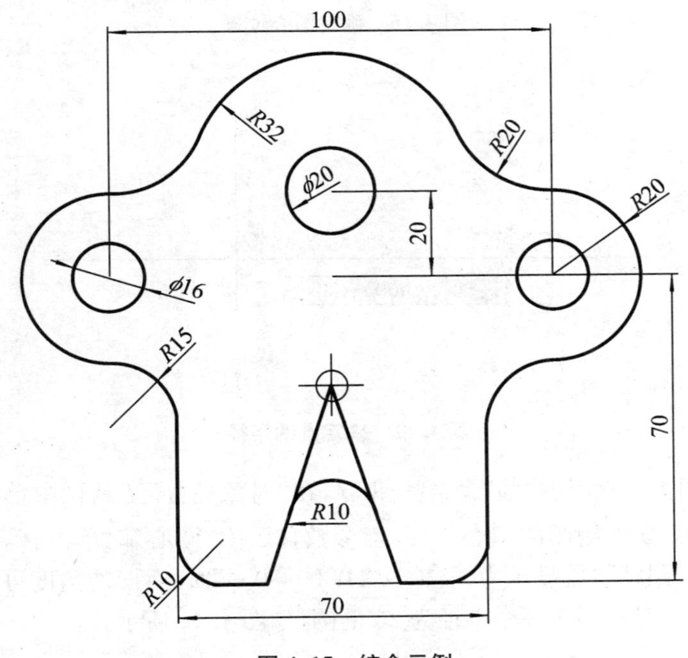

图 4.15　综合示例

操作步骤如下：

(1) 选择【工具】→【草图设置】菜单，打开“草图设置”对话框，在“捕捉与栅格”选项卡的“捕捉类型和样式”选项组内，勾选“极轴捕捉”项，设置“极轴距离”为 1。然后，在“极轴追踪”选项卡中，勾选“用所有极轴角设置追踪”。

(2) 在状态栏中打开“捕捉”、“对象捕捉”、“对象追踪”、“极轴”开关，启动捕捉与追踪功能。

(3) 单击绘图工具栏上的“构造线”命令按钮 ，绘制一条水平构造线和一条垂直构造线。

(4) 单击绘图工具栏上的“圆”命令按钮 ，将光标移动到构造线的交点 O，向左侧水平拖动，此时将显示跟踪线，并显示跟踪参数。等到跟踪参数显示为“交点：50.0000〈180＊”时，单击确定圆心位置，如图 4.16 所示。

(5) 确定圆心位置后，移动光标，等到跟踪参数显示为“极轴：8.0000〈30＊”时（后面的角度可以是任意值），单击确定圆的半径，这时将创建一个半径为 8 的圆，如图 4.17 所示。

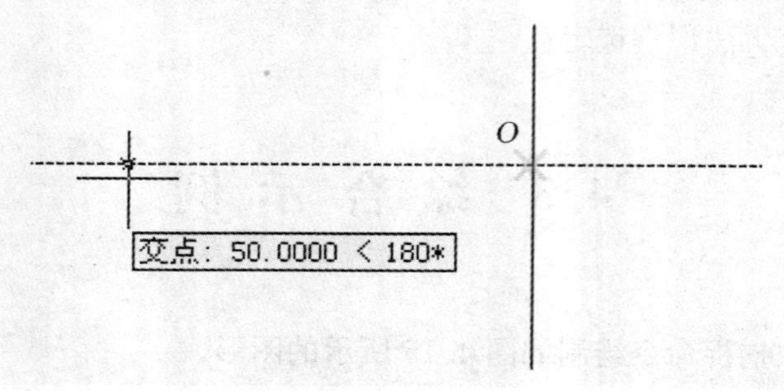

图 4.16 确定圆心位置

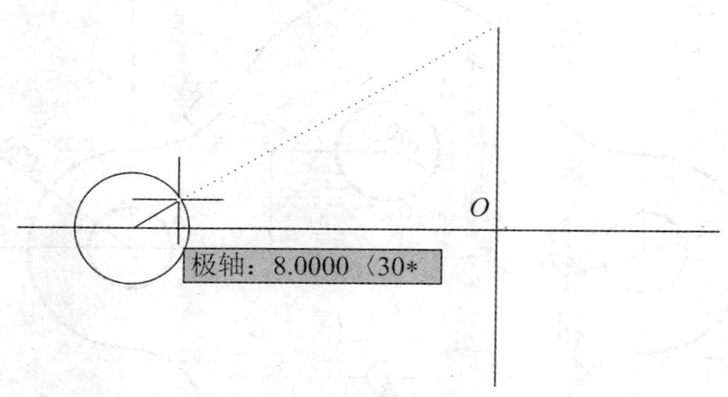

图 4.17 确定圆的半径

(6) 单击绘图工具栏上的“圆”命令按钮 ⊙，在“对象捕捉”工具栏中单击“捕捉圆心”按钮，并将光标移动到所绘制圆的圆心位置，当参数显示为“圆心”时单击，确定圆心位置。然后，移动光标，等到跟踪参数显示为“极轴:20.0000<30 *”时(后面的角度可以是任意值)，单击确定圆的半径，这时将创建一个半径为 20 的圆，如图 4.18 所示。

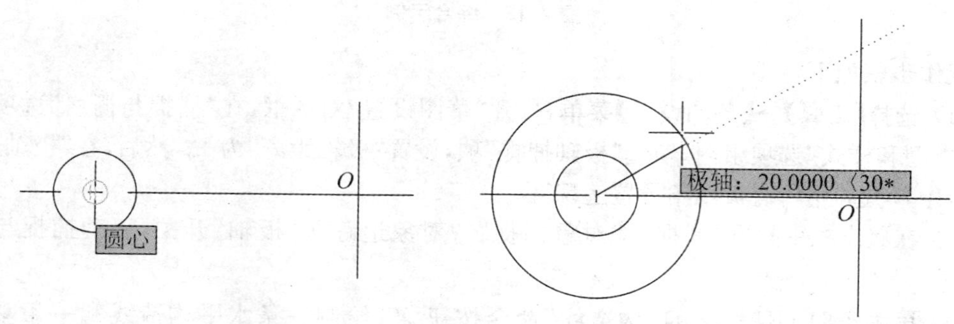

图 4.18 捕捉圆心位置并绘制圆

(7) 用同样的方法，从构造线的交点 O 向右追踪 50 个单位，确定圆心位置，并绘制一个半径为 8 和一个半径为 20 的圆；从构造线的交点 O 向上追踪 20 个单位，确定圆心位置，并绘制一个半径为 10 和一个半径为 32 的圆。

(8) 单击绘图工具栏上的“直线”命令按钮 ⁄，从构造线的交点 O 向左追踪 35 个单位，单击确定直线的起点，然后向下追踪 70 个单位，跟踪参数显示为“极轴:70.0000<270 *”，单

击确定直线的另一个端点，如图 4.19 所示。

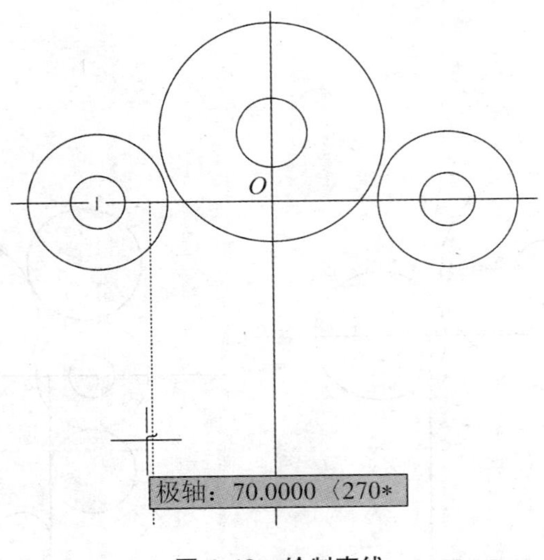

图 4.19　绘制直线

(9) 参照上一步，用同样的方法，在构造线的交点 O 的右边绘制一条长度为 70 的直线段。

(10) 选择【绘图】→【射线】菜单，从构造线交点 O 向下追踪 24 个单位，单击确定射线的起点，再在"对象捕捉"工具栏中单击"捕捉自"按钮，并从射线的起点向下追踪 46 个单位，单击然后左追踪，当跟踪参数显示为"极轴：15.0000〈180 * "时单击，即可绘制一条射线，如图 4.20 所示。

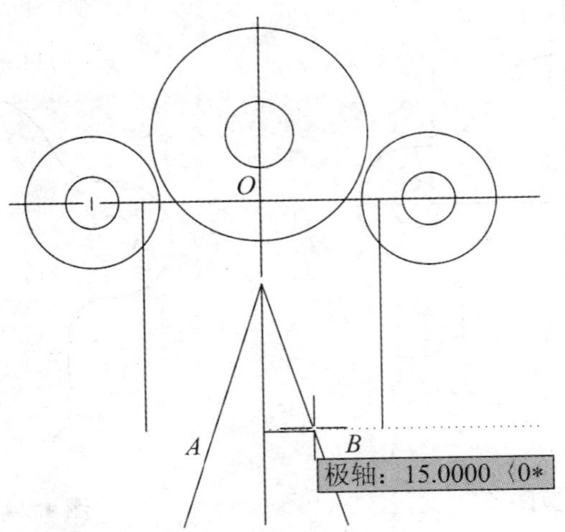

图 4.20　绘制左侧射线

(11) 参照上一步，用同样的方法，在构造线交点 O 的右边绘制一条射线。

(12) 单击绘图工具栏上的"直线"命令按钮 ，以直线端点 A、B 为端点绘制一条直线。

(13) 单击绘图工具栏上的"圆"命令按钮 ，选择"相切、相切、半径"命令，以圆 M 和圆 N 为相切对象，绘制一个半径为 20 的相切圆，如图 4.21 所示。

(14) 用同样的方法，参照图 4.15 所示图形的尺寸绘制其他相切圆，结果如图 4.22 所示。

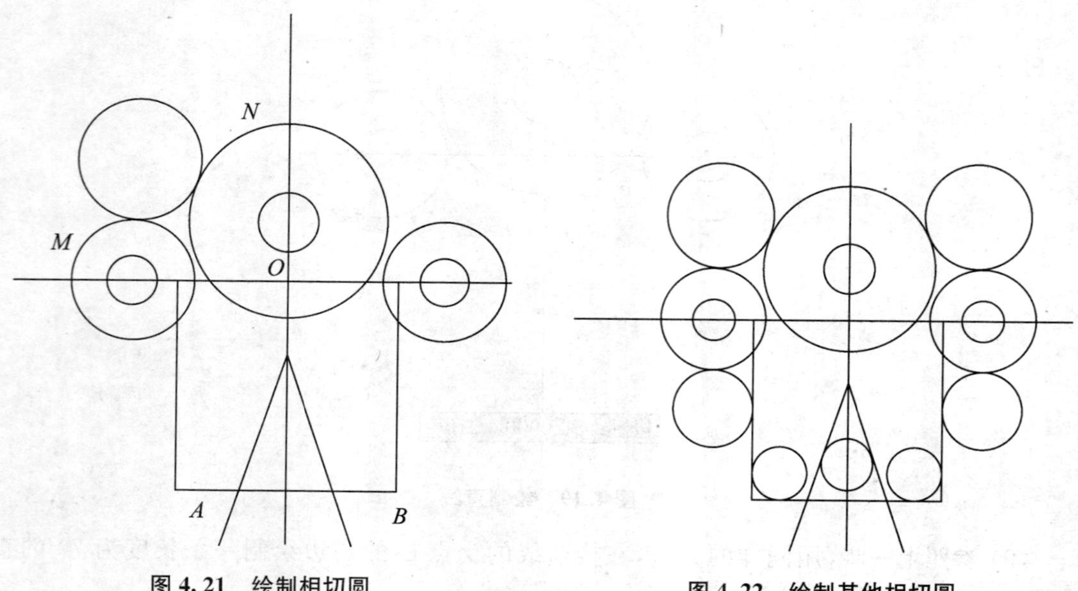

图 4.21　绘制相切圆

图 4.22　绘制其他相切圆

(15) 单击修改工具栏上的"修剪"按钮 -/-- ，参照图 4.15 所示图形的尺寸，修剪图形中多余的线条，如图 4.23 所示。

(16) 删除所绘制的水平构造线和垂直构造线，如图 4.24 所示。

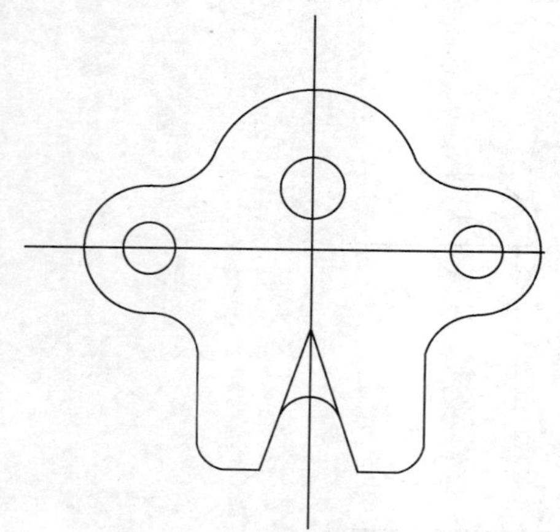

图 4.23　修剪图形

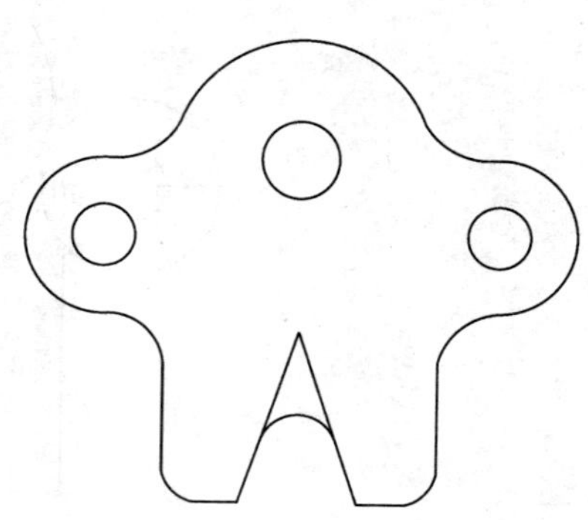

图 4.24　删除辅助线

(17) 关闭绘图窗口，并保存图形。

第 5 章　编辑和修改命令

本章要点

- ◆ 熟悉 AutoCAD 2006 常用编辑图形选择对象的方法。
- ◆ 熟悉和掌握 AutoCAD 2006 常用编辑命令的使用方法。
- ◆ 熟悉和掌握 AutoCAD 2006 常用修改命令的使用方法和注意事项。

5.1　概　　述

AutoCAD 2006 具有强大的图形编辑功能，可以对图形进行删除、修改、复制等操作。许多图形编辑命令都要求用户选择对象，AutoCAD 2006 提供的常用的方法有：

1. 直接拾取对象

用光标点取要选择的对象。

2. 回车

结束构造选择集过程。

3. ALL

全部选，所有对象选择方式。选择当前屏幕非冻结层，非锁定层的所有对象。

4. A(Add)

加入选择对象方式，其提示恢复为“选择对象：”。

5. C(Crossing)

窗交方式，选窗口对角两点形成窗口，则窗口内所围对象被选中。只要图形有任何一部分在窗内均被选中。

6. CP(CPolygon)

圈交方式，与 Crossing 类似，但选择框为任一多边形。

7. F(Fence)

栏选方式，以一多段折线为围栏，选择与围栏相交的图元。

8. L(Last)

选中作图过程中最后一个绘图命令操作的对象。

9. P(Previous)

前选择集方式，将上一次选取的对象作为本命令的选择对象。

10. R(Remove)

移去方式，在选择集中移出对象，每选中一个选择集中的对象，该对象就被移出选择集。

11. U(Undo)

取消选择方式，放弃前一次选择。

12. W(Window)

窗口方式，选窗口对角两点形成窗口，则窗口内所围对象被选中，此时窗口为自左上至右下的细实线。

13. WP(WPolygon)

围圈方式，与 Window 操作类似，但选择框为任一多边形。

5.2 常用的编辑命令

5.2.1 取消命令

1. 命令功能

逐步取消本次进入绘图状态后的操作。

2. 命令调用方式

菜单方式:【编辑】→【放弃】

图标方式:↶

键盘输入方式:Undo

光标菜单:结束绘图命令后，在绘图区单击鼠标右键，在弹出的光标菜单中选择“放弃”。

3. 命令操作

命令:Undo

输入要放弃的操作数目或[自动(A)/控制(C)/开始(BE)/结束(E)/标记(M)/后退(B)]〈1〉:

4. 说明

(1) Undo 对一些命令和系统变量无效，包括用以打开、关闭或保存窗口或图形、显示信息、更改图形显示、重生成图形和以不同格式输出图形的命令及系统变量。

(2) 可以在命令行中输入“U”，“U”命令是 Undo 命令的单个使用方式，没有命令选项，它撤消的只是上一次操作。

(3) 命令说明

① 数目

放弃指定数目以前的操作，效果与多次输入“u”相同。

② 自动

将单个命令的操作编组，从而可以使用单个 U 命令放弃这些操作。如果“自动”选项设置为开，则启动一个命令将对所有操作进行编组，直到退出该命令。可以将操作组当作一个操作放弃。

如果“控制”选项关闭或者限制了 Undo 功能，Undo“自动”将不可用。

③ 控制

限制或关闭 Undo。

输入 Undo 控制选项[全部(A)/无(N)/一个(O)/合并(C)]〈全部〉：

输入选项或按 Enter 键。

④ 开始、结束

将一系列操作编组为一个集合。输入“开始”选项后，所有后续操作都将成为此集合的一部分，直至使用“结束”选项。编组已激活时输入 undo begin 将结束当前集合，并开始新的集合。Undo 和 U 将编组操作当作单步操作。

如果输入 undo begin 而不输入 undo end，使用“数目”选项将放弃指定数目的命令但不会备份开始点以后的操作。如果要回到开始点以前的操作，则必须使用“结束”选项(即使集合为空)。对 U 命令也一样。由“标记”选项放置的标记在 Undo 编组中不显示。

⑤ 标记、后退

“标记”在放弃信息中放置标记。“后退”放弃直到该标记为止所做的全部工作。如果一次放弃一个操作，到达该标记时程序会给出通知。

只要有必要，可以放置任意个标记。“后退”一次后退一个标记，并删除该标记。如果没找到标记，“后退”将显示以下提示：

这将放弃所有操作。确定?〈Y〉：输入 y 或 n 或按 Enter 键。

输入 y 可放弃所有输入到当前任务中的命令，输入 n 可忽略“后退”选项。

如果使用“数目”选项放弃多个操作，Undo 将在遇到标记时停止。

5.2.2　重作命令

1. 命令功能

恢复使用 Undo 命令或 U 命令撤消的操作。

2. 命令调用方式

菜单方式：

【编辑】→【重作】

图标方式：↷

键盘输入方式：redo

光标菜单：结束绘图命令后，在绘图区单击鼠标右键，在弹出的光标菜单中选择“重作”。

3. 说明

该命令无任何选项，执行 Redo 命令后，刚刚用 Undo 命令放弃的结果立即被恢复。Redo命令必须紧跟在 U 或 Undo 命令后面执行，且只能对最近执行的 Undo 命令起作用。

5.2.3　剪切命令

1. 命令功能

将对象复制到剪贴板，从原图中删除此对象。

2. 命令调用方式

菜单方式:【编辑】→【剪切】

图标方式:

键盘输入方式:cutclip

光标菜单:结束绘图命令后,在绘图区单击鼠标右键,在弹出的光标菜单中选择“剪切”。

5.2.4 粘贴命令

1. 命令功能

将对象粘贴到剪贴板。

2. 命令调用方式

菜单方式:【编辑】→【粘贴】

图标方式:

键盘输入方式:pasteclip

光标菜单:结束绘图命令后,在绘图区单击鼠标右键,在弹出的光标菜单中选择“粘贴”。

5.3 常用修改命令

5.3.1 删除对象命令

1. 命令功能

删除选中对象。

2. 命令调用方式

菜单方式:【修改】→【删除】

图标方式:

键盘输入方式:erase

3. 说明

使用删除命令可以根据需要选择构造选择集的方法进行编辑,可以使用直接拾取对象、窗口方式(W)和窗交方式(C)。

5.3.2 复制对象命令

1. 命令功能

复制选中对象。

2. 命令调用方式

菜单方式:【修改】→【复制】

图标方式：

键盘输入方式：copy

3. 操作步骤

命令：copy

选择对象：（找到1个）

选择对象：

指定基点或[位移(D)]〈位移〉：

指定第二个点或〈使用第一个点作为位移〉：

指定第二个点或[退出(E)/放弃(U)]〈退出〉：

4. 说明

指定的两点定义一个矢量，指示复制对象移动的距离和方向。

如果在"指定第二个点"提示下按Enter键，第一点将被理解为相对 X，Y，Z 位移。例如，如果指定基点为2，3，并在下一个提示下按Enter键，对象将从其当前位置复制到 X 方向2个单位，Y 方向3个单位的位置。

Copy命令将重复以方便操作。要退出该命令，按Enter键。

5.3.3　镜像对象命令

1. 命令功能

可以对选择的对象作镜像处理，生成两个相对镜像线完全对称的对象，原始对象可以保留，也可以删除。

2. 命令调用方式

菜单方式：【修改】→【镜像】

图标方式：

键盘输入方式：mirror

3. 操作步骤

命令：mirror

选择对象：选取某一个或几个对象后，AutoCAD继续提示：

指定镜像线的第一点：（拾取镜像线上 A 点）

指定镜像线的第二点：（拾取镜像线上 B 点）

AutoCAD继续提示：

是否删除对象？[是(Y)/否(N)]〈N〉：

默认选项为"否(N)"，按回车键或者鼠标右键确认即可完成操作；如果只需要得到新出现的源对象，选择"是(Y)"按回车键或者鼠标右键确认即可。

镜像命令的操作如图5.1所示。

4. 说明

镜像命令在缺省时镜像变换所有对象，如果所选择的对象含有文字，那么文字同样要进行镜像变换，造成文字反向书写。这时可以使用系统变量MIRRTEXT来控制文字是否参与镜像。

在命令行输入“MIRRTEXT”后按回车键或鼠标右键确认，命令行会提示输入 MIRRTEXT 的值。系统变量 MIRRTEXT 有两种取值，如果将系统变量 MIRRTEXT 设置为“0”，则禁止文字相对于原对象镜像；如果将系统变量 MIRRTEXT 设置为“1”，则文字就会相对于原对象镜像。系统变量 MIRRTEXT 取值为“0”和“1”时的区别如图 5.2 所示。

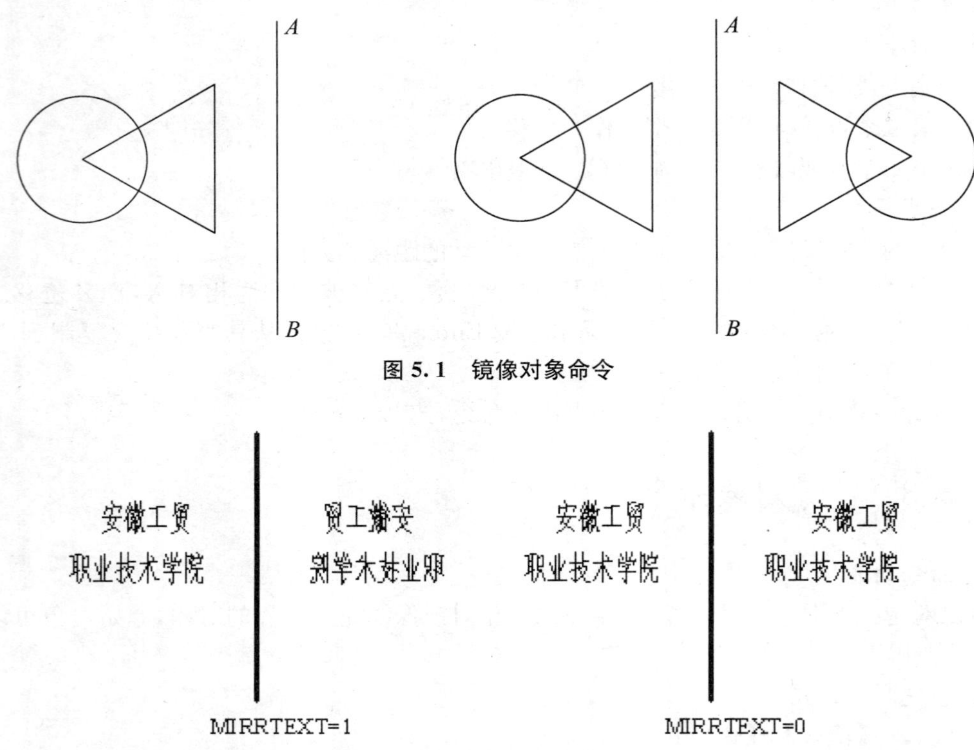

图 5.1　镜像对象命令

图 5.2　MIRRTEXT 控制文字镜像

5.3.4　偏移对象命令

1. 命令功能

可以对指定的直线、二维多段线、圆弧、圆和椭圆等对象作相似复制，即可复制生成平行直线和多段线以及同心的圆弧、圆和椭圆等。

2. 命令调用方式

菜单方式：【修改】→【偏移】

图标方式：

键盘输入方式：offset

3. 操作步骤

命令：offset

指定偏移距离或[通过(T)]：

4. 选项说明

(1) 指定偏移距离

可用鼠标在屏幕上指定两点作为偏移距离或输入偏移距离值。AutoCAD 继续提示：

选择要偏移的对象或〈退出〉：

选择对象后 AutoCAD 继续提示：

指定点以确定偏移所在侧：

在要复制的一侧任意拾取一点，AutoCAD 继续提示：

选择要偏移的对象或〈退出〉：

可以继续选择对象进行偏移操作，也可以直接按回车键或鼠标右键结束命令。

(2) 通过(T)

选择该选项后，AutoCAD 继续提示：

选择要偏移的对象或〈退出〉：

选择对象后，AutoCAD 继续提示：

指定通过点：

用鼠标在屏幕上拾取复制对象要通过的点即可。

5.3.5　阵列对象命令

1. 命令功能

按矩形或环形方式多重复制对象。

2. 命令调用方式

菜单方式：【修改】→【阵列】

图标方式：田

键盘输入方式：array

3. 操作步骤

命令：array

AutoCAD 会弹出的"阵列"对话框，如图 5.3 所示，在该对话框中，可以完成"矩形阵列"和"环形阵列"的设置和操作。

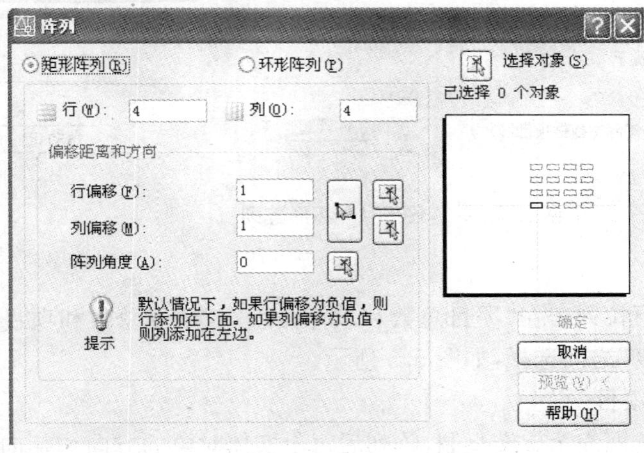

图 5.3　"阵列"对话框

4. 说明

(1) 矩形阵列

如图 5.3 所示,在矩形阵列的设置中,可以根据需要设置矩形阵列的行数、列数、行偏移(即行间距)、列偏移(即列间距)、阵列角度(即矩形阵列整体与 X 轴正方向的夹角),除了可以直接输入数值以外,还可以通过单击选择按钮在屏幕上的指定点来确定。

需要注意的是:如果输入的行偏移和列偏移为负数,表示偏移方向为所选对象的下方或左侧。

单击右上角的"选择对象"按钮,系统会返回屏幕绘图状态,提示选择要进行阵列的对象,选择对象后按回车键,系统又回到对话框状态,可以继续进行设置。

用户可以随时在对话框的预览区内预览所选对象矩形阵列后的大致效果。如果本次设置完毕,可以单击"确定"按钮。如果要预览所选对象矩形阵列后的准确效果,可以单击"预览"按钮,这时系统会返回屏幕,在绘图区显示出矩形阵列的效果,并弹出对话框,用户可以根据需要选择"接受"或"修改"。

(2) 环形阵列

如图 5.4 所示,在环形阵列的设置中,可以根据需要设置环形阵列的中心点、方法、项目总数(即阵列个数)、填充角度(即阵列总角度)、项目间角度(即阵列对象间的夹角)、阵列复制时是否旋转对象等,除了可以直接输入数值以外,还可以通过单击选择按钮在屏幕的指定点来确定。

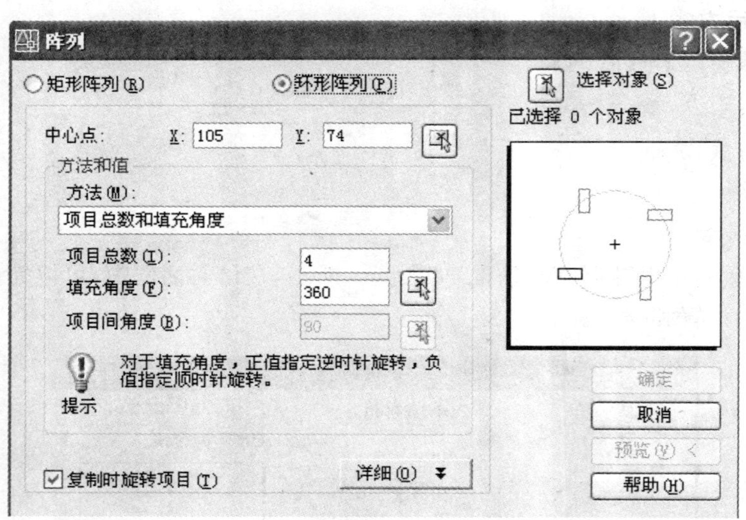

图 5.4 环形阵列

① 方法

用户可以通过下拉列表在"项目总数和填充角度"、"项目总数和项目间的角度"、"填充角度和项目间的角度"之间选择,如图 5.5 所示。

② 复制时旋转项目(T)

如果勾选此复选框表示旋转复制,阵列后每个实体对象的方向均朝向环形阵列的中心;如果不勾选此复选框表示平移复制,阵列后每个实体对象均保持原实体对象的方向。其他操作与“矩形阵列”的设置相同。

【练一练】 使用阵列命令绘制图 5.6 中的图形。

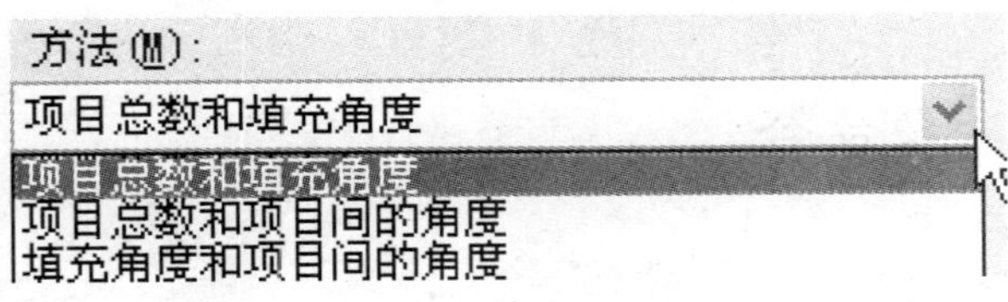

图 5.5　“方法”下拉菜单

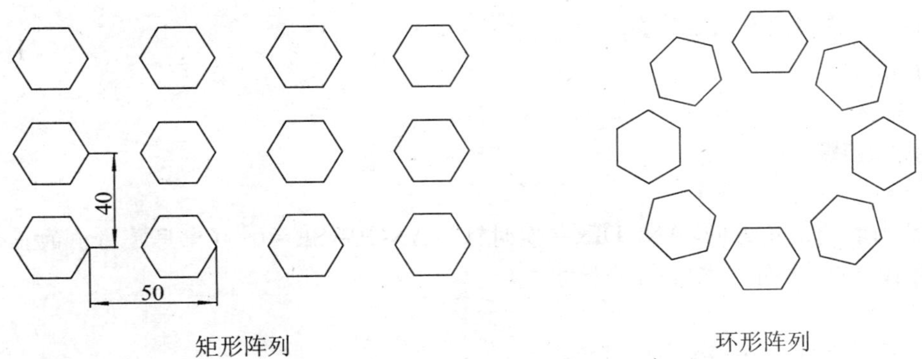

图 5.6　阵列对象命令

5.3.6　移动对象命令

1. 命令功能

将一个或多个对象从当前位置按指定方向平移到一个新位置。

2. 命令调用方式

菜单方式:【修改】→【移动】

图标方式:✣

键盘输入方式:move

3. 操作步骤

命令:move

选择对象:

选取要移动的对象。AutoCAD 继续提示:

选择对象:

可以继续选择需要旋转的对象,如果不再选择,按回车键或鼠标右键确认即可。AutoCAD 继续提示:

指定基点或位移:

可以拾取移动的起始点。AutoCAD 继续提示:

指定位移的第二点或〈用第一点作位移〉:

此时若拾取移动的第二点，则系统将所选对象按第一点和第二点之间的距离和两点连线方向作为位移进行移动；如果直接按回车键，则系统会将第一点的各坐标分量作为位移来移动对象。

5.3.7 旋转对象命令

1. 命令功能

将编辑对象绕指定的基点按指定的角度及方向旋转。

2. 命令调用方式

菜单方式:【修改】→【旋转】

图标方式:

键盘输入方式:rotate

3. 操作步骤

命令:rotate

UCS 当前的正角方向:ANGDIR=逆时针　ANGBASE=0 （意思是当前的正角度方向为逆时针方向,零角度方向为 X 轴方向）

选择对象:

选取某一个对象,AutoCAD 继续提示:

选择对象:

可以继续选择需要旋转的对象,如果不再选择,按回车键或鼠标右键确认即可。AutoCAD 继续提示:

指定基点:

拾取 A 点为旋转基点,AutoCAD 继续提示:

指定旋转角度或[参照(R)]:

4. 各选项说明如下

(1) 指定旋转角度

输入旋转角度,按回车键或鼠标右键确认,结束旋转操作。

(2) 参照(R)

在此提示下以 R 作为响应,AutoCAD 继续提示:

指定参考角:

可以输入参考方向的角度值,或者用鼠标拾取两点所确定的直线与 X 轴的夹角为参考方向角。AutoCAD 继续提示:

指定新角度:

输入相对参考方向的角度,按回车键或鼠标右键确认,结束旋转操作。此执行结果实际旋转的角度值是:新角度－参考角度。

【例 5.1】 使用旋转命令将图 5.7(a)所示图形的右边部分旋转 60°,如图 5.7(b)所示。

操作步骤如下:

(1) 单击修改工具栏上的“旋转”命令按钮 。

(2) 选择对象:用窗口选择方式选取要旋转的对象,如图 5.7(a)所示。

(3) 指定基点:拾取圆心 A 点为旋转基点,如图 5.7(b)所示。

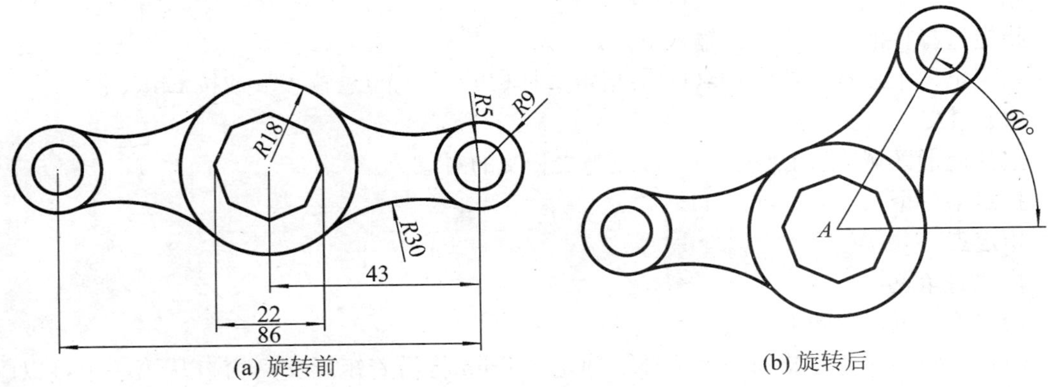

(a) 旋转前　　(b) 旋转后

图 5.7　旋转图形

(4) 指定旋转角度或[参照(R)]:60° ↙

5.3.8　修剪对象命令

1. 命令功能

按其他对象定义的剪切边修剪对象。

2. 命令调用方式

菜单方式:【修改】→【修剪】

图标方式:-/--

键盘输入方式:trim

3. 操作步骤

当前设置:投影=当前值　边=当前值

选择剪切边...

选择对象或〈全部选择〉:

选择一个或多个对象并按 Enter 键,或者按 Enter 键选择所有显示的对象。

4. 选项说明

(1) 要修剪的对象

指定修剪对象。选择修剪对象提示将会重复,因此可以选择多个修剪对象。按 Enter 键退出命令。

(2) 按住 Shift 键选择要延伸的对象

延伸选定对象而不是修剪它们。此选项提供了一种在修剪和延伸之间切换的简便方法。

(3) 栏选

选择与选择栏相交的所有对象。选择栏是一系列临时线段,它们是用两个或多个栏选点指定的。选择栏不构成闭合环。

指定第一个栏选点:

指定选择栏的起点。

指定下一个栏选点或[放弃(U)]:

指定选择栏的下一个点或输入 u。

指定下一个栏选点或[放弃(U)]:指定选择栏的下一个点、输入 u 或按 Enter 键。

(4) 窗交

选择矩形区域(由两点确定)内部或与之相交的对象。

指定第一个角点:

指定点。

指定对角点:

指定第一点对角线上的点。

注意某些要修剪对象的交叉选择不确定。Trim 将沿着矩形交叉窗口从第一个点以顺时针方向选择遇到的第一个对象。

(5) 指定修剪对象时使用的投影方法

输入投影选项[无(N)/UCS(U)/视图(V)]〈当前设置〉:

输入选项或按 Enter 键。

① 无

指定无投影。该命令只修剪与三维空间中的剪切边相交的对象。

② UCS

指定在当前用户坐标系 XY 平面上的投影。该命令将修剪不与三维空间中的剪切边相交的对象。

③ 视图

指定沿当前视图方向的投影。该命令将修剪与当前视图中的边界相交的对象。

(6) 边

确定对象是在另一对象的延长边处进行修剪,还是仅在三维空间中与该对象相交的对象处进行修剪。

(7) 删除

删除选定的对象。此选项提供了一种用来删除不需要的对象的简便方法,而无需退出 Trim 命令。

(8) 放弃

撤消由 Trim 命令所作的最近一次修改。

5.3.9 延伸对象命令

1. 命令功能

延长所选定的对象,使其准确地到达指定的对象(或边界)。作为边界的对象可以是直线、圆弧、圆、椭圆弧、多段线、射线、构造线、文字和区域等。

2. 命令调用方式

菜单方式:【修改】→【拉长】

图标方式:--/

键盘输入方式：extend

3. 操作步骤

命令：extend

当前设置：投影＝UCS　边＝无（当前延伸操作设置）

选择边界的边…

选择对象：

这里选择的是作为边界的对象。当选取某一个对象后 AutoCAD 提示：

找到一个并继续提示：

选择对象：

可以继续选择作为边界的对象，如果不再选择，按回车键或鼠标右键确认即可。AutoCAD 继续提示：

选择要延伸的对象，按住 Shift 键选择要修的对象，或[投影(P)/边(E)/放弃(U)]：

4. 选项说明

(1) 选择要延伸的对象

选择需要延伸的对象后，该对象即可延伸到作为边界的对象上。并且 AutoCAD 继续提示：

选择要延伸的对象，按住 Shift 键选择要修的对象，或[投影(P)/边(E)/放弃(U)]：

可以继续选择需要延伸的对象，如果不再选择，按回车键或鼠标右键确认即可结束延伸命令。

(2) 按住 Shift 键选择要修的对象

这是 AutoCAD 2006 新增加的功能，因为修剪命令和延伸命令应用频率很高，所以 AutoCAD 2006 软件设计可以用 Shift 键在这两个命令之间切换，而不用退出命令运行，即在延伸命令的执行过程中也能完成修剪操作，其操作过程与修剪命令相同。

(3) 投影(P)

用以确定延伸操作的空间。选择此项后，AutoCAD 提示：

输入投影选项[无(N)/UCS(U)/视图(V)]：

① 无(N)

按三维关系延伸，即只有在三维空间中实际相交的对象才能延伸。

② UCS(U)

在当前 UCS 的 *XOY* 平面上延伸，即按投影关系延伸在三维空间中并不相交的对象。

③ 视图(V)

在当前视图平面上延伸。

AutoCAD 默认项为 UCS。这 3 个选项在平面图形的编辑操作中没有区别。

(4) 边(E)

用以确定延伸的模式。选择此项后，AutoCAD 提示：

输入隐含边延伸模式[延伸(E)/不延伸(N)]：

① 延伸(E)

延伸与短的边界不能相交的对象至边界延长线。

② 不延伸(N)

按边界实际位置延伸，即不延伸与短的边界不能相交的对象。

(5) 放弃(U)

在延伸对象过程中可以随时使用该选项取消上一次的操作。

5. 注意

(1) 选择要延伸的对象时应在拾取框靠近延伸边界的那一端来选择实体目标。

(2) 延伸命令可以用于延伸尺寸标注，并且操作完成后能自动修正其尺寸值。

(3) 直线可以延伸到切点。

(4) 如果选择了多个边界，那么拾取要延伸的对象后，被延伸的对象首先延伸到离它最近的边界上，再次拾取，被延伸的对象继续延伸到离它次近的边界上，依次类推。

5.3.10 缩放对象命令

1. 命令功能

将所选对象按比例放大或缩小。

2. 命令调用方式

菜单方式:【修改】→【缩放】

图标方式:

键盘输入方式:scale

3. 操作步骤

命令:scale

选择对象:

选择要缩放的图形对象。AutoCAD 继续提示:

选择对象:

可以继续选择需要缩放的图形对象，如果不再选择，按回车键或鼠标右键确认即可。AutoCAD 继续提示:

指定基点:

拾取某一点为缩放基点。AutoCAD 继续提示:

指定比例因子或[参照(R)]:

4. 各选项说明

(1) 指定比例因子

比例因子就是缩放的系数，比例因子大于 1 时将放大对象，比例因子大于 0 而小于 1 时将缩小对象。输入比例因子后按回车键或鼠标右键确认，结束缩放操作。

【例 5.2】 使用缩放对象命令将例 5.1 中的图 5.7(a)所示的图形缩小为一半，如图 5.8 所示。

操作步骤如下:

① 单击修改工具栏上的“缩放”命令按钮 。

② 选择对象:在绘图窗口中选择整个图形，按回车键或鼠标右键确认。

③ 指定基点:拾取圆心 A 点为旋转基点。

④ 指定比例因子或[参照(R)]:0.5 ↙

即可得到如图 5.8(b)所示的图形。

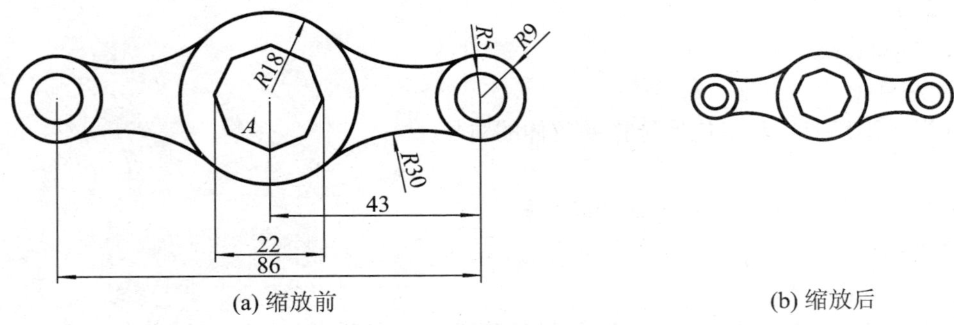

(a) 缩放前　　(b) 缩放后

图 5.8　缩放对象命令

(2) 参照(R)

选择该选项后,AutoCAD 继续提示:

指定参照长度:

可以输入一个参照长度值,或者用光标直接拾取两点。AutoCAD 继续提示:

指定新长度:

可以输入一个新长度值,或者拖动光标确定缩放的新尺寸。系统自动以新长度值除以参照长度值作为比例因子对图形进行缩放。

必须注意的是:在缩放对象时,如果其中含有尺寸标注,只要在选择对象时将尺寸标注一起选中,则在缩放操作完成之后能自动修正其尺寸数值。如图 5.9(a)所示要求圆形缩小一半,命令执行结果如图 5.9(b)所示。

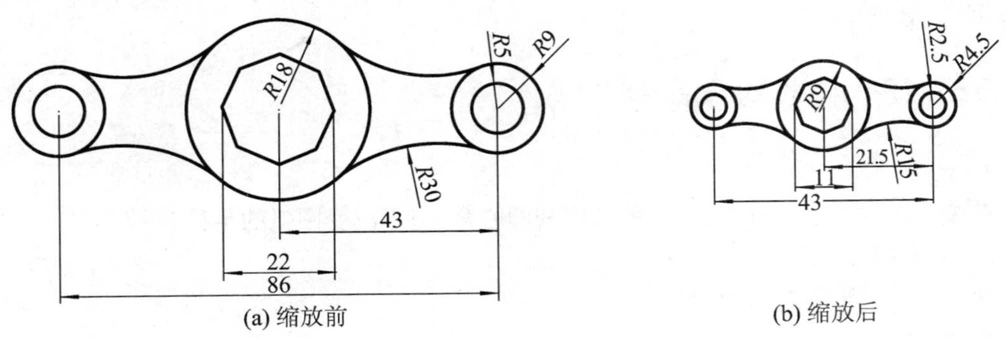

(a) 缩放前　　(b) 缩放后

图 5.9　缩放命令编辑有尺寸标注的图形

5.3.11　拉伸对象命令

1. 命令功能

可以拉伸、缩短、移动对象,编辑过程中除被拉伸、缩短的对象外,其他图元之间的几何关系将保持不变。

2. 命令调用方式

菜单方式:【修改】→【拉伸】

图标方式：

键盘输入方式：stretch

3. 操作步骤

命令：stretch

以交叉窗口或交叉多边形选择要拉伸的对象。

选择对象：

选取某一个对象后 AutoCAD 提示：

找到一个

选择对象：

可以继续选择需要拉伸的对象，如果不再选择，按回车键或鼠标右键确认即可。AutoCAD 继续提示：

指定基点或位移：

可以拾取拉伸的起始点，AutoCAD 继续提示：

指定位移的第二点或〈用第一点作位移〉：

此时若拾取拉伸的第二点，则系统将所选对象按第一点和第二点之间的距离和两点连线方向作为位移进行拉伸；如果直接按回车键，则系统会将第一点的各坐标分量作为位移来拉伸对象。

4. 注意

在拉伸对象时，只能用交叉窗口或交叉多边形的方法选择要拉伸的对象。如果所选的对象都在窗口内，那么所选的对象被移动，这时拉伸命令的功能类似于移动命令；如果有直线、圆弧、多段线以及样条曲线等与窗口的边界相交，那么位于窗口内的端点被移动，位于窗口外的端点保持不变。

5.3.12 拉长对象命令

1. 命令功能

改变线段的长度，或改变圆弧的长度和圆心角，但不改变圆弧的半径。

2. 命令调用方式

菜单方式：【修改】→【拉长】

图标方式：

键盘输入方式：lengthen

3. 操作步骤

命令：lengthen

选择对象或[增量(DE)/百分数(P)/全部(T)/动态(DY)]：

4. 选项说明

(1) 选择对象

当选择一个线段对象后，AutoCAD 显示其长度值；若选择一个圆弧对象后，AutoCAD 则显示其长度值(弧长)和角度值(圆心角)，且上述提示再次出现。

(2) 增量(DE)

该选项以输入的数值(长度或角度)为增量来改变对象的长度。当以 DE 响应后,AutoCAD 提示:

输入长度增量或[角度(A)]:

① 输入长度增量

如果直接输入一长度数值,则被选对象(可以是线段也可以是圆弧)按指定的长度增量在离拾取点近的一端变长或变短。

② 角度(A)

如果输入一角度值,则被选圆弧对象按指定的角度值在离拾取点近的一端变长或变短。输入值(长度或角度)为正时对象变长,为负时变短。

(3) 百分数(P)

该选项以百分比改变对象的长度。当选择该选项后,AutoCAD 提示:

输入长度百分数:

若输入一个大于 100(实际为大于 100%)的数,则对象在离拾取点近的一端变长;反之,则变短。

(4) 全部(T)

该选项使对象按指定的长度或角度改变。当选择该选项后,AutoCAD 提示:

指定总长度或[角度(A)]:

① 输入总长度

如果直接输入一总长度数值,则被选对象(可以是线段也可以是圆弧)的总长度将变为指定的长度值。

② 角度(A)

如果直接输入一总角度值,则被选圆弧对象的总角度将变为指定的角度值。

(5) 动态(DY)

该选项动态地改变对象的长度。当选择该选项后,AutoCAD 继续提示:

选择要修改的对象或[放弃(U)]:

① 选择要修改的对象

可以选择对象,AutoCAD 继续提示:

指定新端点:

拖动光标确定对象的新长度。

② 放弃(U)

取消上一次的操作。

5.3.13　倒角对象命令

1. 命令功能

在一对相交直线或多段线上按指定的距离或角度构造倒角。

2. 命令调用方式

菜单方式:【修改】→【倒角】

图标方式:

键盘输入方式：chamfer 或 cha

3. 操作步骤

命令：chamfer

（"修剪"模式）当前倒角距离 1＝10.0000，距离 2＝10.0000

选择第一条直线或[多段线(P)/距离(D)/角度(A)/修剪(T)/方法(M)]：

4. 选项说明

(1) 选择第一条直线

此时用点选方式拾取第一条直线。AutoCAD 继续提示：

选择第二条直线：

在此提示下选择要和第一条直线构造圆角的另一条直线，AutoCAD 按当前设置值对它们进行倒角处理。

(2) 多段线(P)

该选项可实现对二维多段线构造倒角。AutoCAD 继续提示：

选择二维多段线：

注意：对于一个多段线对象而言，倒角的大小必须一致。

(3) 距离(D)

该选项用以确定倒角距离。倒角距离指的是倒角的两个角点与两条直线的交点之间的距离，如图 5.10(a)所示。在构造倒角时，可以先响应此选项重新指定倒角距离，AutoCAD 提示：

指定第一个倒角距离〈10.0000〉：（输入第一个倒角距离）

选择第二个倒角距离〈10.0000〉：（输入第二个倒角距离）

选择第一条直线或[多段线(P)/距离(D)/角度(A)/修剪(T)/方法(M)]：

可以继续选择要构造倒角的对象。

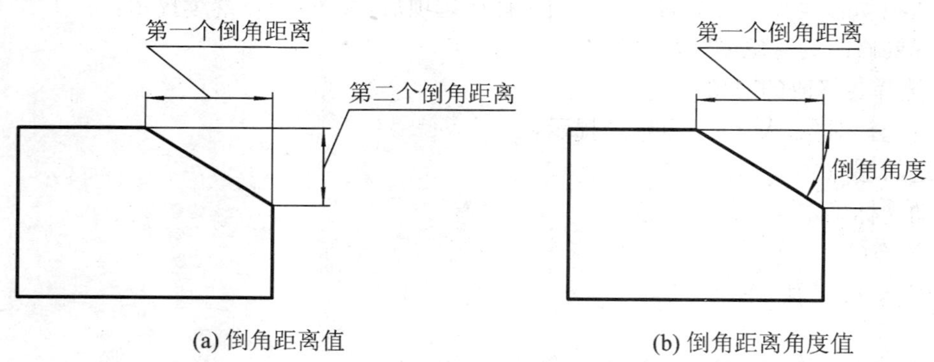

(a) 倒角距离值　　(b) 倒角距离角度值

图 5.10　倒角距离和角度

(4) 角度(A)

该选项用以确定第一条直线的倒角距离和角度，如图 5.10(b)所示。在构造倒角时，也可以先响应此选项来重新指定倒角距离和角度，AutoCAD 继续提示：

指定第一条直线的倒角长度〈10.0000〉：（输入第一条直线的倒角长度）

指定第一条直线的倒角角度〈45〉：（输入第一条直线的倒角角度）

选择第一条直线或[多段线(P)/距离(D)/角度(A)/修剪(T)/方法(M)]:

可以继续选择要构造倒角的对象。

(5) 修剪(T)

倒角设置模式有两种:修剪模式和不修剪模式。该选项用以改变构造倒角的设置模式。AutoCAD 提示:

输入修剪模式选项[修剪(T)/不修剪(N)]:

选择"不修剪(N)"为不修剪模式;选择"修剪(T)"为修剪模式。

在两种模式下倒角命令的执行结果如图 5.11 所示。

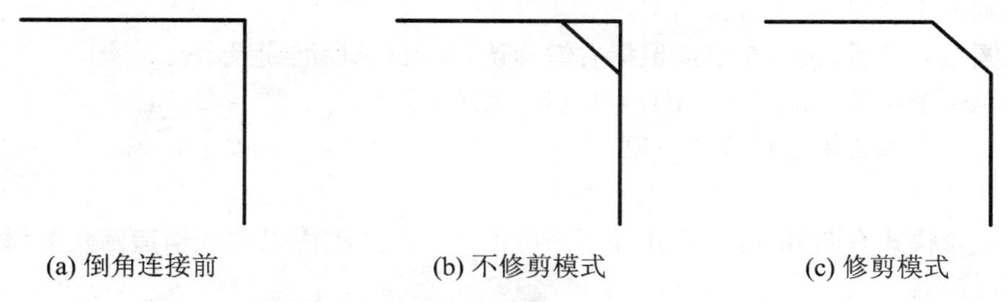

(a) 倒角连接前　　(b) 不修剪模式　　(c) 修剪模式

图 5.11　倒角修剪模式和不修剪模式的比较

(6) 方法(M)

该选项用以确定按"距离"方法或"角度"方法构造倒角。AutoCAD 提示:

输入修剪方法[距离(D)/角度(A)]:

选择"距离(D)"为用"距离"方法构造倒角,选择"角度(A)"为用"角度"方法构造倒角。

5.3.14　圆角对象命令

1. 命令功能

按指定半径在选定的两个实体对象(直线、圆弧、圆、椭圆、多段线、射线和构造线等)之间构造圆角。

2. 命令调用方式

菜单方式:【修改】→【圆角】

图标方式:

键盘输入方式:fillet 或 f

3. 操作步骤

命令:fillet

当前设置:模式=修剪,半径=10.0000

选择第一个对象或[多段线(P)/半径(R)/修剪(T)]:

4. 选项说明

(1) 选择第一个对象

此时用点选方式拾取第一个对象。AutoCAD 继续提示:

选择第二个对象:

在此提示下选择要和第一个对象构造圆角的另一个对象,AutoCAD 按当前设置值对它们进行圆角处理。

(2) 多段线(P)

该选项可实现对二维多段线构造圆角。AutoCAD 继续提示：

选择二维多段线：

注意：对于一个多段线对象而言，圆角的半径必须一致。

(3) 半径(R)

该选项用以确定圆角半径。特别要注意：在构造圆角时，一般需先响应此项并重新指定圆角半径，AutoCAD 提示：

指定圆角半径〈10.0000〉：

输入圆角半径后，按回车键或鼠标右键确认，AutoCAD 继续提示：

选择第一个对象或[多段线(P)/半径(R)/修剪(T)]：

可以继续选择要构造圆角的对象。

(4) 修剪(T)

圆角设置模式有两种：修剪模式和不修剪模式。该选项用以改变构造圆角的设置模式。AutoCAD 提示：

输入修剪模式选项[修剪(T)/不修剪(N)]：

选择“不修剪(N)”为不修剪模式；选择“修剪(T)”为修剪模式。

在两种模式下圆角命令的执行结果如图 5.12 所示。

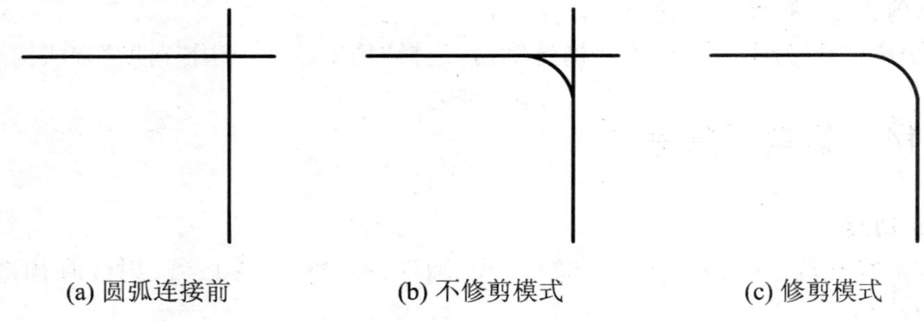

(a) 圆弧连接前　　(b) 不修剪模式　　(c) 修剪模式

图 5.12　圆角修剪模式和不修剪模式的比较

5.3.15　打断对象命令

1. 命令功能

把选定的对象实体进行部分删除，或把它断开为两个实体。该命令可以操作的对象有：直线、圆弧、圆、宽度线、椭圆、构造线、射线和圆环等。

2. 命令调用方式

菜单方式：【修改】→【打断】

图标方式：□

键盘输入方式：break

3. 操作步骤

命令：break

选择对象：

此时点选拾取对象，此点被作为第一个打断点。AutoCAD 继续提示：

指定第二个打断点或[第一点(F)]：

4. 选项说明

(1) 指定第二个打断点

① 在此提示下，若直接在对象上拾取了第二个断点，则位于两个断点之间的那部分对象被删除(对象若为圆或弧，则沿逆时针方向从第一断点至第二断点之间的那段弧被删除)。

② 若在对象的一端之外拾取了第二个点，则位于两个拾取点之间的那部分对象被删除。

③ 若键入“@”，表示指定的第二断点与第一断点是同一点，则将对象在第一断点处一分为二。

(2) 第一点(F)

当选择该选项后，则重新确定第一个打断点。AutoCAD 继续提示：

指定第一个打断点：

指定第二个打断点：

5.3.16　打断于点命令

1. 命令功能

把选定的对象实体断开为两个实体。该命令可以操作的对象有：直线、圆弧、圆、宽度线、椭圆、构造线、射线和圆环等。

2. 命令调用方式

图标方式：□

3. 操作步骤

激活命令后，AutoCAD 提示：

选择对象：

此时点选拾取对象，AutoCAD 继续提示：

指定第二个打断点或[第一点(F)]：F　(注意系统自动以 F 响应)

指定第一个打断点：

确定第一个打断点后，AutoCAD 继续提示：

指定第二个打断点：@　(注意系统自动以@响应)

命令就此结束。

可见，打断于点命令实际上是打断命令的一部分，把它单独列为一个命令是为了在作图过程中把一个实体断开为两个实体时使用方便。

5.3.17　合并对象命令

1. 命令功能

将对象合并以形成一个完整的对象。

2. 命令调用方式

菜单方式:【修改】→【合并对象】

图标方式：→←

键盘输入方式:join

3. 操作步骤

选择源对象：

选择一条直线、多段线、圆弧、椭圆弧或样条曲线。

根据选定的源对象,显示以下提示之一：

(1) 直线

选择要合并到源的直线：

选择一条或多条直线并按 Enter 键。

直线对象必须共线(位于同一无限长的直线上),但是它们之间可以有间隙。

(2) 多段线

选择要合并到源的对象：

选择一个或多个对象并按 Enter 键。

对象可以是直线、多段线或圆弧。对象之间不能有间隙,并且必须位于与 UCS 的 *XY* 平面平行的同一平面上。

(3) 圆弧

选择圆弧,以合并到源或进行[闭合(L)]：

选择一个或多个圆弧并按 Enter 键,或输入 L。

圆弧对象必须位于同一假想的圆上,但是它们之间可以有间隙。"闭合"选项可将源圆弧转换成圆。

注意合并两条或多条圆弧时,将从源对象开始按逆时针方向合并圆弧。

(4) 椭圆弧

选择椭圆弧,以合并到源或进行[闭合(L)]：

选择一个或多个椭圆弧并按 Enter 键,或输入 L。

椭圆弧必须位于同一椭圆上,但是它们之间可以有间隙。"闭合"选项可将源椭圆弧闭合成完整的椭圆。

注意:合并两条或多条椭圆弧时,将从源对象开始按逆时针方向合并椭圆弧。

(5) 样条曲线

选择要合并到源的样条曲线：

选择一条或多条样条曲线并按 Enter 键。

样条曲线对象必须位于同一平面内,并且必须首尾相邻(端点到端点放置)。

5.3.18 分解对象命令

1. 命令功能

把多段线分解成各自独立的直线和圆弧等对象。

2. 命令调用方式

菜单方式:【修改】→【分解】

图标方式:

键盘输入方式:explode 或 *X*

3. 操作步骤

命令:explode

选择对象:

选取一个对象。

选择对象:

可以继续选择要分解的对象,如果不再选择,按回车键或鼠标右键确认,选中的对象即被分解。此时从对象的外形上看不出变化,如果拾取该对象,即可看出效果。

4. 注意

一般情况下分解命令不可以逆转,所以分解命令只有在不得不使用的情况下才被执行。

5.4 综合示例

【例 5.3】 利用本章所学习的命令绘制如图 5.13 所示图形,熟悉编辑命令的使用。

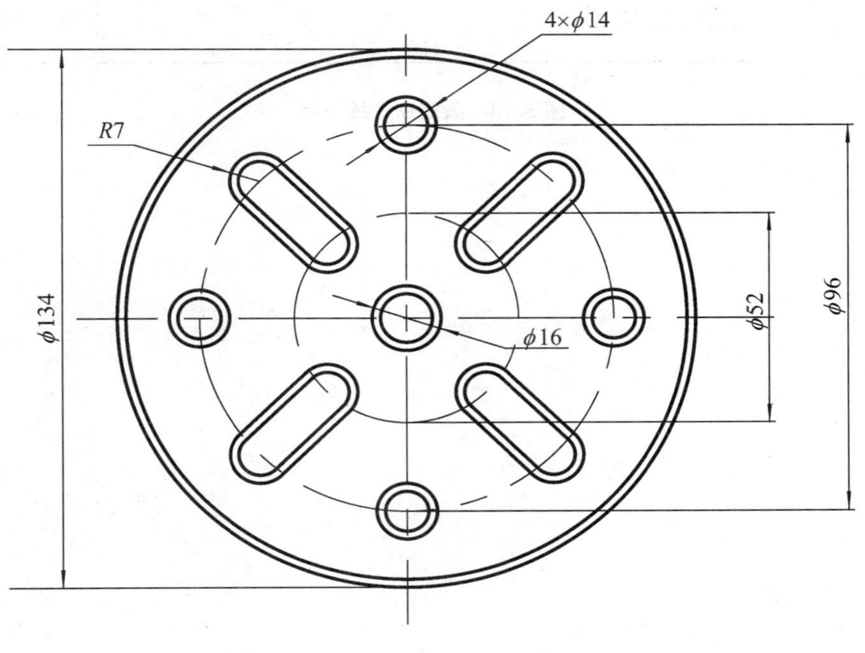

图 5.13　例 5.3 图

绘图步骤

(1) 单击 绘制出所有的中心线,单击 绘制 Ø14、Ø16 的细点画线圆。

(2) 单击 ⊙ 绘制 Ø14、Ø16、Ø134 的圆以及 $R7$ 的圆弧。

(3) 单击 ⟋ 绘制两个 $R7$ 圆弧的公切线。

(4) 用偏移命令作 Ø134 的倒圆角(往内偏移 3),作 Ø14、Ø16 的倒圆角以及 $R7$ 圆弧的倒角线(往外偏移 3)。

(5) 尝试用阵列或复制命令完成剩余图形的绘制。

【练一练】 利用本章所学习的命令绘制如图 5.14 所示图形,熟悉编辑命令的使用。

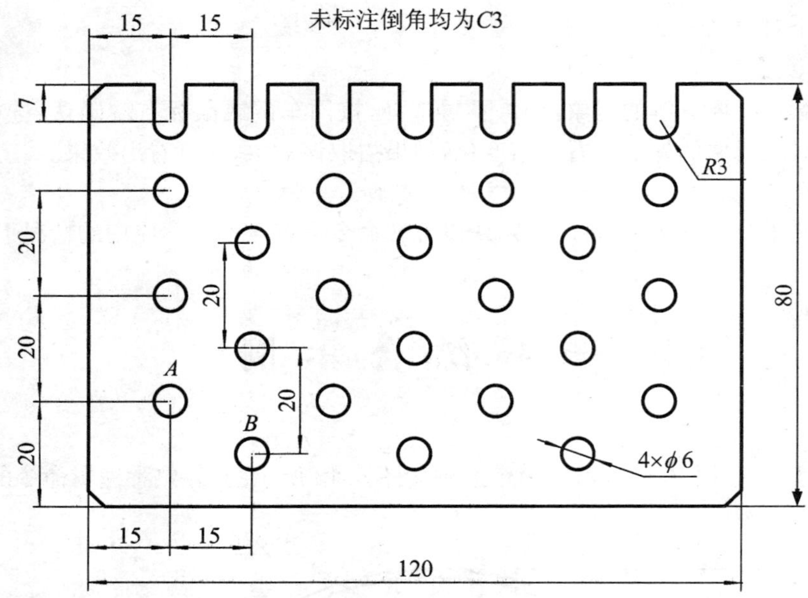

图 5.14 编辑命令练一练

第6章　文　　字

本章要点

◆ 掌握文字样式的创建方法。
◆ 熟悉和掌握单行和多行文字标注与编辑。
◆ 掌握特殊字符的使用。

文字是图形中很重要的一部分。能否有效地绘制和编辑,文字注释直接影响到工作效率。在绘制工程图样时,经常需要给所绘制图形添加适当的文本说明,这样可以使图形内容更加清楚、明白,从而能更好、更完整地表达出设计意图。本章将着重介绍文本的字型设置、标注方式、修改方法及一些特殊符号的输入方式,使读者能自如地为图形作出各种形式的注释。

6.1　文字样式

6.1.1　创建文字样式

文字样式是一组命名的设置,用于控制图形中文字的外观。要正确地、精确地在图纸上书写文字,首先要学会正确设置文字样式,然后掌握文字输入命令及其各个选项的使用,还需要掌握编辑和修改文字命令。

创建新文字样式,具体步骤如下:

单击"文字"工具栏上的"文字样式"工具按钮或单击"工具"菜单中"格式"→"文字样式"选项,打开"文字样式"对话框,如图 6.1 所示。

"文字样式"对话框主要有样式名、字体、效果和预览 4 个设置区,其具体意义如下。

1. "样式名"区

用于显示文字样式名、添加新样式以及重命名和删除现有样式。

单击"新建"按钮,弹出"新建文字样式"对话框,如图 6.2 所示。

为新文字样式指定一个名称,默认的样式名为"样式 1"。样式名最长可有 255 个字符,包括字母、数字以及特殊字符,如美元符号 $ 、下划线_和连字符-等。从现有样式列表中选择样式,单击"重命名"按钮显示"重命名文字样式"对话框并输入一个新名称,可对已经创建的样式名进行重命名,但对默认的 standard 样式名不可以执行该项操作。为了删除一个现有样式，从现有样式列表中亮显该名称，单击“删除”按钮。

提示：1. 样式名的命名要有一定的可读性。如要创建一仿宋字高为 5 的样式，可将其命名为 FS5，其中 FS 表示仿宋体，5 表示字高。

2. 图纸中有几种字型，就建立几种文字样式。

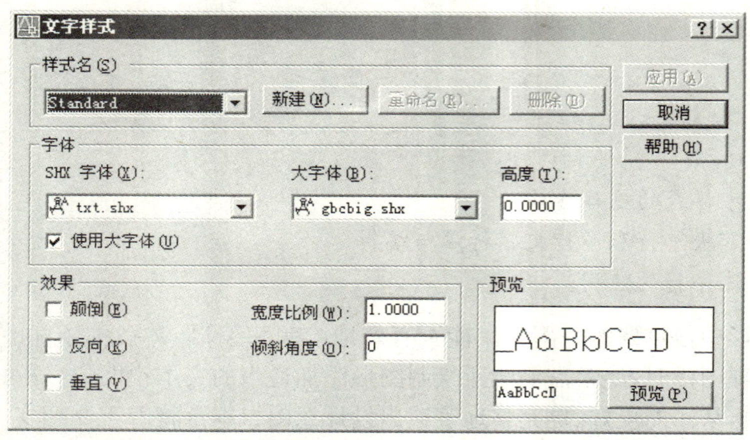

图 6.1　“文字样式”对话框

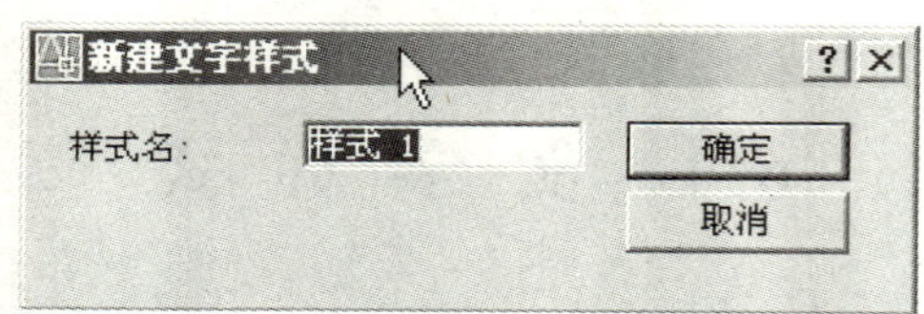

图 6.2　“新建文字样式”对话框

2. “字体”区

用于选择文字的字体类型，大小样式。

字体文件包含了每个字符形状的信息。表 6.1 列出了 AutoCAD 支持的各种字体文件类型。

表 6.1　字体文件类型

文件扩展名	字体类型
SHX	AutoCAD 的本机字体文件，即形文件(shape file)
TTF	True Type 字体文件

“字体样式”列表指定字体格式，比如斜体、粗体或者常规字体。选定“使用大字体”后，该选项变为“大字体”，用于选择大字体文件。“高度”根据输入的值设置文字高度。如果输入 0.0，每次用该样式输入文字时，系统都将提示输入文字高度。输入大于 0.0 的高度值则为该样式设置固定的文字高度。在相同的高度设置下，True Type 字体显示的高度要小于 SHX 字体。改变一个现有样式的文本高度设置不影响现有文本对象的外观。“使用大字体”用以指定亚洲语言的大字体文件，只有在“字体名”中指定 SHX 文件，才能使用“大字

体”。只有 SHX 文件可以创建“大字体”。

提示：1. 选择汉字体时，应注意字体名中有没有“@”符号。虽然字体名完全一样，但效果却完全不同，如图 6.3 所示。

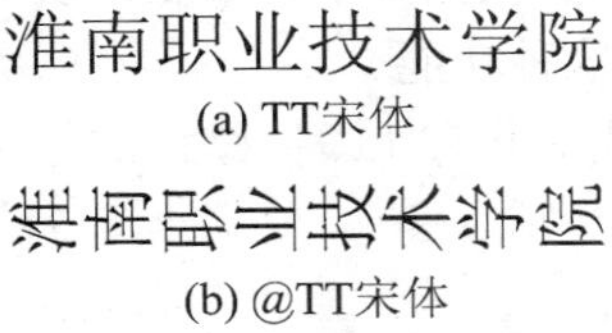

淮南职业技术学院

(a) TT宋体

淮南职业技术学院

(b) @TT宋体

图 6.3 字体示例

2. 除非有特殊需求，一般不选择“大字体”。

3. “效果”区

用于修改字体的特性，例如高度、宽度比例、倾斜角以及是否颠倒显示、反向或垂直对齐。“颠倒”颠倒显示字符，见图 6.4(a)。“反向”反向显示字符，见图 6.4(b)。“垂直”显示垂直对齐的字符。只有在选定字体支持双向时“垂直”才可用。True Type 字体的垂直定位不可用。“宽度比例”设置字符间距。输入小于 1.0 的值将压缩文字。输入大于 1.0 的值则扩大文字，见图 6.4(c)。“倾斜角度”设置文字的倾斜角。输入一个－85 和 85 之间的值将使文字倾斜，见图 6.4(d)。

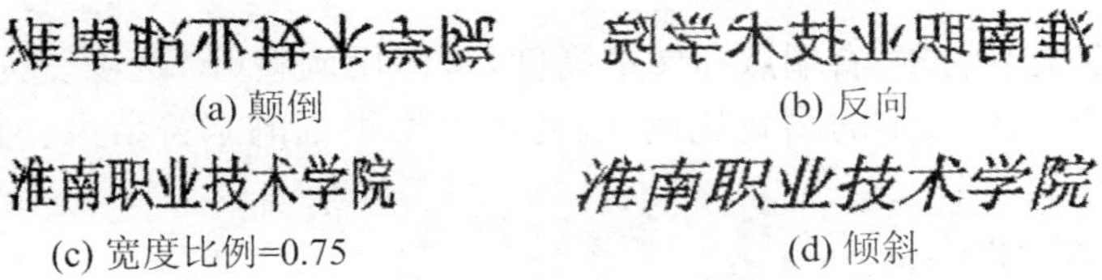

淮南职业技术学院 (a) 颠倒　　淮南职业技术学院 (b) 反向

淮南职业技术学院 (c) 宽度比例=0.75　　淮南职业技术学院 (d) 倾斜

图 6.4 各种文字效果

提示：1. 如果要绘制倒置的文本，不一定要使用“垂直”选项，指定该文本的旋转角度为 180 即可。

2. 使用小于 1 的宽度因子的图形文本容易放入拥挤的图形中，并保持文本的可读性。

3. 区分“倾斜角度”选项与“旋转角度(R)”的区别。“倾斜角度”是指字符本身的倾斜度，“旋转角度(R)”是指单行文字整行的倾斜度。

4. “预览”区

允许你查看选择样式的样本以及修改各种设置后的结果。

5. “应用”

将对话框中所做的样式更改应用到图形中具有当前样式的文字。

6. “删除”

单击该按钮，可删除指定的文字样式字型。

6.1.2 选择对正方式

向图纸中标注文字时，需要精确地把文字放在表格或图形的指定位置。AutoCAD 通过文字的对齐方式(即夹点)可实现这种功能。

AutoCAD 中文字的对正方式一共有 14 种，默认的是左下对齐方式，常用的单行文字对齐方式如图 6.5 所示。

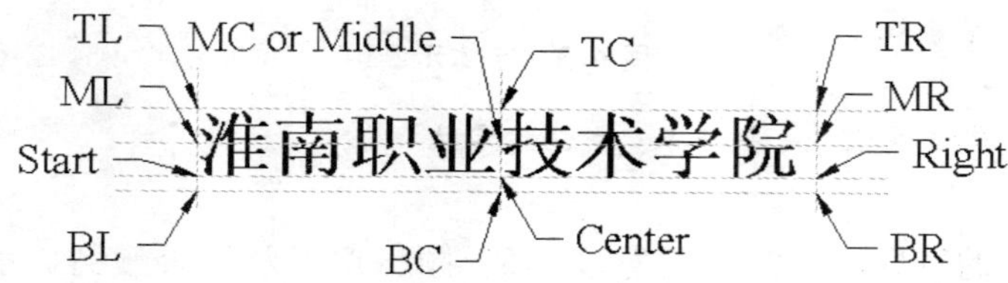

图 6.5 一个文本行的可能对正方式

不同于图 6.5 中说明的对齐方式选项，对齐(A)和调整(F)选项需要定义两点。

如果想要确定文本的左、右端点，但不关心文本高度，则可使用对齐(A)选项，自动按一定的比例设置文本高度以使文本适合两点间的宽度。第一个点到第二个点的角度作为文本的旋转角。

如果想要确定文本的左、右端点和文本高度，可使用调整(F)选项。为使文本适合所定两点间的宽度，必须改变文本的高宽比例，因此可以用很细的字符结束一行，而下一行以很粗的字符终止。

各对正方式含义如下：

1. 对齐(A)方式

该方式通过指定基线端点来指定文字的高度和方向。字符的大小根据其高度按比例调整。文字字符串越长，字符越矮。

2. 调整(F)方式

该方式指定文字按照由两点定义的方向和一个高度值布满一个区域，只适用于水平方向的文字。高度以图形单位表示，是大写字母从基线开始的延伸距离。指定的文字高度是文字起点到用户指定的点之间的距离。文字字符串越长，字符越窄，字符高度保持不变。

3. 中心(C)方式

该方式从基线的水平中心对齐文字，此基线是由绘图时的点指定的。旋转角度是指基线以中点为圆心旋转的角度，它决定了文字基线的方向。可通过指定点来决定该角度。文字基线的绘制方向为从起点到指定点。如果指定的点在中心点的左边，将绘制出倒置文字。

4. 中间(M)方式

该方式在基线的水平中点和指定高度的垂直中点上对齐。中间对齐的文字不保持在直线上，中间方式与正中方式不同，中间方式使用的中点是所有文字包括下行文字在内的中点，而正中方式使用大写字母高度的中点。

5. 右(R)方式

该方式可以在指定基线上右对正文字。

6. 左上(TL)、中上(TC)、右上(TR)、左中(ML)、正中(MC)、右中(MR)、左下(BL)、中下(BC)、右下(BR)方式

以上各种方式分别为指定文字顶点时，以左上、中上、右上、左中、正中、右中、左下、中下、右下对正文字。这几种方式只适用于水平方向的文字。

提示：在机械和采矿工程图纸的绘制过程中，最常用到的方式是带“中”的正中(MC)、中上(TC)、中下(BC)、左中(ML)和右中(MR)等方式。

6.2 单行文字标注与编辑

6.2.1 创建单行文字

单行文字可以是单个字符、单词或一完整的句子。单行文字常用于创建标注文字、标题块文字等内容。创建单行文字的具体步骤如下：

单击“文字”工具栏上的“单行文字”工具按钮，或执行“绘图”→“文字”→“单行文字”菜单项。在绘图区域中单击鼠标，确定文字的起点，然后在命令提示行中指定文字的高度和旋转角度，最后输入所需文字。

6.2.2 应用举例

在输入单行文字之前必须设好文字样式；其次，标注前应把所需的文字样式置为当前；最后，要明确对齐点的对齐方式，Dtext 的缺省对齐选项是文本行的左端点或起始点。必要时需作辅助线定位。

以中下(BC)、左中(ML)方式标注单行文字：

命令：dtext　　执行单行文字命令

当前文字样式：FS2.2　当前文字高度：2.2000　　显示当前文字样式

指定文字的起点或[对正(J)/样式(S)]：j

输入选项

[对齐(A)/调整(F)/中心(C)/中间(M)/右(R)/左上(TL)/中上(TC)/右上(TR)/左中(ML)/正中(MC)/右中(MR)/左下(BL)/中下(BC)/右下(BR)]：bc(或 ml)

选择中下(BC)对正方式或选择左中(ML)对正方式

指定文字的中下点：from　　选择点 *B*(对应中下对齐)或点 *A*(对应左中对齐)

基点：〈偏移〉：@0,1(或@1,0)　　向上偏移一个单位或向右偏移一个单位

指定文字的旋转角度〈0〉：　　回车取默认值

输入文字：淮南职业技术学院

两种对齐方式文字输入结果如图 6.6 所示：

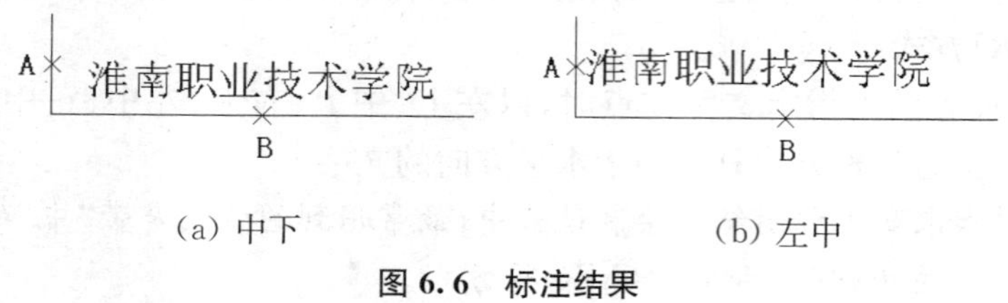

(a) 中下　　(b) 左中

图 6.6　标注结果

6.3　多行文字的标注

6.3.1　多行文字的创建

单行文字标注命令可以绘制多行文字，但每一行是一个独立的对象。有时希望将多行文字作为一个单位，就好像是一个文字段一样，这时就可以使用多行文字编辑命令。与单行文字相比，多行文字在设置上更灵活。多行文字的创建具体步骤如下：

单击"文字"工具栏上的"多行文字"工具按钮，或执行"绘图"→"文字"→"多行文字"菜单项，然后在绘图区域中指定第一角点和对角点，系统会自动弹出"多行文字编辑器"对话框，如图 6.7 所示，在文字编辑区输入多行文字。

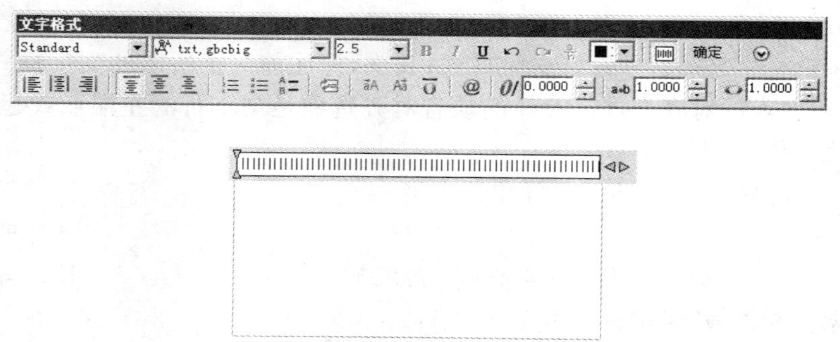

图 6.7　"多行文字编辑器"窗口

6.3.2　"多行文字编辑器"对话框

"多行文字编辑器"包含一个"文字格式"工具栏，一个文字编辑区和快捷菜单，如图 6.8 所示。其中"文字格式"工具栏中绝大多数选项与"文字样式"对话框中含义相同；"加粗"、"倾斜"、"下划线"、"颜色"和"堆叠"格式可设置文字的特殊格式。

在"多行文字编辑器"的选项菜单中，提供了其他的编辑选项，可以执行"插入字段"、"全部选择"、"自动大写"、"背景遮罩"、"插入符号"和"字符集"等功能。其主要选项的意义如下：

1. 缩进和制表位

可以控制段落在多行文字(Mtext)对象中缩进的方式。在文字编辑器中的标尺显示当前段落的设置。输入文字前设置的制表符和缩进将应用于整个多行文字对象。要向不同段落应用不同制表符和缩进可以单击单个段落或选择多个段落，然后修改设置。标尺上的滑块显示相对于边框左侧的缩进。上滑块对段落的首行进行缩进，下滑块对段落的其他行进行缩进。标尺上的小标记表示默认的制表符。如果单击标尺自行设置制表符，标尺上每个自定义制表符的位置将显示一个L形的小标记，可以通过将标记拖离标尺来删除自定义制表符。

2. 对正

对正同时控制相对于文字插入点的文字对齐和文字走向。文字相对于定义文字宽度的边界框靠左对齐和靠右对齐。文字自插入点排列，插入点可以在结果文字对象的中间、顶部和底部。有9种多行文字的对正设置，如图6.9所示。当一个词语长于段落的宽度时，此词语将延伸出段落边界。

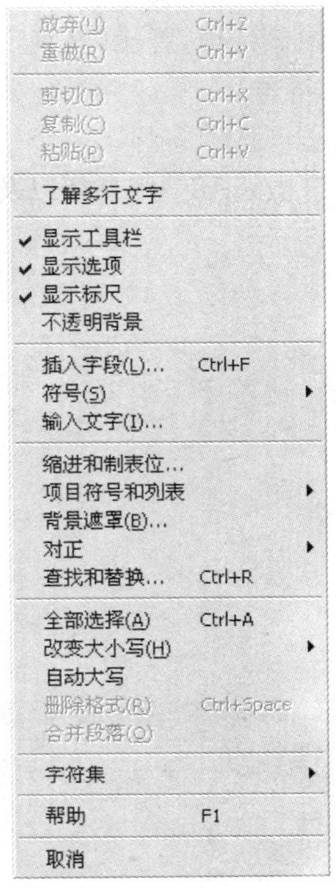

图6.8 “多行文字编辑器”快捷菜单

图6.9 多行文字的9种对正方式

3. 查找和替换

选中该选项，弹出“替换”对话框，可以进行多行文字的查找与替换，如图 6.10 所示。

4. 符号

单击该选项将弹出一个子菜单，如图 6.11 所示，选中子菜单中的选项可在光标所在位置插入度数、正负号、直径以及其他常用符号。

图 6.10 “查找与替换”对话框

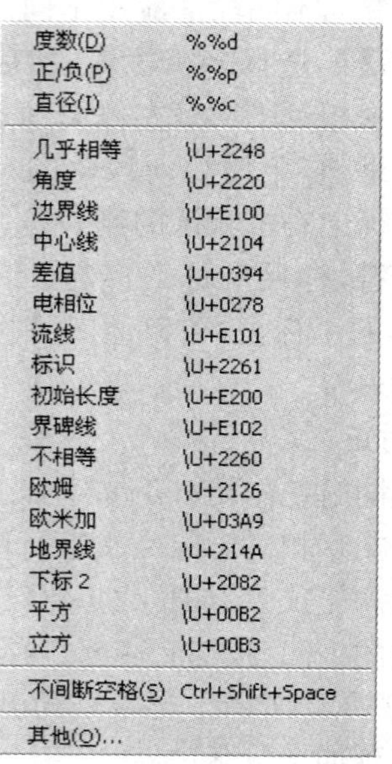

图 6.11 “符号”子菜单

5. 背景遮罩

背景遮罩是向多行文字对象添加不透明背景或进行填充，在快捷菜单中单击该项，系统将显示“背景遮罩”对话框。边界偏移因子 1.0 非常适合多行文字对象，偏移因子设为 1.5（默认值）时，背景宽度是文字高度的 1.5 倍。在“填充颜色”中，选择“使用背景”，使背景的颜色与图形背景颜色相同。

6.3.3 应用举例

在图中加入段落字。设置文字高度分为 5 和 3.5，字体分别为黑体和宋体，结果如图 6.12所示。

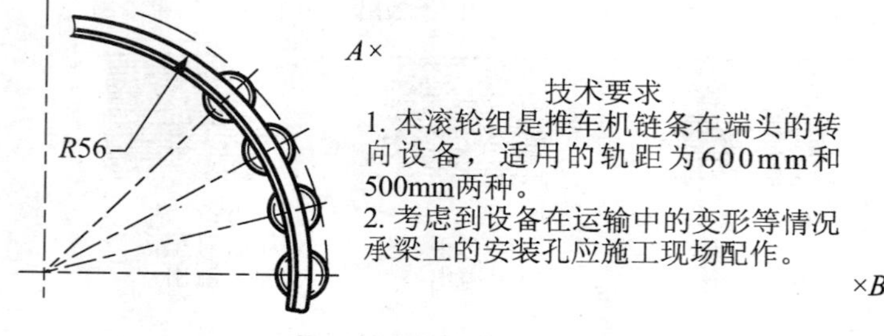

图 6.12 多行文字标注结果

命令:mtext　　执行多行文字命令

当前文字样式:HT5　当前文字高度:5　　显示当前设置

指定第一角点:　　指定 *A* 点

指定对角点或[高度(H)/对正(J)/行距(L)/旋转(R)/样式(S)/宽度(W)]:

指定 *B* 点

在弹出的“在位文字编辑器”中输入需要标注的文字。

点击“确定”工具按钮。

提示:1. 尽可能地使用单行文字。

2. 对多行文字对象执行“分解”命令后,可生成单行文字。

3. 拖拽多行文字的夹点可控制多行文字的宽度,以调整行数。

6.4 特殊字符

6.4.1 特殊字符

AutoCAD 2006 中提供了几种方式用来插入特殊字符。

(1) 在文本中直接输入“两个百分号+控制码”的方式实现几种常见字符的输入,其中:“%%c”表示直径符号“Ø”;“%%d”表示角度“°”;“%%p”表示正负号“±”。

(2) 输入文字时,通过鼠标右键打开快捷菜单,选择“符号”子菜单,如图 6.11 所示,单击菜单中的符号项即可插入对应的符号。

(3) 通过“字符映射表”窗口插入。在“符号”快捷菜单中单击“其他”可弹出“字符映射表”窗口,如图 6.13 所示。

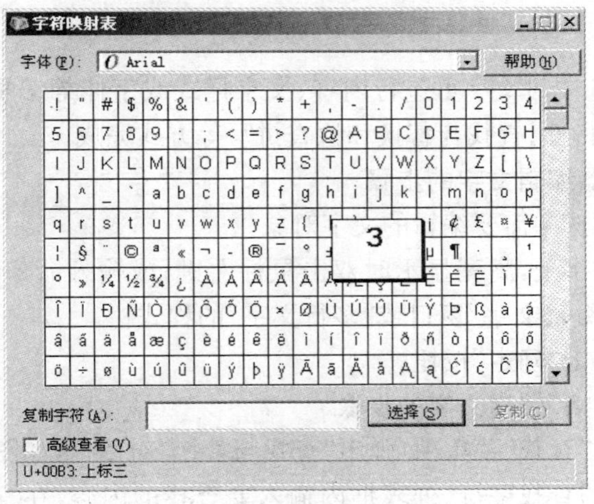

图 6.13　“字符映射表”窗口

在该窗口选中需要的特殊字符，单击“选择”后再单击“复制”，然后在“多行文字编辑器”中执行“粘贴”命令即可。

6.4.2 特殊效果

1. 堆叠文字

堆叠文字可用来标记公差或测量单位的文字或分数（堆叠文字功能目前不支持中文字符）。AutoCAD 基于以下字符提供了 3 种层叠的文本类型：

公差(^)：堆叠选定文字，将第一个数字堆叠到第二个数字的上方，数字之间没有直线。

分数(/)：堆叠选定文字，将第一个数字堆叠到第二个数字的上方，数字之间用水平线隔开。

分数(#)：堆叠选定文字，将第一个数字堆叠到第二个数字的上方，数字之间用斜线隔开。

例如，在“多行文字编辑器”中要创建$\frac{20}{100}$分数，可首先输入“20/100”，然后选中该行文字并单击按钮，则显示结果变为上述分数。

2. 文字的上下标

文字的上下标可以使用堆叠完成。例如在“多行文字编辑器”中要创建“m^2”，其中“2”作为上标，可首先输入“m2^”，然后选中“2^”并单击按钮，则显示结果即为“m^2”。若是创建下标，如“X_1”，则可先输入“X^1”，然后选择中“^1”并单击按钮，则显示结果为“X_1”。常用的上、下标也可以在“多行文字编辑器”中选择需要上标或下标字符后，弹出快捷菜单并单击“上标(或下标)”。

6.5 编辑文字

在 AutoCAD 2006 中对文字可进行内容、文字样式或字体等编辑操作。编辑操作可以通过文字编辑器、对象特性、查找与替换和检查拼写等方式完成。

1. 通过文字编辑器编辑文字的步骤

(1) 命令行为空时选中需要编辑的文字对象。

(2) 将光标置于文字上，高亮显示时双击鼠标左键；或输入命令 Ddedit，提示选择文字时，选中文字，可弹出“编辑文字”窗口或“多行文字”的程式栏。

(3) 修改完毕后单击“确定”按钮。

2. 通过“查找与替换”编辑文字的步骤

(1) 执行“编辑”→“查找”菜单项，弹出“查找与替换”对话框，如图 6.14 所示。

(2) 在对话框中的“查找字符”列表框内输入要查找的内容，在“改为”列表框内输入需要更改的内容。

(3) 单击“查找”按钮，在找到需要更改的对象后单击“全部改为”按钮。

3. 通过“对象属性”编辑文字的步骤

(1) 命令行为空时选中需要编辑的文字对象。

(2) 执行“修改”→“特性”菜单项，在弹出的“对象特性”窗口中对需要更改文字样式、字高或内容的文字进行编辑后回车。

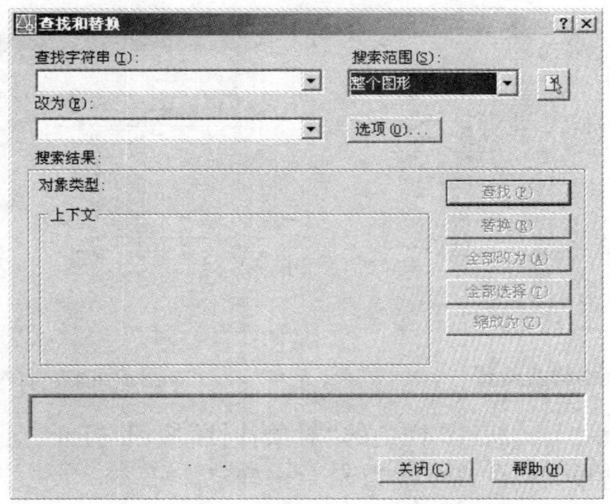

图 6.14　“查找与替换”对话框

4. 检查拼写

(1) 执行“工具”→“拼写检查”菜单项或在命令行输入 Spell 命令。

(2) 选择需要检查拼写的对象。

(3) 如果有拼写错误的单词，AutoCAD 会提示并给出“建议表”，可在建议表选择需要更改的单词或忽略。

(4) 重复上步操作或回车结束检查拼写。

6.6　综 合 示 例

在了解了单行文字和多行文字的创建方法后，下面通过为图样创建一个明细表(图 6.15)并填写技术要求来进一步熟悉本章所学内容。

24	12	33
法向模数	Mn	2
齿数	Z	80
径向变位系数	X	0.06
精度等级		8-Dc
公法线长度	F	$43.876_{+0.168}^{-0.168}$

(行高 8)

图 6.15　创建明细表

具体步骤如下所示：

(1) 单击“绘图”工具栏中“表格”工具，打开“插入表格”对话框，修改表格样式，将“标题”选项卡中的“包含标题行”前的勾除去，如图 6.16 所示；输入参数，如图 6.17 所示。

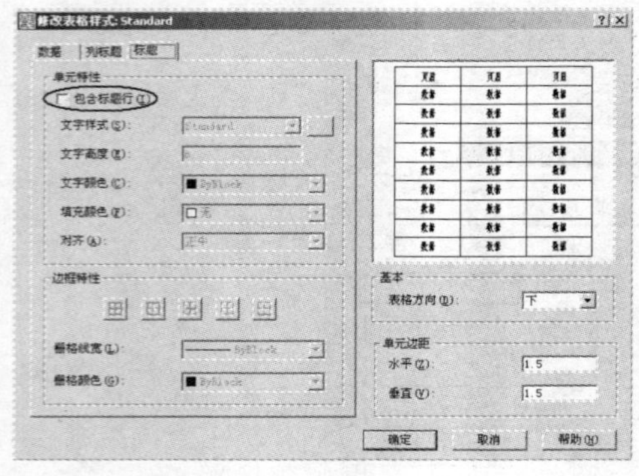

图 6.16　表格样式设置

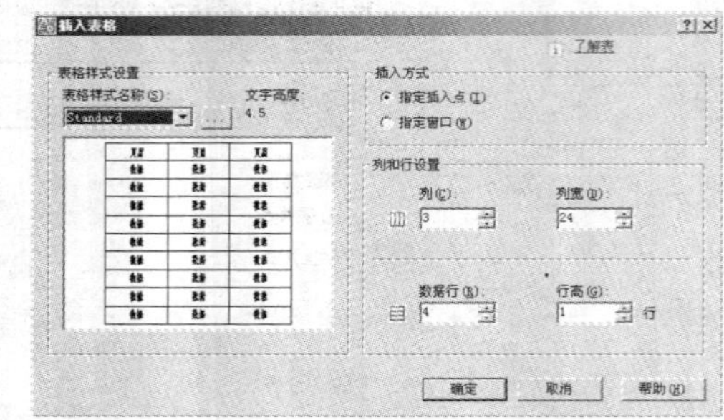

图 6.17　“插入表格”对话框

(2) 选中所需单元格，点击工具栏中的“对象特性”按钮，打开“对象特性”对话框，将单元格的宽度改为 12，将单元格的高度改为 8，单击确定。

(3) 选择“格式”→“文字样式”菜单，打开“文字样式”对话框，新建文字样式 KT3.5，设置“字体”为楷体，“高度”为 3.5，如图 6.18 所示。

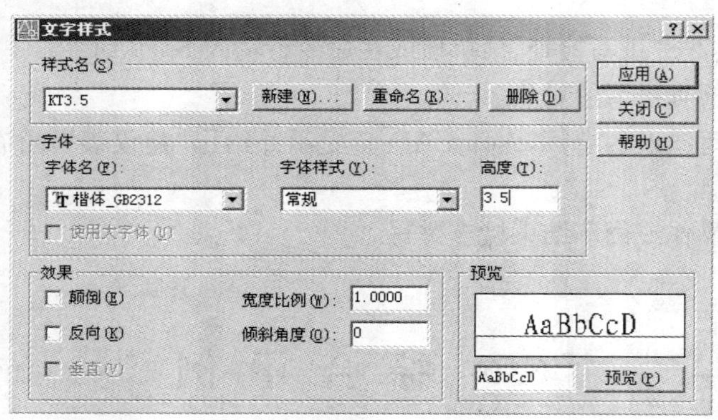

图 6.18　设置字体和高度

(4) 在表格中书写文字“法向模数”，文字采用“中心”对齐方式，结果如图 6.19 所示。

(5) 利用 Copy 命令将文字“法向模数”复制到表中的其他位置。复制基点是 A 点，目标点 B、C、D 和 E 点，结果如图 6.20 所示。

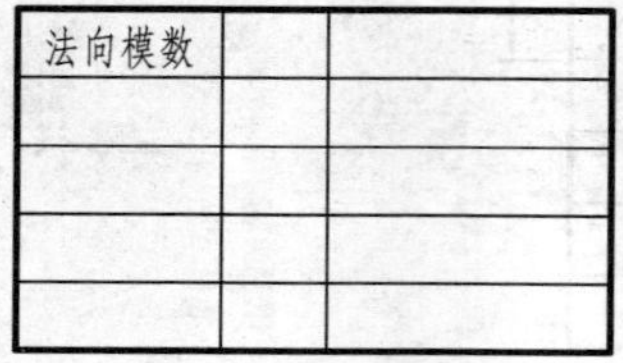

图 6.19　书写文字

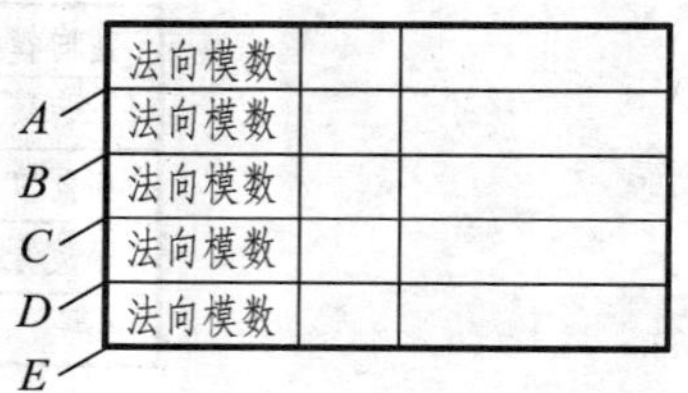

图 6.20　Copy 命令

(6) 利用 Ddedit 命令修改文字的内容,结果如图 6.21 所示。

(7) 选中文字项 F 和 G,利用“对象特性”将其对齐方式改为“调整”,如图 6.22 所示,然后利用夹点改变文字分布的宽度,结果如图 6.23 所示。

(8) 用同样的方法填写表中的其他文字。其中最后公差项,首先在“多行文字编辑器”中输入“43.876−0.168^+0.168”,选中“−0.168^+0.168”并点击 $\frac{a}{b}$ 按钮,即得最终公差。

法向模数		
齿数		
径向变位系数		
F 精度等级		
G 公法线长度		

图 6.21 Ddedit 命令修改文字

总的来说,在 AutoCAD 中输入和编辑文字的方法都非常简单,大家只要掌握输入和编辑文字的方法就可以了。此外,读者还应熟悉文字样式的创建与修改的方法以及修改文字样式对现有文字和新输入文字的影响。

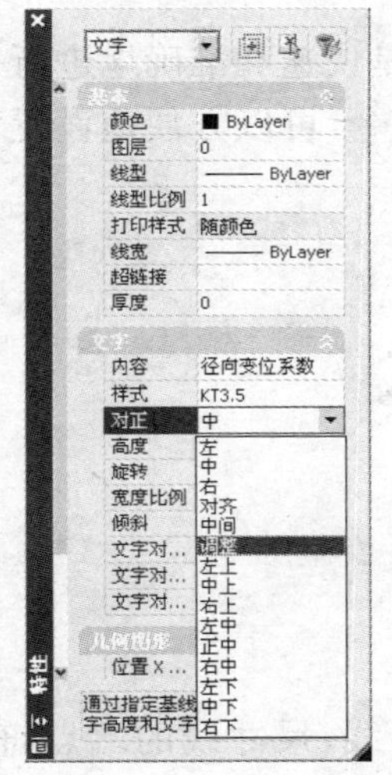

图 6.22 对象特性

法向模数	Mn	
齿数	Z	
径向变位系数	X	
精度等级		
合法线长度	F	

图 6.23 改变文字分布的宽度

第 7 章　标　注

本章要点

- ◆ 熟悉标注样式的基本知识。
- ◆ 熟悉和掌握常用标注命令的使用方法。
- ◆ 掌握标注的编辑方法。

在一个生产环境中工作时，最费时的和关键性的挑战是快速和准确地进行一幅图形的尺寸标注。AutoCAD 2006 提供了一套完整的尺寸标注命令，可以方便地设置和编辑各种类型的尺寸样式。

7.1 标注样式

7.1.1 尺寸标注的组成

一个完整的尺寸标注应由尺寸文字、尺寸线、尺寸界线、尺寸线的端点符号组成，如图 7.1所示。

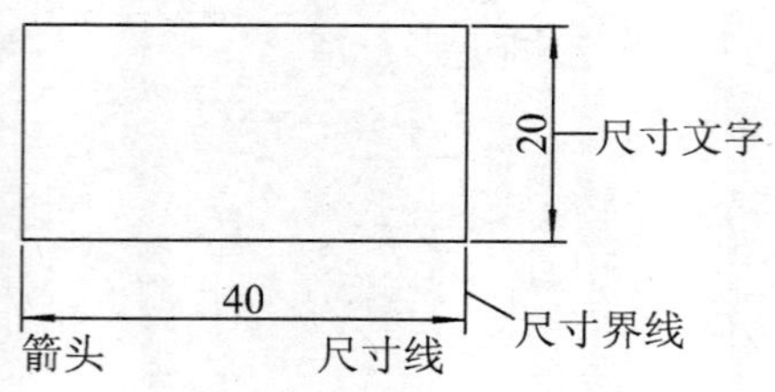

图 7.1　尺寸的组成

1. 标注文字

用于指示实际测量值的字符串。文字还可以包含前缀、后缀和公差。同一张图纸上文字的样式和高度要一致。

2. 尺寸线

用于指示标注的方向和范围。对于角度标注，尺寸线是一段圆弧。AutoCAD 通常将尺寸线放置在测量区域中。如果空间不足，则将尺寸或文字移到测量区域的外部，这取决于标注样式的放置规则。尺寸线应使用细实线绘制。

3. 箭头

也称为终止符号，显示在尺寸线的两端。可以为箭头或标记指定不同的尺寸和形状。AutoCAD 默认使用闭合的填充箭头符号。

4. 尺寸界线

也称为投影线，应从图形的轮廓线、轴线、对称中心线引出，同时，轮廓线、轴线、对称中心线也可以作为尺寸界线。尺寸界线也应使用细实线绘制。

7.1.2 尺寸标注的类型

尺寸标注可分为标注尺寸对象、快速标注和标注注释 3 种类型。

1. 标注尺寸对象

AutoCAD 2006 中可以通过线性、对齐、坐标、角度、直径与半径标注命令对对象进行标注，如图 7.2 所示。

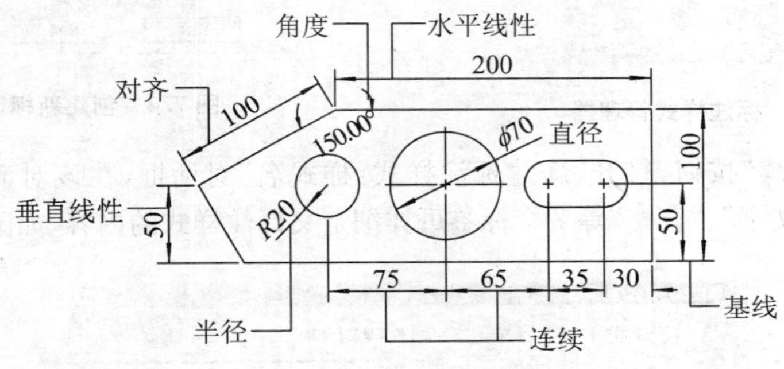

图 7.2 标注尺寸对象

2. 快速标注

快速标注用于快速地进行一系列尺寸标注。可快速地标注出多个基线尺寸、连续尺寸以及圆或圆弧标注。

3. 注释标注

注释标注主要有引线标注、圆心标记与形位公差标注等类型。

7.1.3 设置尺寸标注样式

任何一个新样式的建立都要对其样式进行设置才能满足工作需求。标注样式控制标注的外观，用它可以建立和强制执行图形的绘图标准，并有利于对标注格式及其用途进行修改。

7.1.4 标注样式管理器

1. 新建标注样式

由于专业的不同，对图纸的尺寸标注有不同的要求，如绘制采矿工程图纸和建筑图纸时尺寸标注都有自己的规定。所以尺寸标注样式是通过“标注样式管理器”对话框进行设置的。像文字标注一样，以后在开始尺寸标注之前必须建立尺寸标注样式，并且用户可以把自己常用的尺寸标注设置当成文件保存下来，以备后用。用户根据要求建立自己的标注样式，其步骤如下：

(1) 选择“格式”→“标注样式”菜单，或者在命令行输入 Dimstyle 命令，弹出“标注样式管理器”对话框，如图 7.3 所示。

(2) 单击“新建”按钮，弹出“创建新标注样式”对话框，如图 7.4 所示。在“新样式名”编辑框中输入新的样式名称；在“基础样式”下拉列表框中选择新样式的基础样式，在新样式中包含了基础样式的所有设置，默认基础样式为 ISO-25；在“用于”下拉列表框中确定新创建的样式适用于哪些标注类型。

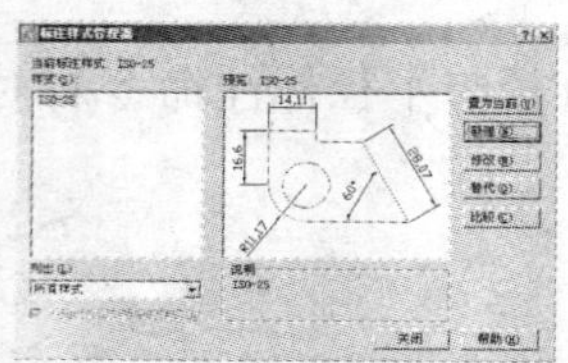

图 7.3 标注样式管理器

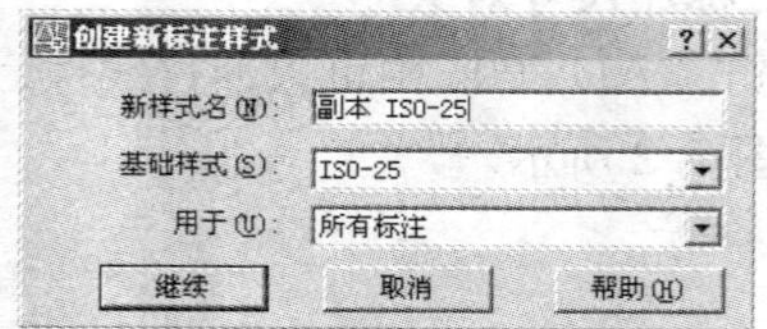

图 7.4 创建新标注样式

(3) 单击“继续”按钮，打开“新建标注样式:样式名”对话框，在该对话框中有“直线”、“符号与箭头”、“文字”、“调整”等 7 个标签可详细定义标注样式的内容，如图 7.5 所示。

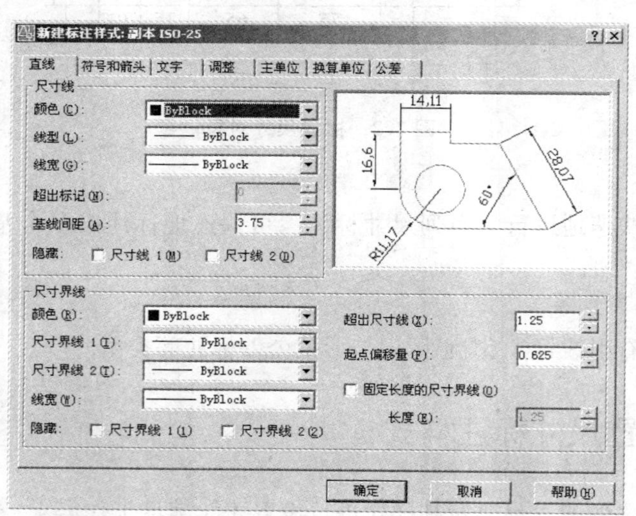

图 7.5 定义标注样式的内容

(4) 设置完毕，单击“确定”按钮，这时将得到一个新的尺寸标注样式。

(5) 在“标注样式管理器”对话框“样式”列表中选择新创建的样式(如“标注样式”)，单击“置为当前”按钮，将其设置为当前样式。

提示：注意比较“标注样式管理器”中“修改”和“替代”按钮。“修改”弹出“修改标注样式”对话框，修改当前全图的标注样式；“替代”显示“替代当前样式”对话框，设置标注样式的临时替代。一个是应用到全图,一个是临时替代。

2. “直线”选项卡

该选项卡用于设置尺寸线、尺寸界线的格式和特征。

在“尺寸线”设置区中,可以设置尺寸线的颜色、线宽、超出标记、基线间距、隐藏情况等。

“超出标记”:指定当箭头使用倾斜、建筑标记、积分和无标记时尺寸线超出尺寸界线外面的长度,如图7.6所示。

“基线间距”:设置基线标注的尺寸线之间的距离,如图7.7所示。

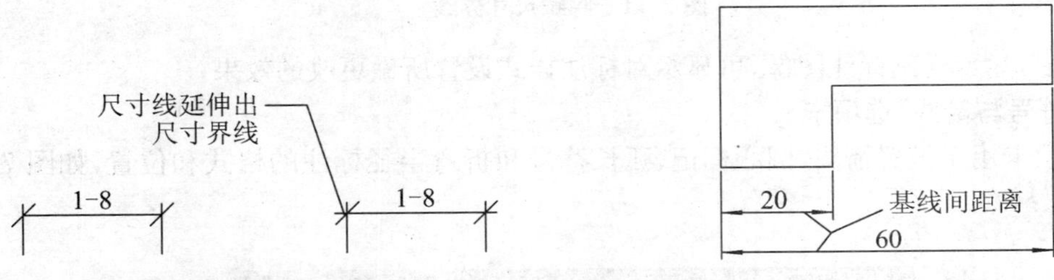

图7.6 超出标记为0和不为0时的标注

图7.7 基线间距

“隐藏”:通过选择“尺寸线1”和“尺寸线2”复选框,可以控制尺寸线左右两个组成部分的可见性。通常尺寸线的隐藏与相应的尺寸界线的隐藏配合使用,如图7.8所示。

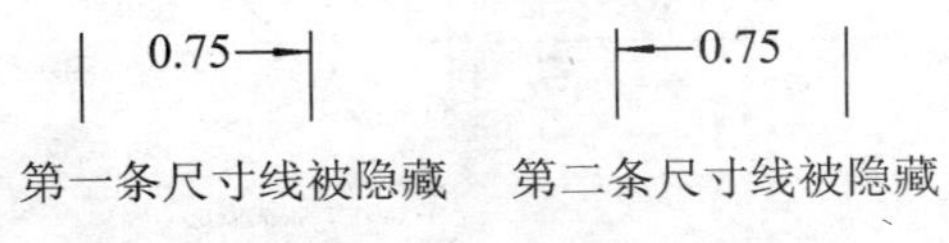

图7.8 隐藏尺寸线

在“尺寸界线”设置区中,可以设置尺寸界线的颜色、线宽、超出尺寸线的长度、起点偏移量、隐藏控制等。

“颜色”和“线宽”:设置尺寸界线的颜色和线宽。

“尺寸界线1”:设置第一条尺寸界线的线型。

“尺寸界线2”:设置第二条尺寸界线的线型。

“超出尺寸线”:指定尺寸界线超出尺寸线的距离,如图7.9所示。

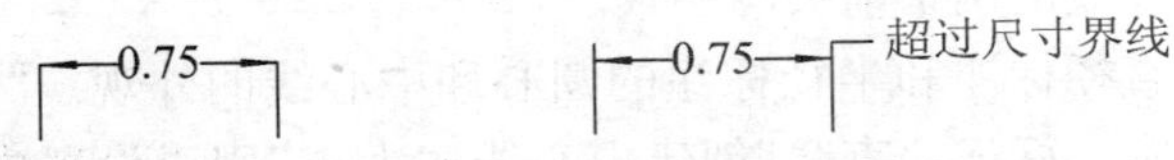

图7.9 超出的距离为0与不为0时的标注效果

“起点偏移量”:设置自图形中定义标注的点到尺寸界线的偏移距离,如图7.10所示。

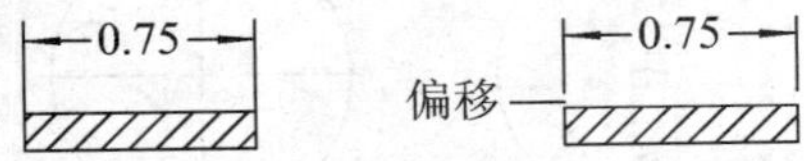

图7.10 起点偏移量为0与不为0时的标注效果

“隐藏”:通过选择“尺寸界线1”和“尺寸界线2”,可以控制第一条和第二条尺寸界线的可见性,如图 7.11 所示。

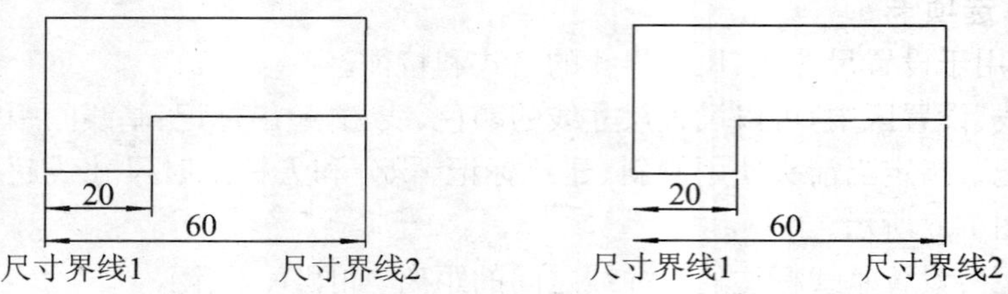

图 7.11　隐藏尺寸界线

“预览”:显示样例标注图像,可显示对标注样式设置所做更改的效果。

3. “符号与箭头”选项卡

该选项卡用于设置箭头、圆心标记、弧长符号和折弯半径标注的格式和位置,如图 7.12 所示。

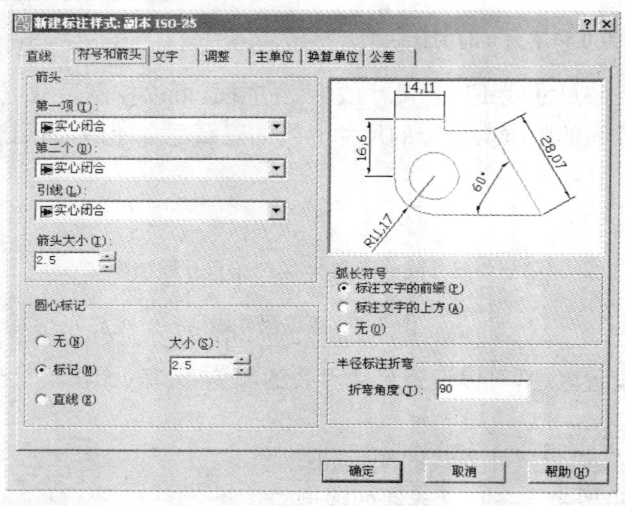

图 7.12　“符号与箭头”选项卡

“箭头”设置区中可以控制标注箭头的外观,在 AutoCAD 2006 中,系统提供了约 20 种箭头。通常情况下,尺寸线的两个箭头应一致。

“圆心标记”:控制直径标注和半径标注的圆心和中心线的外观。“无”不创建圆心标记或中心线;“标记”创建圆心标记;“直线”创建中心线;“大小”用于设置中间小十字标记和标注线延伸到圆外的尺寸,如图 7.13 所示。

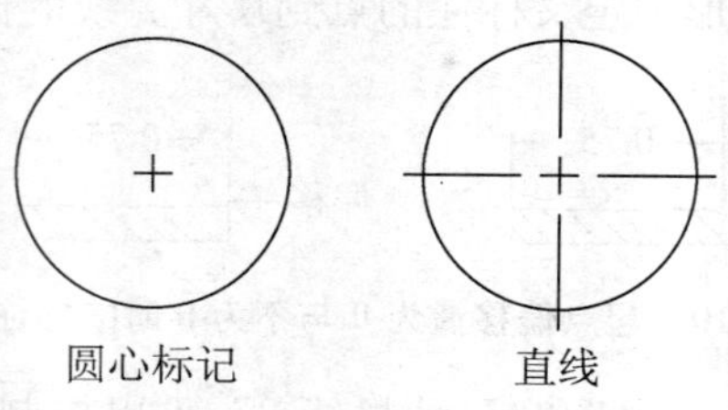

图 7.13　圆心标记类型

“弧长符号”控制弧长标注中圆弧符号的显示。“标注文字的前缀”将弧长符号放在标注文字的前面；“标注文字的上方”将弧长符号放在标注文字的上方，如图 7.14 所示。

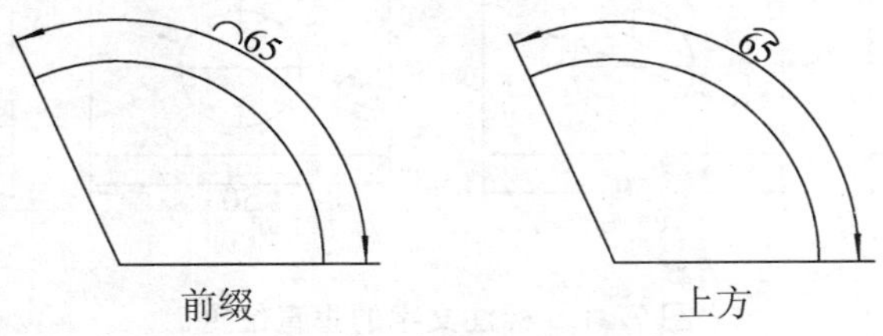

图 7.14　弧长符号标注的位置

4. “文字”选项卡：设置标注文字的格式

该选项卡可以设置标注文字的外观、位置和对齐方式，如图 7.15 所示。

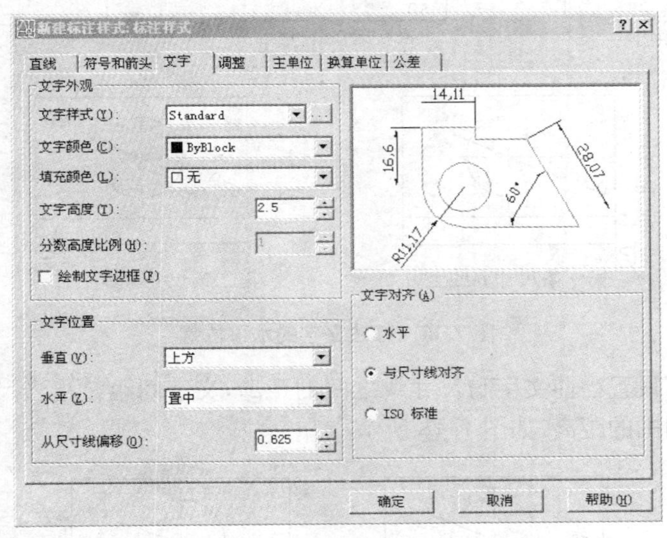

图 7.15　“文字”选项卡

“文字样式”：在该下拉列表框中可以选择文字样式，默认样式为 Standard。也可单击其后的 ... 按钮，打开“文字样式”对话框，创建新的文字样式。

“文字颜色”和“填充颜色”：用于设置标注文字的颜色和背影颜色。

“文字高度”：设置当前标注文字样式的高度。

“分数高度比例”：设置相对于标注文字的分数比例，AutoCAD 把文字高度乘以该比例，用得到的值来设置分数和公差的高度。

“绘制文字边框”：如果选择此选项，将在标注文字周围绘制一个边框。

“文字位置”：在设置区中，可以设置标注文字的垂直位置、水平位置以及距尺寸线的偏移量。

“垂直”：控制标注文字相对尺寸线的垂直位置，有置中、上方、外部、JIS(按照日本工业标准)4 种方式，如图 7.16 所示。

“水平”：控制标注文字在尺寸线上相对于尺寸界线的水平位置，主要有置中、第一条尺寸界线、第二条尺寸界线、第一条尺寸界线上方、第二条尺寸界线上方 5 种方式，如图 7.17 所示。

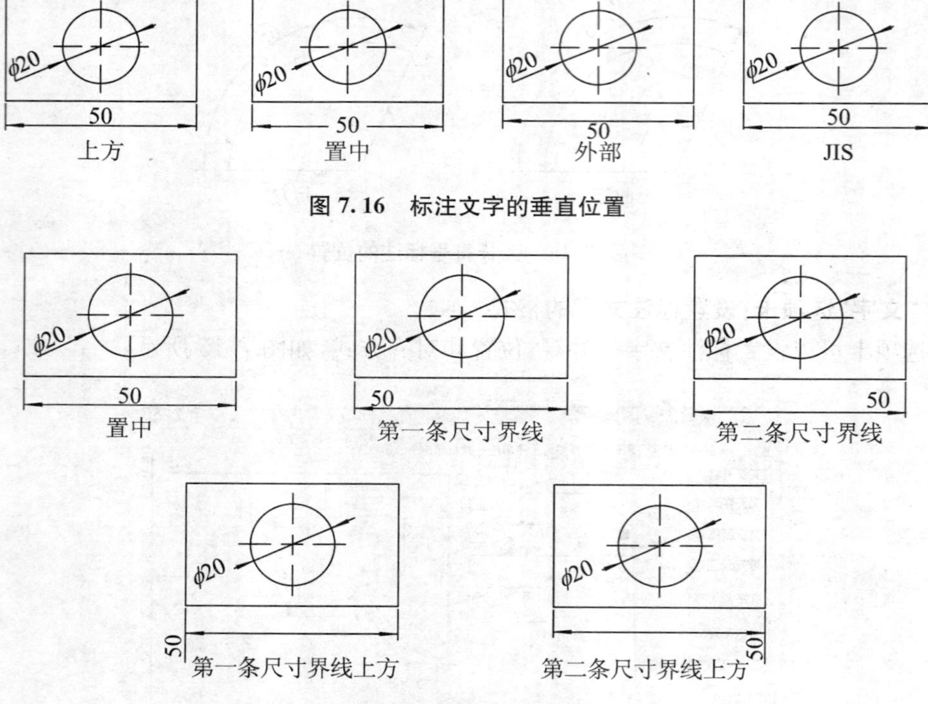

图 7.16　标注文字的垂直位置

图 7.17　标注文字的水平位置

“从尺寸偏移”设置当前文字与尺寸线之间的距离，文字间距是指当尺寸线断开以容纳标注文字时文字周围的距离，如图 7.18 所示。

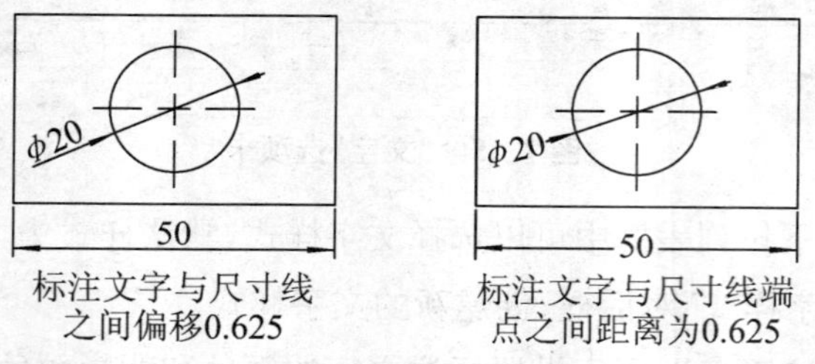

图 7.18　“从尺寸线偏移”的效果

“文字对齐”选项区控制标注文字放在尺寸界线外边或里边时的方向是保持水平还是与尺寸界线平行，如图 7.19 所示。

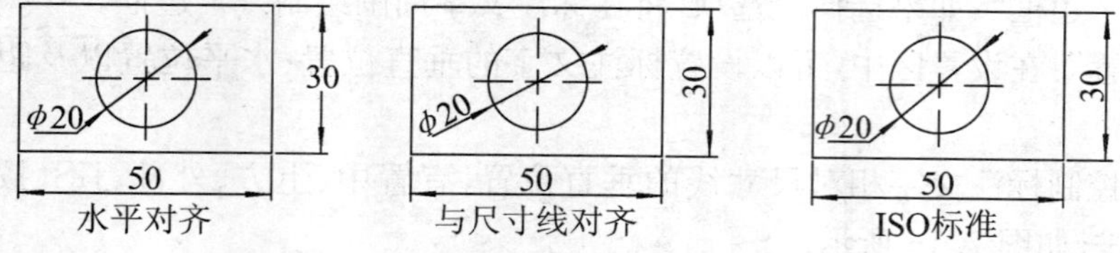

图 7.19　标注文字对齐方式

“水平”:水平放置文字,即沿 X 轴方向水平放置。

“与尺寸线对齐”:文字与尺寸线对齐。

“ISO 标准”:当文字在尺寸界线内时,文字与尺寸线对齐。当文字在尺寸界线外时,文字水平排列。

5. “调整”选项卡

该选项卡用于控制标注文字、箭头、引线和尺寸线的放置,如图 7.20 所示。

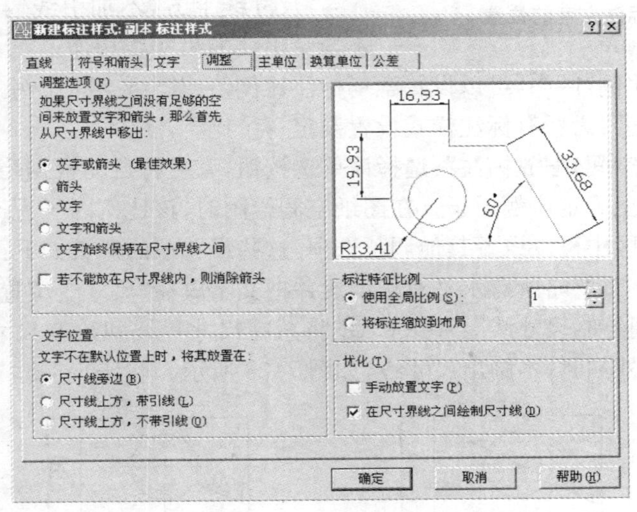

图 7.20　控制标注文字、箭头、引线和尺寸线的放置

在“调整选项”设置区中,根据尺寸界线之间可用空间来控制文字和箭头的位置,默认为“文字或箭头,取最佳效果”。如果有足够大的空间,文字和箭头都放在尺寸界线内,否则,将按照“调整”选项放置文字和箭头,如图 7.20 所示。

“文字或箭头,取最佳效果”:AutoCAD 默认最佳效果。

“箭头”:若尺寸界线间距离仅够放下箭头时,将箭头放在尺寸界线内,而文字放在尺寸界线外。否则,将两者均放在尺寸界线之外,如图 7.21(a)所示。

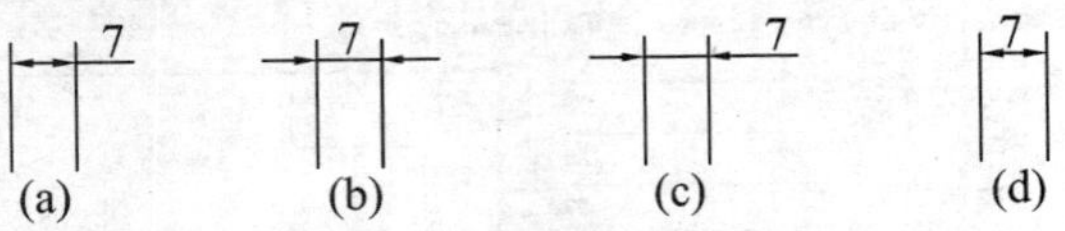

图 7.21　标注文字和箭头在尺寸界线间的放置

“文字”:先将文字移动到尺寸界线外部,然后移动箭头。当尺寸界线间距离仅能容纳文字时,将文字放在尺寸界线内,而箭头放在尺寸界线外。否则,两者都放在尺寸界线之外,如图 7.21(b)所示。

“文字和箭头”:若尺寸界线间距离不足以放下文字和箭头时,文字和箭头都将移动到尺寸界线外,如图 7.21(c)所示。

“文字始终保持在尺寸界线之间”:总将文字放在尺寸界线之间,如图 7.21(d)所示。

“若不能放在尺寸界线内,则隐藏箭头”:如果尺寸界线内没有足够的空间,则隐藏箭头。

在“文字位置”设置区中，可以设置标注文字从默认位置（由标注样式定义的位置）移动时标注文字的位置（图 7.22）。

“尺寸线旁边”：文字放在尺寸线旁边。

“尺寸线上方，加引线”：如果将文字从尺寸上移开，将创建一条连接文字和尺寸线的引线。当文字非常靠近尺寸线时，将省略引线。

“尺寸线上方，不加引线”：远离尺寸线的文字不与带引线的尺寸线相连。

7　　7　　7

尺寸线旁边　　尺寸线旁边
加引线　　尺寸线旁边
不加引线

图 7.22　标注文字的位置

在“标注特征比例”区中，可以设置全局标注比例值或图纸空间比例。

“使用全局比例”：为所有标注样式设置设定一个比例。

“按布局（图纸空间）缩放标注”：选择该单选按钮，系统将自动根据当前模型空间视口和图纸空间之间的比例确定比例因子。在图纸空间绘图时，该比例因子为 1。

在“调整”设置区中可以设置其他调整选项，这些设置项的意义如下：

“手动放置文字”：忽略所有水平对正设置并把文字放在“尺寸线位置”提示下指定位置。

“在尺寸线之间绘制尺寸线”：AutoCAD 将总在尺寸界线间绘制尺寸线。否则，当尺寸箭头移至尺寸界线外侧时，不画出尺寸线，如图 7.23 所示。

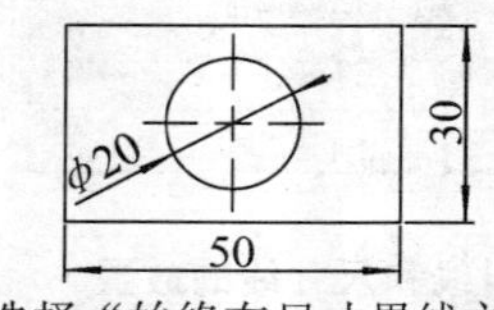

选择“始终在尺寸界线之间绘制尺寸线”复选框

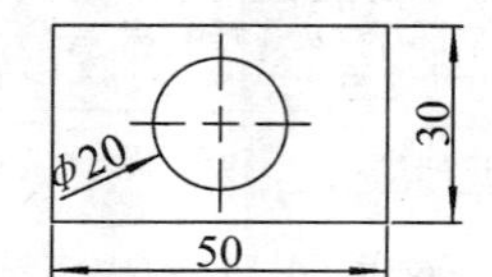

不选择“始终在尺寸界线之间绘制尺寸线”复选框

图 7.23　控制是否在尺寸界线之间绘制尺寸线

6. “主单位”选项卡

该选项卡用于设置主标注单位的格式和精度，并设置标注文字的前缀和后缀，如图 7.24 所示。

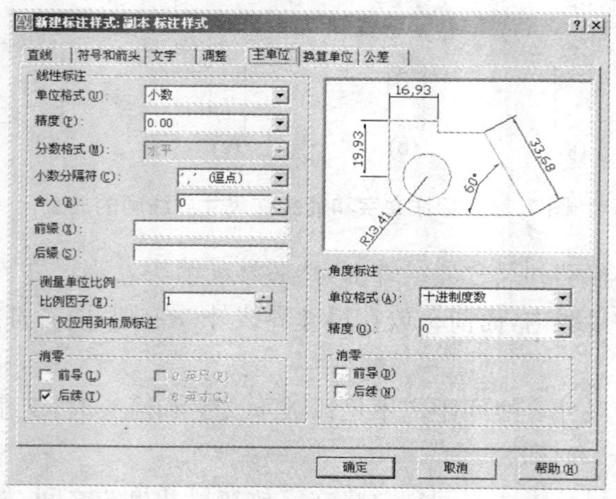

图 7.24　设置线性标注和角度标注的精度

在“线性标注”设置区中可以设置线性标注的精度。

“单位格式”:设置除角度之外的所有标注类型的当前单位格式,可供选择的选项有科学、小数、工程、建筑分数和 Windows 桌面。

“精度”:设置标注文字中保留的小数位数。

“分数格式”:设置分数的格式,该选项只有当“分数”时才有效。可选择的分数格式有水平、对角和非堆叠,如图 7.25 所示。

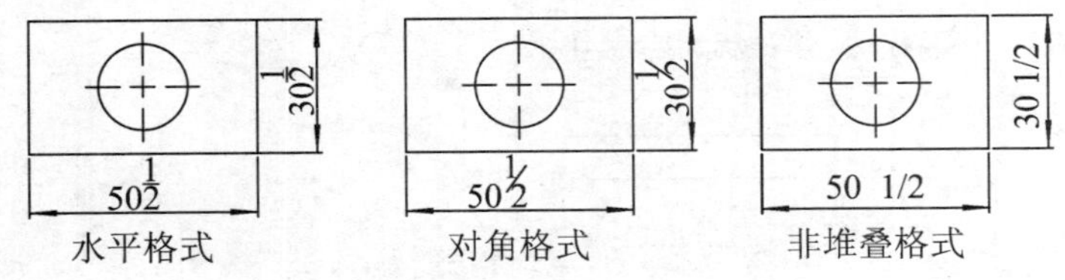

图 7.25 分数的 3 种格式

小数分隔符:设置用于十进制格式的分隔符。可供选择的选项包括句点(.)、逗点(,)和空格( ),如图 7.26 所示。

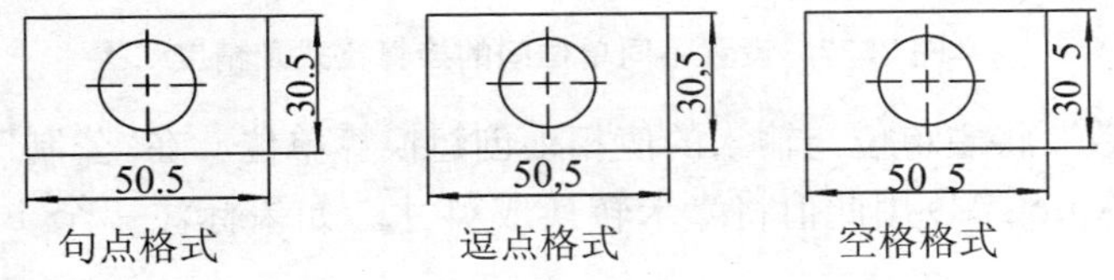

图 7.26 小数分隔符的格式

“舍入”:为除角度之外的所有标注类型设置标注测量值的舍入规则。如果输入 0.25,则所有标注距离都以 0.25 为单位进行舍入。如果输入 1.0,则所有标注距离都将舍入为最接近的整数。小数点后显示的位数取决于“精度”设置。

“前缀”:在标注文字中包含前缀。可以输入文字或使用控制代码显示特殊符号。例如,输入控制代码%%c 显示直径符号。当输入前缀时,将覆盖在直径和半径等标注中使用的任何默认前缀。

“后缀”:在标注文字中包含后缀。输入的后缀将替代所有默认后缀。

“比例因子”:设置除了角度之外的所有标注测量值的比例因子。AutoCAD 按照该比例因子放大标注测量值。

“仅应用到布局标注”:选择该复选框,则比例因子仅对在布局里创建的标注起作用。

“前导”:不输出所有十进制标注中的前导零。例如,0.5000 变成.5000。

“后导”:不输出所有十进制标注中的后续零。例如,12.5000 变成 12.5。

在“角度标注”设置区中,也可以设置角度标注格式,角度标注设置方法和线性标注类似。

7. “换算单位”选项卡

换算标注单位转换使用不同测量单位制的标注,通常是显示英制标注的等效公制标注,或公制标注的等效英制标注。在标注文字中,换算标注单位显示在主单位旁边的方括号[]中。

选择“显示换算单位”复选框，将显示标注的单位。设置换算单位的格式、精度、舍入精度、前缀、后缀和消零方法与设置主单位的方法相同，如图 7.27 所示。

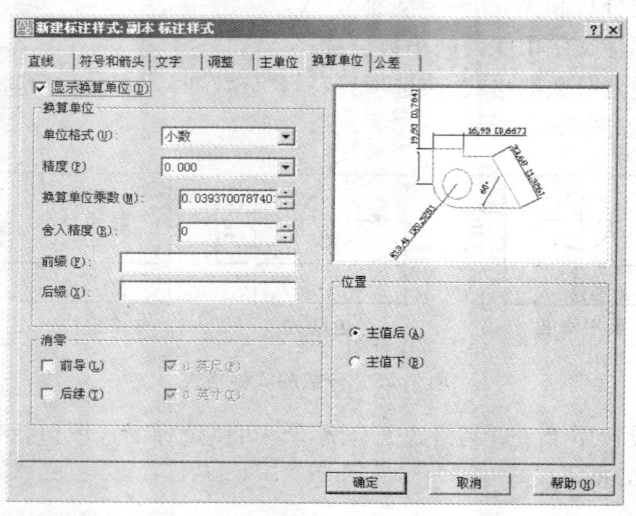

图 7.27　设置不同单位间的换算格式及精度

“换算单位乘数”：将主单位与输入的值相乘创建换算单位。在“公制”单位下，默认值为 0.039370078740，AutoCAD 用此值将毫米转换成英寸。如果标注一个 1 mm 的直线，标注显示 1.00[0.039]。

“位置”：设置换算单位的位置，可以在主单位的后面或下方。

8. “公差”选项卡

该选项卡用于控制标注文字中公差的格式及显示，如图 7.28 所示。在“公差格式”设置区中，可以设置公差的格式和精度。

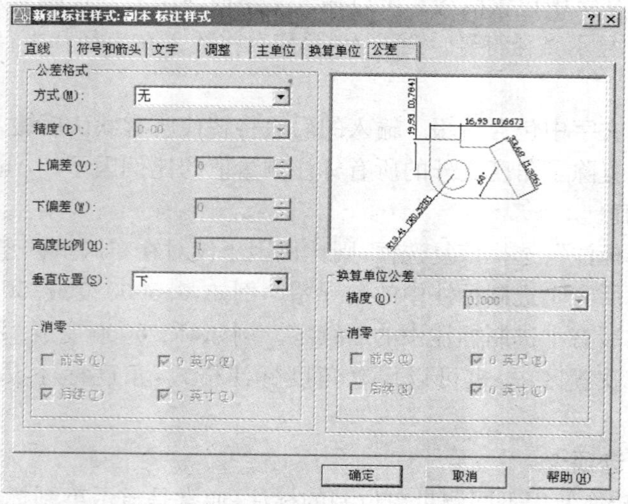

图 7.28　设置公差的格式和精度

“方式”:设置计算公差的方法,如对称、极限偏差、极限尺寸和基本尺寸等,如图 7.29 所示。

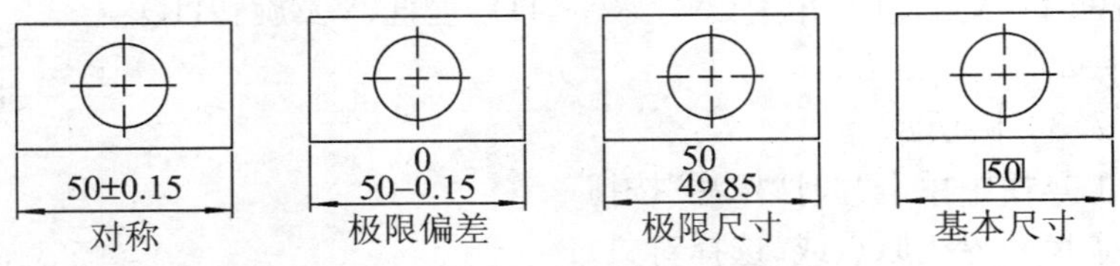

图 7.29 设置公差方式

“精度”:设置公差值的小数位数。

“上偏差”:设置偏差的上界以及界限的表示方式,在对称公差中也可使用该值。

“下偏差”:设置偏差的下界以及界限的表示方式。

“高度比例”:将公差文字高度设置为主测量文字高度的比例因子。

“垂直位置”:设置对称和极限公差的垂直位置,主要有上、中和下 3 种方式,如图 7.30 所示。

图 7.30 设置公差的垂直位置

7.2 常用标注命令

设置好尺寸标注样式后,就可以利用“标注”工具栏的命令进行尺寸标注了,如图 7.31 所示。其中,“标注”工具栏中共包含了 11 种标注工具。

图 7.31 “标注”工具栏

7.2.1 线性标注

线性标注用于平面坐标系中的两点间的距离标注,可以指定点或选择一个对象。创建线性标注的主要步骤如下:

在“标注”工具栏中单击“线性标注”按钮 执行命令

指定第一条尺寸界线原点或〈选择对象〉: 指定 B 点

指定第二条尺寸界线原点： 指定 *C* 点

指定尺寸线位置或

[多行文字(M)/文字(T)/角度(A)/水平(H)/垂直(V)/旋转(R)]： 指定 *E* 点

标注文字＝29

结果如图 7.32(b)所示。

在“标注”工具栏中单击“线性标注”按钮 执行命令

指定第一条尺寸界线原点或〈选择对象〉： 指定 *B* 点

指定第二条尺寸界线原点： 指定 *C* 点

指定尺寸线位置或

[多行文字(M)/文字(T)/角度(A)/水平(H)/垂直(V)/旋转(R)]： 输入参数 R

指定尺寸线的角度〈0〉：30 输入旋转角度

标注文字＝40

结果如图 7.32(d)所示。

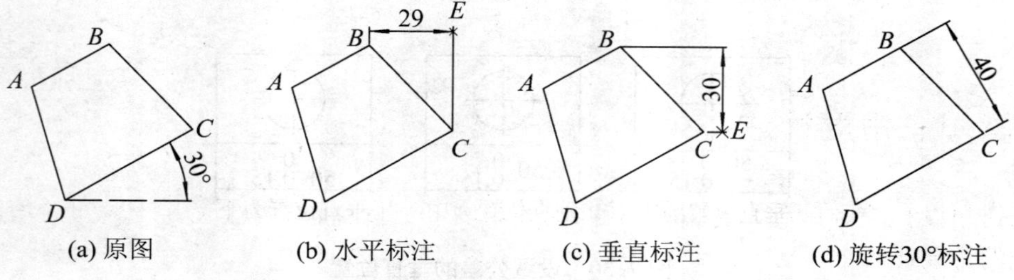

图 7.32 线性标注的 3 种方式

在创建时具体参数的意义如下：

水平：用于测量平行于 *X* 轴的两个点之间的距离。

垂直：用于测量平行于 *Y* 轴的两个点之间的距离。

旋转：用于测量当 UCS 中指定方向上两点之间的距离，需要依照图形指定旋转的角度。

多行文字：在线性标注的命令提示行中输入 M，可打开“多行文字编辑器”对话框，其中尖括号(〈〉)表示生成的标注文字，用户可以将其删除输入新的文字，也可以在尖括号前后输入其他内容。通常情况，在标注中输入堆叠符号，特殊符号需要使用多行文字。

文字：在命令提示行中输入 T，可直接在命令提示行输入新的标注文字。

角度：在命令提示行中输入 A，可指定标注文字的角度。

提示：在标注时通过将光标移动到不同的位置，可由系统自动指定标注水平尺寸还是垂直尺寸。

利用选项改变标注文字时，会失去尺寸标注的关联性，即当标注对象改变时，标注尺寸数字不能自动随之改变。

7.2.2 对齐标注

创建尺寸线与标注对象平行的标注。通常，在直线的倾斜角度未知的情况下，选择该命令。创建的具体步骤如下：

在“标注”工具栏中单击“对齐标注”按钮 执行命令

指定第一条尺寸界线原点或〈选择对象〉： 指定 B 点

指定第二条尺寸界线原点： 指定 C 点

指定尺寸线位置或[多行文字(M)/文字(T)/角度(A)]： 指定 E 点

标注文字＝41

结果如图 7.33 所示。

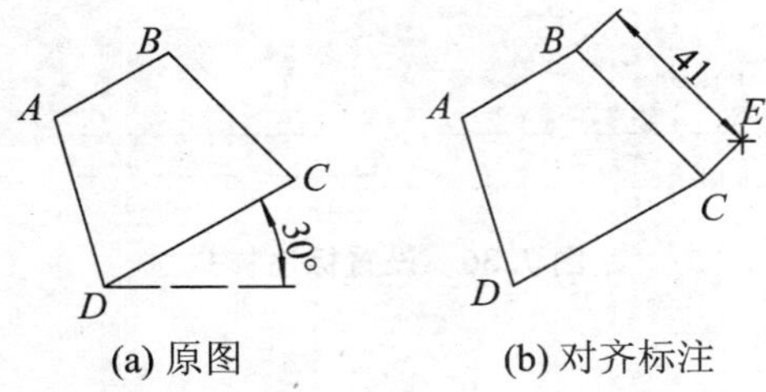

(a) 原图 (b) 对齐标注

图 7.33 对齐标注

7.2.3 角度标注

创建角度标注，可以用于测量圆和圆弧的角度、两直线间的角度或者三点间的角度。创建角度的主要步骤如下：

在“标注”工具栏中单击“角度标注”按钮 执行命令

选择圆弧、圆、直线或〈指定顶点〉： 选择直线 AC

选择第二条直线： 选择直线 AB

指定标注弧线位置或[多行文字(M)/文字(T)/角度(A)]： 指定标注位置

标注文字＝45

标注结果如图 7.34 所示。

在机械制图中，国标要求角度的数字一律写成水平方向，注在尺寸线中断处，必要时可以写在尺寸线上方或外边，也可以引出。为了满足要求，在使用 AutoCAD 设计标注样式时，可以将创建角度标注样式族，方便角度的标注，如图 7.35 和图 7.36 所示。

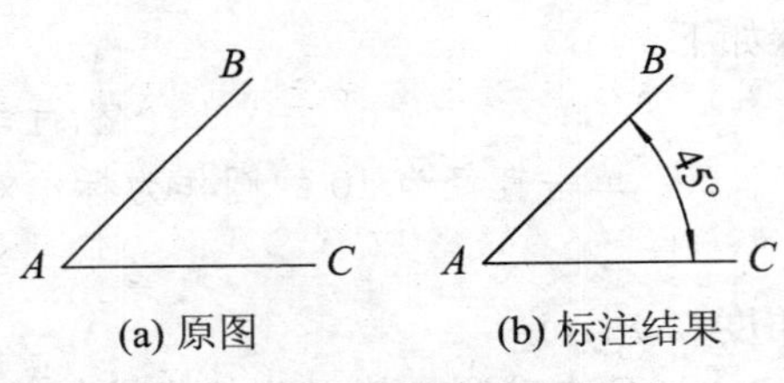

(a) 原图 (b) 标注结果

图 7.34 角度标注

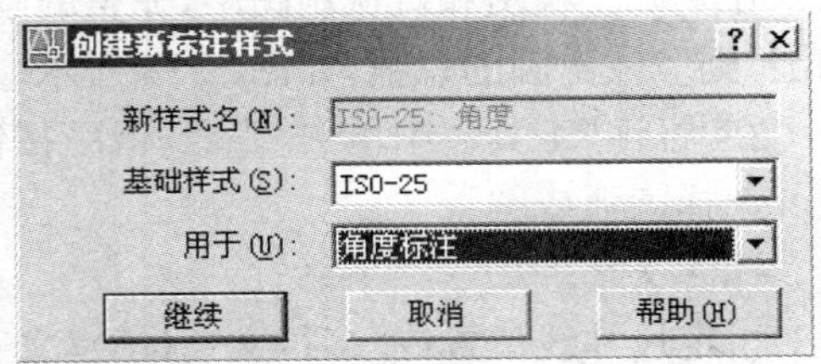

图 7.35 创建角度标注样式族

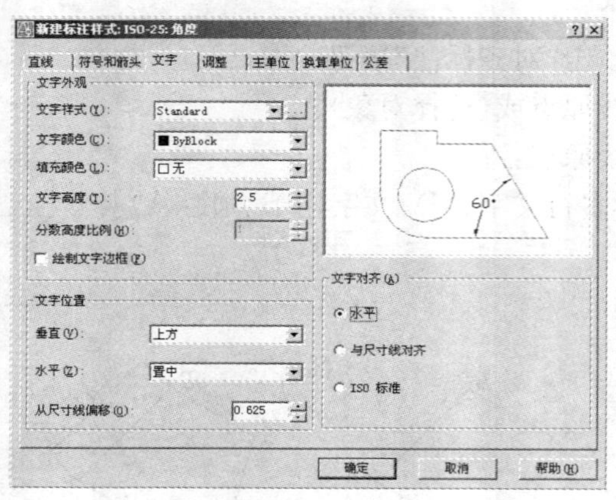

图 7.36 设置标注样式

7.2.4 标注半径和直径

创建半径标注。AutoCAD 可以在标注文字前自动添加符号 *R* 或直径符号 Ø，步骤如下：

在“标注”工具栏中单击“半径标注”按钮或“直径标注”按钮 执行命令

选择圆弧或圆： 拾取圆 *O*

标注文字＝20

指定尺寸线位置或[多行文字(M)/文字(T)/角度(A)] 指定 *A* 点

标注结果如图 7.37 所示。

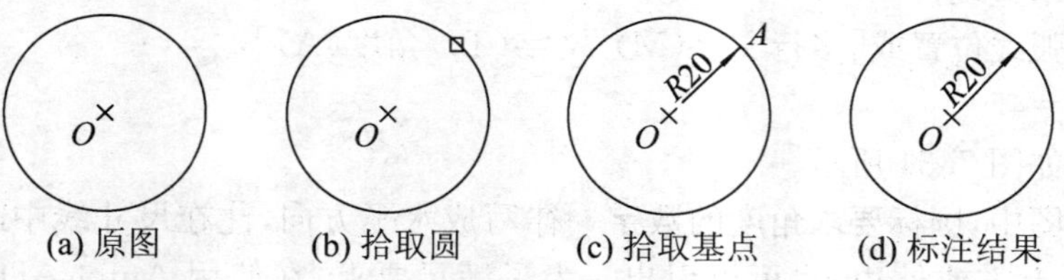

(a) 原图 (b) 拾取圆 (c) 拾取基点 (d) 标注结果

图 7.37 半径标注

在采矿工程图和机械制图中，完整的圆应使用直径标注，如果图形中包含多个规格相同的圆，则应注出圆的总数，如图 7.38 所示，具体步骤如下：

在“标注”工具栏中单击“直径标注”按钮 执行命令

选择圆弧或圆： 单击直径为 10 的圆作为标注对象

标注文字＝10

指定尺寸线位置或[多行文字(M)/文字(T)/角度(A)]：m

输入参数 m，打开“多行文字编辑器”对话框，AutoCAD 自动测量值以蓝色背景色显示，无须改动，直接在该对话框中输入数字“6－”，单击“确定”按钮，如图 7.39 所示。指定标注位置。

提示：要将“尺寸线放在圆弧外面”，可在“调整”选项卡的“调整”设置区中取消选择“始终在尺寸界线之间绘制尺寸线”复选框，如图 7.40 和 7.41 所示。也可不取消复选框，直接用分解(X)命令将标注对象分解，然后删去在尺寸界线之间的尺寸线。

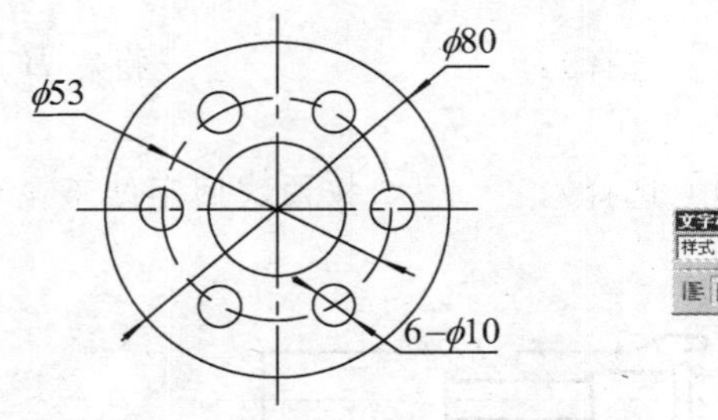

图 7.38 标注多个圆直径

图 7.39 利用“多行文字编辑器”输入“6－”

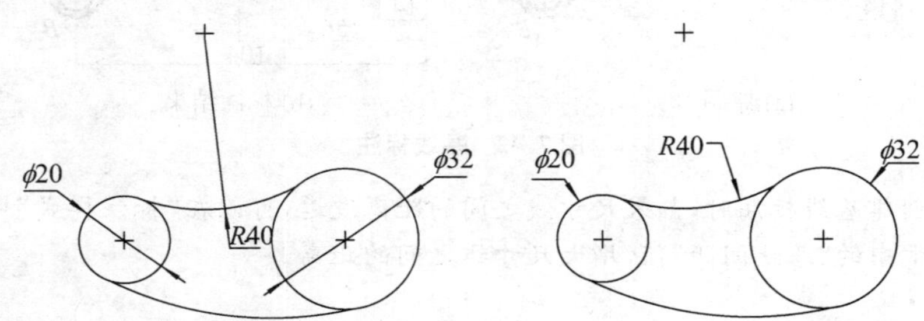

图 7.40 半径和直径的标注样式

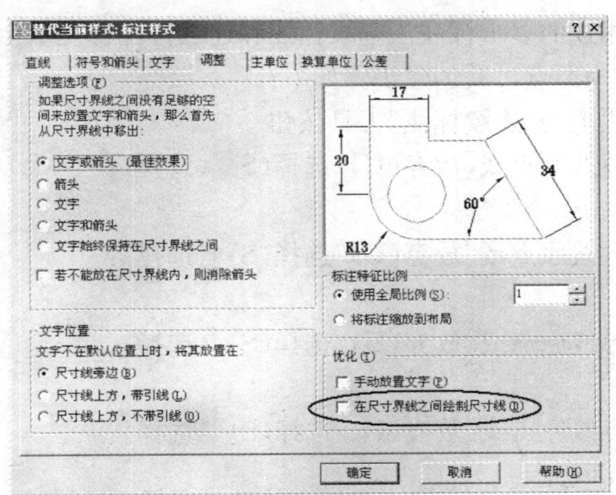

图 7.41 设置半径和直径的标注样式

7.2.5 基线标注

创建基线标注，必须先创建(或选择)一个线性、坐标或角标注作为基准标注。AutoCAD 将从基准标注的第一个尺寸界线处测量基准线标注，具体步骤如下：

单击“标注”工具栏上的“连续标注”工具按钮 执行命令

指定第二条尺寸界线原点或[放弃(U)/选择(S)]〈选择〉：s 输入参数

选择基准标注：　　选择数值为 14 的线性标注的左边界作为基准

指定第二条尺寸界线原点或[放弃(U)/选择(S)]〈选择〉：　　指定 A 点

标注文字=56

指定第二条尺寸界线原点或[放弃(U)/选择(S)]〈选择〉：　　指定 B 点

标注文字=104

指定第二条尺寸界线原点或[放弃(U)/选择(S)]〈选择〉　　按两次回车结束命令

标注结果如图 7.42 所示。

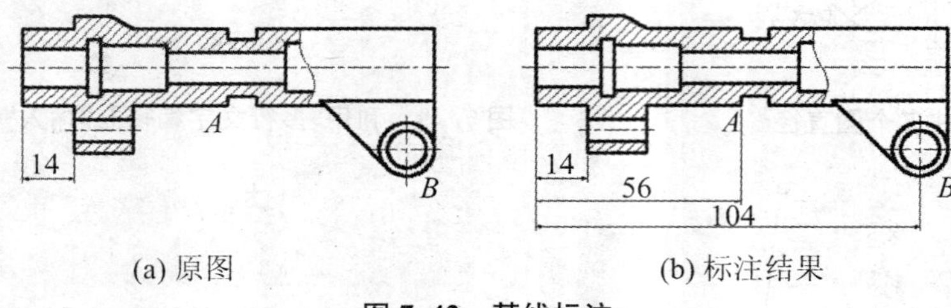

(a) 原图　　(b) 标注结果

图 7.42　基线标注

提示：在创建基线标注时，如果尺寸线之间的距离过近，可以在“标注样式”中更改“直线与箭头”选项卡中的“基线间距”值，增大尺寸线之间的距离。

7.2.6　连续标注

连续标注是首尾相连的多个标注。基线标注和连续标注都是从上一个尺寸界线处测量的，除非指定另一点作为原点。其创建步骤如下：

单击“标注”工具栏上的“连续标注”工具按钮　　执行命令

指定第二条尺寸界线原点或[放弃(U)/选择(S)]〈选择〉：　　指定 A 点

标注文字=4

指定第二条尺寸界线原点或[放弃(U)/选择(S)]〈选择〉：　　指定 B 点

标注文字=18

指定第二条尺寸界线原点或[放弃(U)/选择(S)]〈选择〉：　　指定 C 点

标注文字=32

指定第二条尺寸界线原点或[放弃(U)/选择(S)]〈选择〉：　　按两次回车结束命令

标注结果如图 7.43 所示。

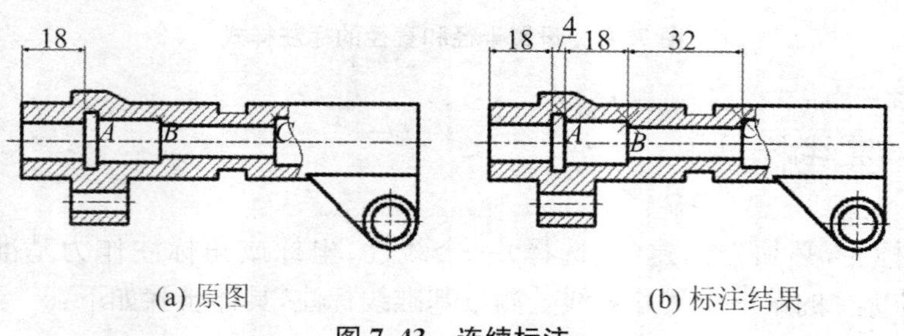

(a) 原图　　(b) 标注结果

图 7.43　连续标注

7.2.7　引线标注

在 AutoCAD 制图中，经常会用到文字标注图中的相关说明，并用引线指出具体标注的位置。引线对象是一条线或样条曲线，其一端带有箭头，另一端带有多行文字对象。在某些情况下，有一条短水平线（又称为钩线、折线或着陆线）将文字和特征控制框连接到引线上。引线与多行文字对象相关联，因此在重定位文字对象时，引线相应拉伸。

创建引线标注之前需要对引线标线的样式进行设置，主要是对它的颜色、箭头类型、尺寸和其他特征定义，具体步骤如下：

(1) 单击“标注”菜单“引线”。

(2) 按 Enter 键显示“引线设置”对话框并进行以下选择：

在“注释”选项卡中选择“多行文字”。在“引线和箭头”选项卡中选择“直线”。在“点数”下选择“无限制”。在“箭头”下拉菜单选择“实心闭合”，在“附着”选项卡中选中“最后一行加下划线”复选框。

(3) 单击“确定”按钮，如图 7.44 所示。

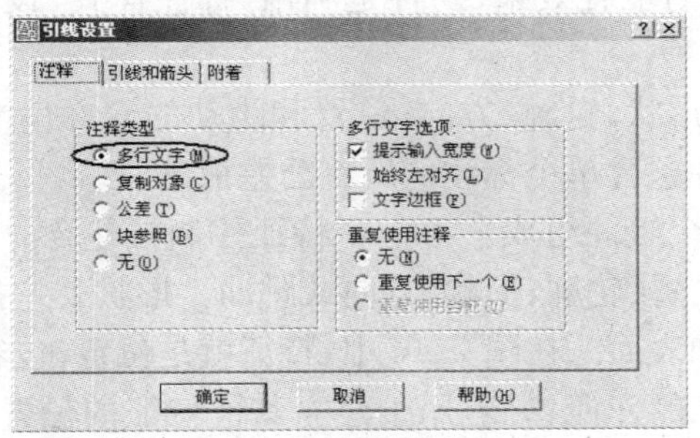

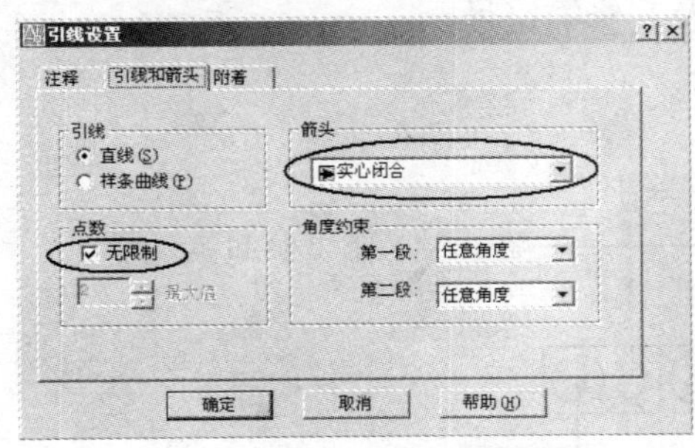

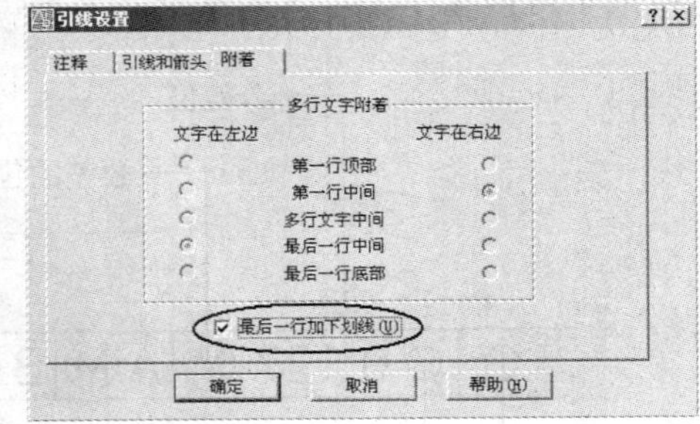

图 7.44　引线设置

创建引线标注的具体步骤如下：

单击“标注”工具栏中“引线”按钮	执行命令
指定第一个引线点或[设置(S)]〈设置〉:	指定 1 点
指定下一点：	指定 2 点
指定下一点：	按 Enter 键结束选择引线点
指定文字宽度〈0〉:	回车选取默认宽度
输入注释文字的第一行〈多行文字(M)〉:凿岩机	输入注释文字

输入注释文字的下一行：

按两次 Enter 结束命令，结果如图 7.45 所示。

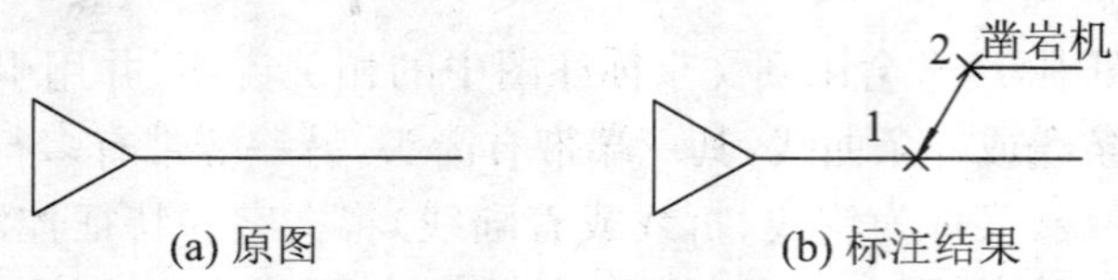

图 7.45　引线标注

7.2.8　公差标注

公差在采矿工程图和建筑工程图中几乎不存在，但在机械制图中又极其重要。公差标注通常有两种类型，一种是尺寸公差标注，一种是形位公差标注。

尺寸公差是指最大极限尺寸减最小极限尺寸之差，或上偏差减下偏差之差。它是可容许的尺寸变动量，尺寸公差是一个没有符号的绝对值。尺寸公差的标注方法有两种，一种是利用“多行文字编辑器”中的堆叠效果，一种是利用“标注样式”设置中“公差”选项卡，详见 6.4.2 节。

形位公差表示特征的形状、轮廓、方向、位置和跳动的允许偏差。可以通过特征控制框来添加形位公差，这些框中包含单个标注的所有公差信息。

特征控制框至少由两个组件组成。第一个特征控制框包含一个几何特征符号，表示应用公差的几何特征，例如位置、轮廓、形状、方向或跳动。形状公差控制直线度、平面度、圆度和圆柱度；轮廓控制直线和表面。在图 7.46 中，特征就是位置；包容条件用于大小可变的几何特征；基准是理论上精确的几何参照，用于建立其他特征的位置和公差带，特征控制框中的公差值最多可包含 3 个可选的基准参考字母及其修饰符号。

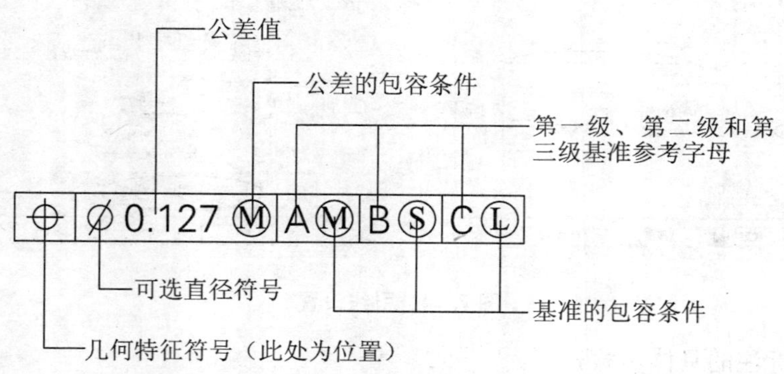

图 7.46　形位公差格式

1. 形位公差的创建

(1) 单击“标注”工具栏中“快速引线”。

(2) 在“形位公差”对话框中，如图 7.47 所示，单击“符号”下的第一个矩形，然后选择一个插入“平行度”符号。

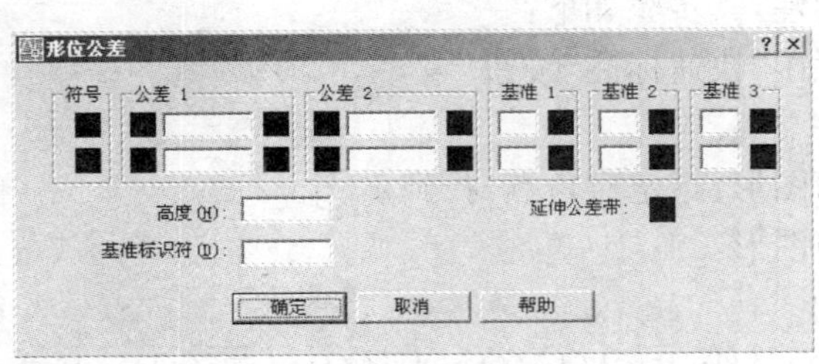

图 7.47　设置形位公差

(3) 在“公差 1”下，单击第一个黑框，插入直径符号。

(4) 在文字框中，输入第一个公差值 0.05。

(5) 添加包容条件，单击第二个黑框，然后单击“包容条件”对话框中的“最大包容条件”符号以进行插入，如图 7.48 所示。

(6) 在“形位公差”对话框中，加入第二个公差值(可选并且与加入第一个公差值方式相同)。

(7) 在“基准 1”下输入基准参考字母 A。

(8) 单击黑框，为基准参考插入“最小包容条件”符号。

(9) 在“高度”框中输入高度(可选)。

(10) 单击“投影公差带”方框，插入符号(可选)。

(11) 在“基准标识符”框中添加一个基准值(可选)。

(12) 单击“确定”。

(13) 在图形中指定特征控制框的位置，结果如图 7.49 所示。

2. 形位公差标注常和引线标注结合使用

(1) 在命令行中输入 leader。

(2) 指定引线的起点。

(3) 指定引线的第二点。

(4) 按两次 Enter 键显示“注释”选项。

(5) 输入 t(公差)，然后创建特征控制框。

特征控制框将自动附着到引线的端点，结果如图 7.50 所示。

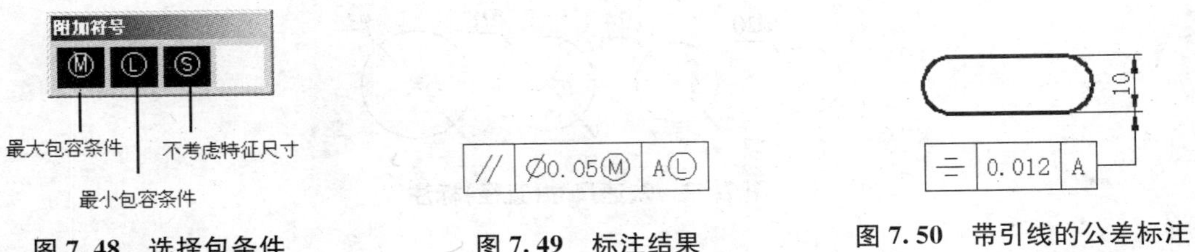

图 7.48　选择包条件　　图 7.49　标注结果　　图 7.50　带引线的公差标注

7.2.9　快速标注

创建系列基线或连续标注，或者为一系列圆或圆弧创建标注时，此命令特别有用。

创建快速(连续)标注,其步骤如下:

单击"标注"工具栏中"快速标注"按钮　　执行命令

关联标注优先级=端点

选择要标注的几何图形:指定对角点:找到 12 个　　利用窗口选择标注对象

选择要标注的几何图形:　　按回车确定对象

指定尺寸线位置或

[连续(C)/并列(S)/基线(B)/坐标(O)/半径(R)/直径(D)/基准点(P)/编辑(E)/设置(T)]　　指定标注的位置

〈连续〉:

标注结果如图 7.51 所示。

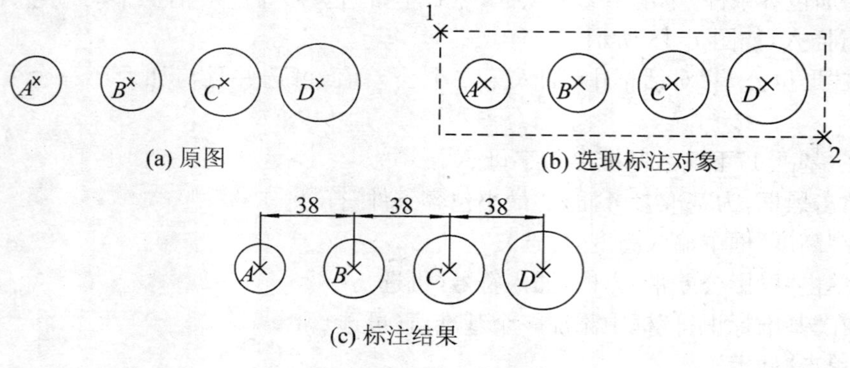

图 7.51　快速尺寸(连续)标注

如果想要同时标注图中 4 个圆的直径,可按如下步骤标注:

(1) 单击"标注"工具栏中"快速标注"按钮。

(2) 选择要标注的圆,这里是圆 A、圆 B、圆 C 和圆 D。

(3) 回车确认选择对象。

(4) 输入参数 D,表示标注对象的直径,按回车键。

(5) 指定标注的位置。

标注结果如图 7.52 所示。

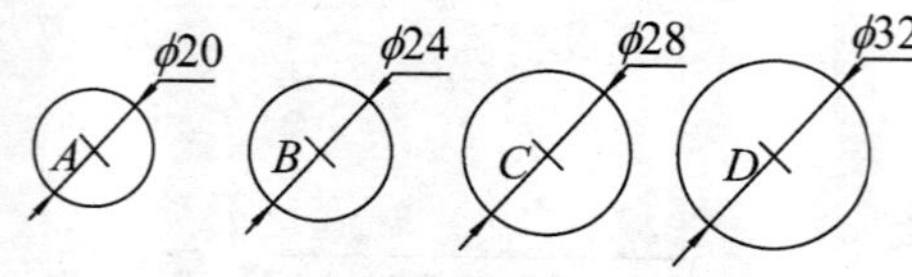

图 7.52　快速尺寸(直径)标注

7.2.10　坐标标注

坐标标注测量原点(称为基准)到标注特征(例如部件上的一个孔)的垂直距离。这种标注保持特征点与基准点的精确偏移量,从而避免增大误差。

创建坐标标注，如图 7.53 所示，以圆心 A 为例具体步骤如下：

(1) 单击“标注”工具栏中“坐标工具”按钮。

(2) 指定圆心点 A。水平或竖直移动光标，程序将自动确定它是 X 基准坐标标注还是 Y 基准坐标标注。

(3) 指定标注位置。

(4) 重复命令指定 A 另一基准坐标。

提示：不管当前标注样式定义的文字方向如何，坐标标注文字总是与坐标引线对齐。程序使用当前 UCS 的绝对坐标值确定坐标值。在创建坐标标注之前，通常需要重设 UCS 原点与基准相符。

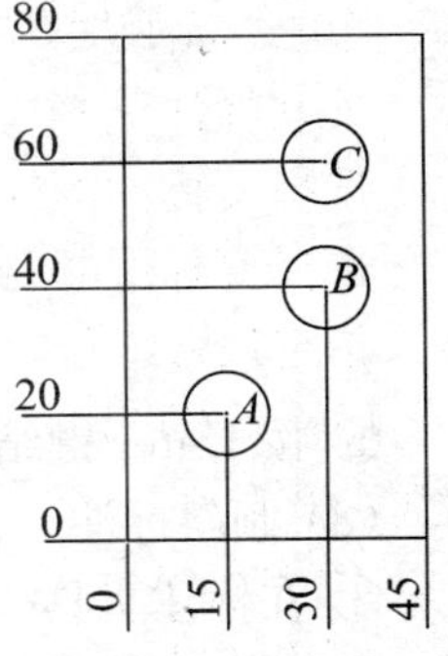

图 7.53　坐标标注

7.3　标注的编辑

生成尺寸标注后，可以通过修改标注样式编辑尺寸标注，也可以使用编辑标注命令修改图形中现有标注对象的所有部分，这样可以使标注的结果更加美观、整洁。

1. 使用标注样式管理器修改尺寸标注

在 AutoCAD 中，利用标注样式管理器修改尺寸标注的步骤如下：

(1) 单击“格式”中“标注样式”命令，弹出“标注样式管理器”对话框。

(2) 在“样式”列表中选择需要修改的标注样式，并置为当前。

(3) 单击“修改”或“替代”按钮，这里“修改”是修改选择中的标注样式，“替代”是设置一种临时标注样式。

(4) 按照需要对“修改标注样式”对话框的各选项卡中的参数进行重设。

(5) 单击“确定”按钮再单击“关闭”按钮。

2. 使用编辑标注命令编辑尺寸标注

单击标注工具栏上的“编辑标注”按钮，可以执行“编辑标注”命令。系统提示标注类型分别是：新建、旋转、倾斜。具体步骤如下：

(1) 设置新的标注文字

① 在标注工具栏中单击“编辑标注”按钮。

② 在命令提示行中输入 N，按 Enter 键，弹出“多行文字编辑器”对话框。

③ 在文字编辑框中，输入直径符号“%%c”，单击“确定”，关闭“多行文字编辑器”。

④ 在图形中选择需要编辑的标注。

⑤ 按 Enter 键结束命令。

结果如图 7.54 所示。

(2) 旋转标注文字

① 在标注工具栏中单击“编辑标注”按钮。

② 在命令提示行中输入 R，旋转标注文字。

③ 指定标注文字旋转的角度，如 90°。

④ 在图形中选择需要编辑的标注。

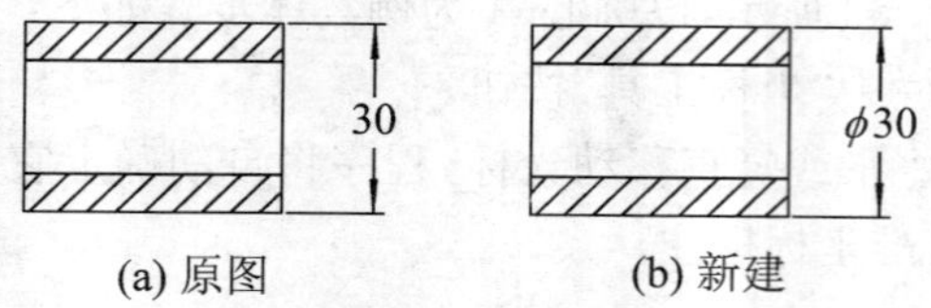

(a) 原图　　(b) 新建

图 7.54　设置新的标注文字

⑤ 按 Enter 键结束命令,结果如图 7.55 所示。

(3) 倾斜标注

① 在标注工具栏中单击"编辑标注"按钮。

② 在命令提示行中输入 O,按 Enter 键。

③ 选择需要编辑的标注,按 Enter 键结束对象的选择。

④ 输入标注倾斜的角度,如−15°。

⑤ 按 Enter 键结束命令,标注的结果如图 7.56 所示。

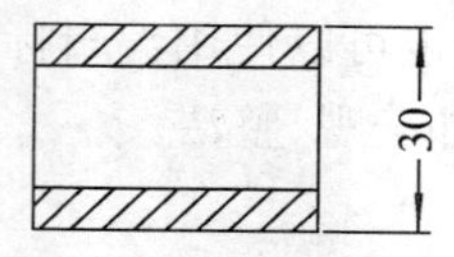

图 7.55　旋转标注文字

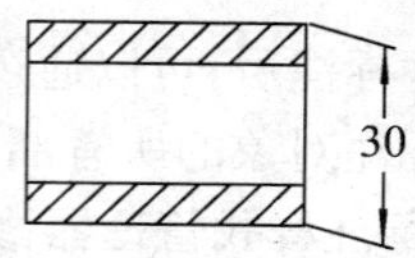

图 7.56　倾斜标注

提示:倾斜标注一般在尺寸界线与其他对象有冲突或重叠时使用。

(4) 编辑文字命令调整文字位置

执行"编辑标注文字"命令可以修改文字的位置,例如将图 7.57 中标注文字右对齐,具体步骤如下:

① 在标工具栏中单击"编辑标注文字"按钮。

② 选择编辑对象,如 40。

③ 在命令行中输入参数 R,并按 Enter 键结束命令,结果如图 7.57(b)所示,标注文字沿尺寸线方向右对齐。

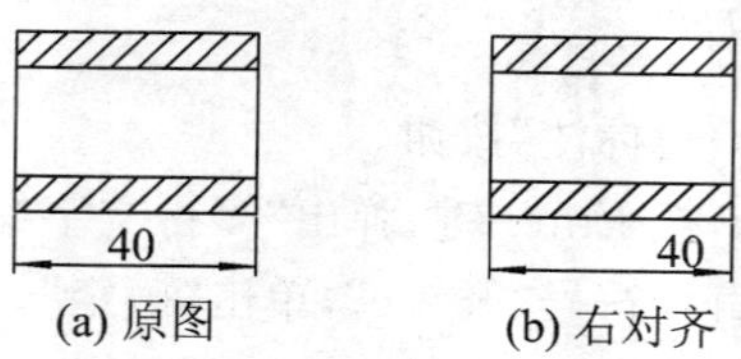

(a) 原图　　(b) 右对齐

图 7.57　标注文字右对齐

(5) 其他编辑方法

对尺寸标注编辑还可以通过对象特性窗口和夹点进行编辑。前者在执行"对象特性"命令,弹出"对象特性窗口",在窗口中对需要修改的参数进行重设后回车;后者在命令行为空时选中需要编辑的尺寸标注,选中需要更改位置的夹点,将夹点拖至需要的位置后单击鼠标左键确认即可。

7.4　综 合 示 例

通过上面的学习，我们已经掌握了各类尺寸标注的方法。下面通过标注定位板零件，如图 7.58 所示，进一步加强对尺寸标注方法的应用。

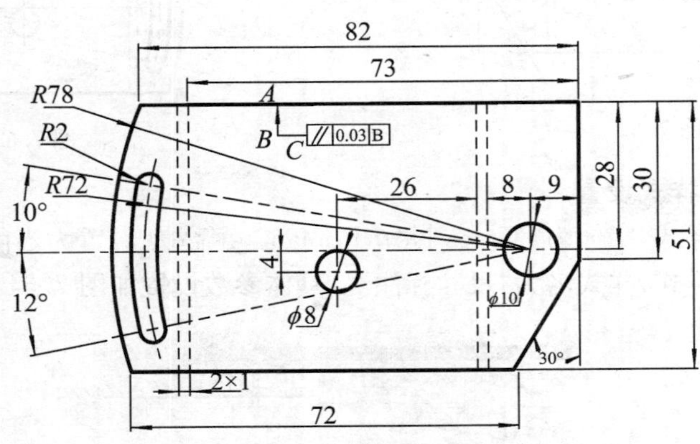

图 7.58　标注定位板零件

1. 绘制图形

(1) 设置作图区域的大小为 120×100，再设定全局线型比例因子为 0.2。

(2) 绘制矩形。在绘图左下角任点一点，第二点使用相对坐标@100×51，利用分解命令分解矩形，删除左边直线，利用偏移命令将上边界向下偏移 28 个单位，如图 7.59 所示。

(3) 绘制直线。利用偏移命令将矩形右边界偏移 17 个单位，再将偏移好的直线偏移 2 个单位，形成两条平行线。复制两直线距右边界 73 个单位，如图 7.60 所示。

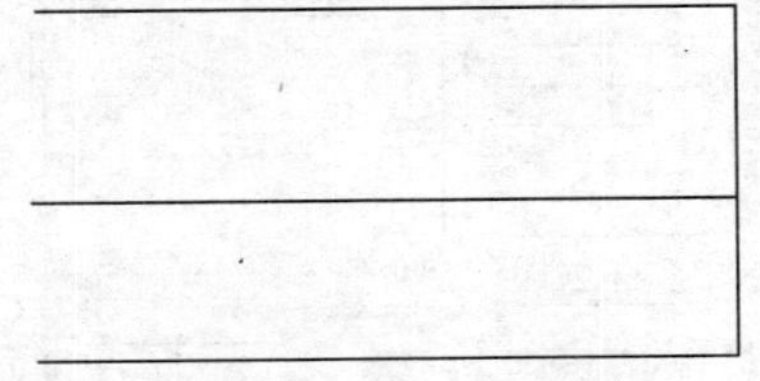

图 7.59

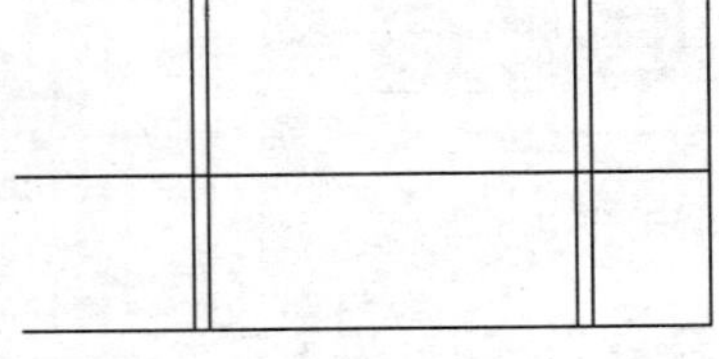

图 7.60

(4) 绘制圆 A、B 和圆弧 CD 的定位线。对于直线 AC、AD 可利用相对极坐标作出，以 A 点为第一点，第二点分别输入@100<170 和@100<192 得到直线 AC 和 AD，如图 7.61 所示。

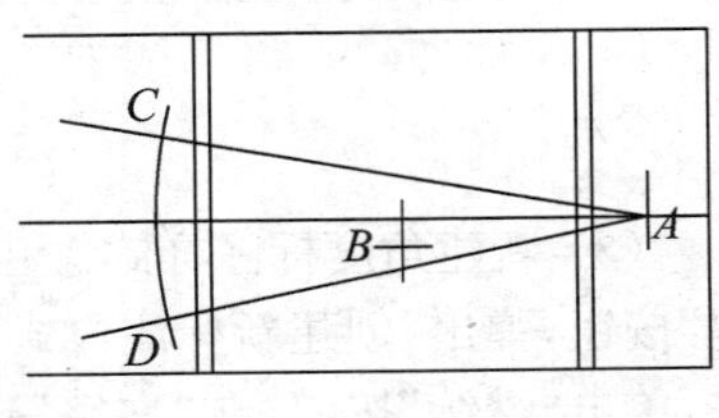

图 7.61

(5) 绘制圆 A、B，半径分别为 5 和 4 个单位。以 A 点为圆心，78 为半径作圆 F。偏移定位弧 CD，分别向两侧偏移 2 个单位。作与 X 轴正方向夹角为 60 度的构造线，利用对象追踪交矩形于 G、H 两点，如图 7.62 所示。

(6) 利用 tr 修剪命令将多余的对象删去，然后修改不适当的线型，最后改变轮廓线宽，结果如图 7.63 所示。

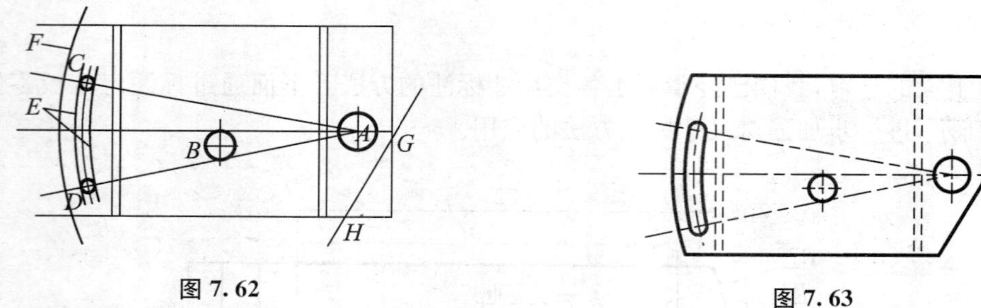

图 7.62　　　　图 7.63

2. 文字和标注样式设置

(1) 新建文字样式，字体为“Times New Roman”，字高为 2，置为当前。

(2) 新建标注样式，样式名为“尺寸标注”。具体参数设置如图 7.64 所示。

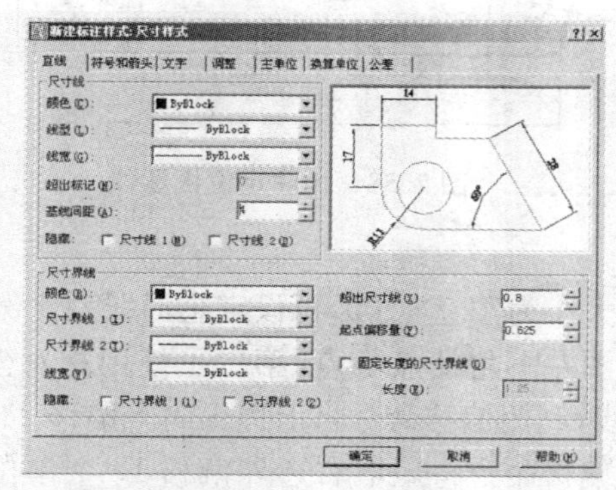

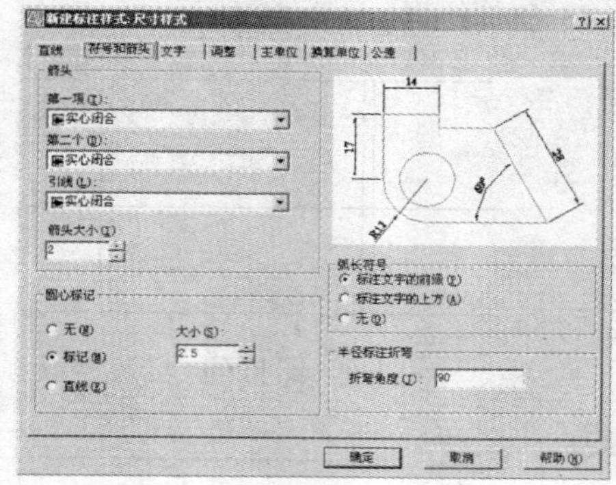

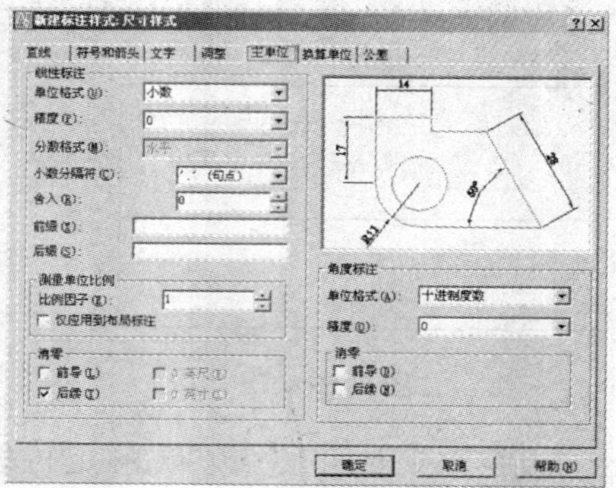

图 7.64　设置标注样式

(3) 新建角度标注样式。在“样式标注管理器”列表框中选择“尺寸样式”，然后单击“新建”按钮，弹出“创建新标注样式”对话框，“基础样式”选择“尺寸标注”；“用于”选择“角度”标注，单击“继续”按钮，在“文字”选项卡中将“文字对齐”选择“水平”，单击“确定”按钮，如图 7.65 所示。同理，设半径和直径标注样式，在“文字”选项卡中将“文字对齐”选择“水平”，单击“确定”按钮。将建好的标注样式置为当前，如图 7.66 所示。

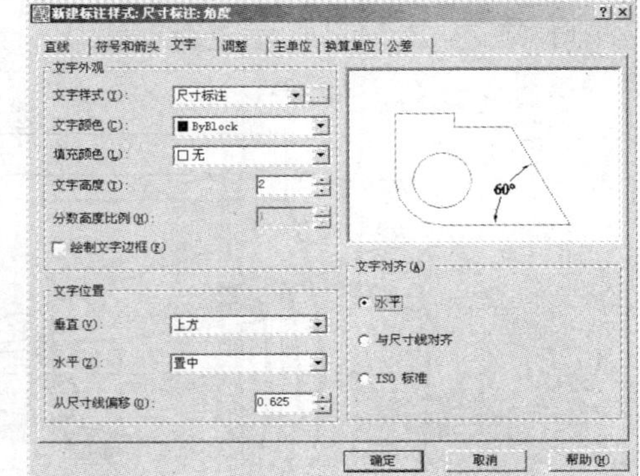

图 7.65　设置角度标注

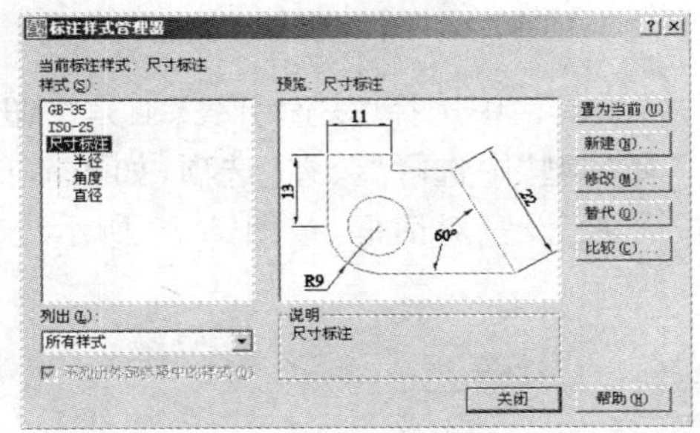

图 7.66　标注样式结果

3. 标注尺寸

（1）为了便于标注，可首先创建一个“标注”图层，并将其颜色设置为蓝色，其余设置均为默认。将“标注”图层设为当前图层。

（2）打开“对象捕捉”、“对象跟踪”和“极轴追踪”。单击“标注”工具栏中的“线性标注”按钮，按图 7.67 所示进行标注。其中宽度为“1”的两对平行虚线的标注需在线性标注提示输入参数时，输入参数 n，然后在命令提示行中输入“2×1”，按 Enter 键结束命令。

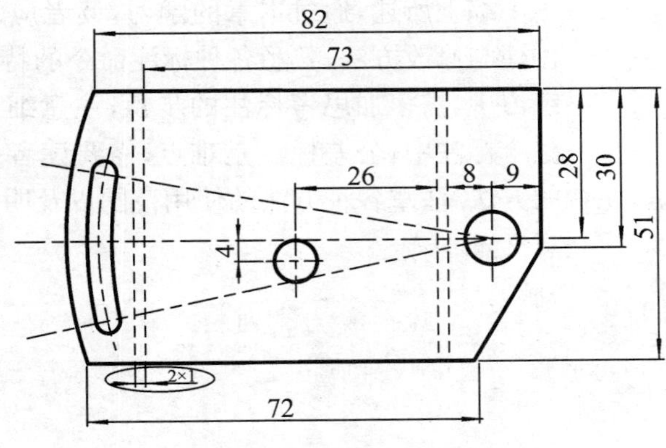

图 7.67　线性标注

(3) 半径和角度的标注。单击“标注”工具栏中的“半径标注”和“角度标注”按钮，依次选择标注的对象，按图 7.68 所示进行标注。

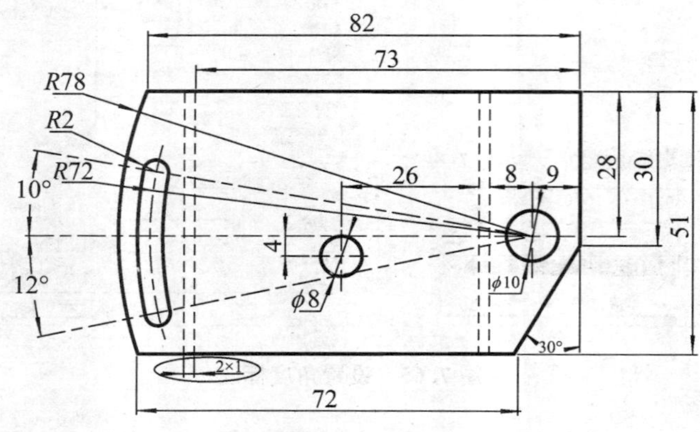

图 7.68　半径和角度标注

(4) 公差标注。在“标注”工具栏中选择“快速引线”工具按钮，然后直接按 Enter 键，弹出“引线设置”对话框，在“注释类型”中选择“公差”选项，如图 7.69 所示。接着指引线标注的 3 点位置，自动弹出“形位公差”设置对话框，按图 7.70 所示进行设置，单击“确定”，完成标注，如图 7.71 所示。

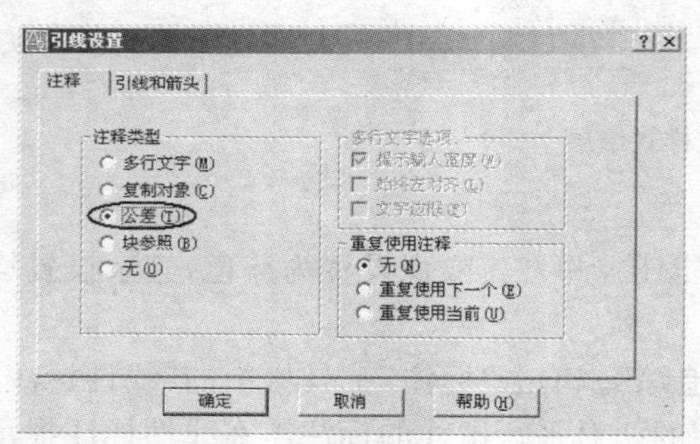

图 7.69　引线设置

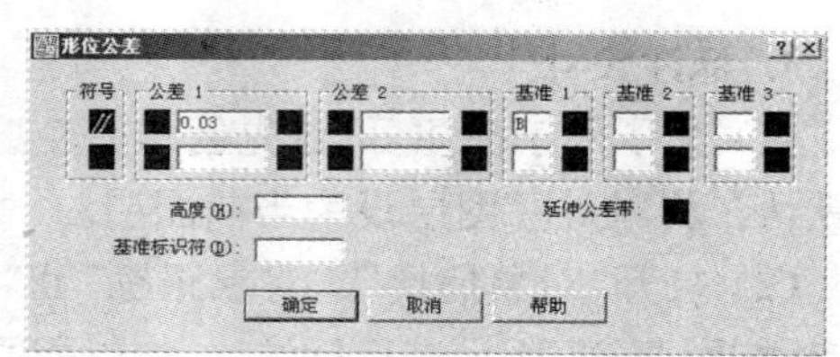

图 7.70　形位公差设置

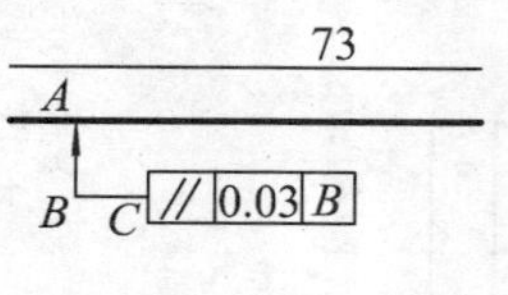

图 7.71　公差标注

综上所述，通过本章的学习，读者应掌握尺寸标注样式的创建与修改方法，熟悉各种标注命令的特点及用途。在今后的练习中，需多加思考标注的步骤，注意细节上的标注技巧。在整个标注中，公差标注是难点，需要读者多掌握几种公差标注的方法，注重各种方法的使用范围以及明白公差中各种符号的意义。

第8章　图 形 输 出

本章要点

- 了解输出设备的配置方法。
- 了解打印选项的设置方法。
- 熟悉图形输出的方式。

AutoCAD 2006 提供了图形输入与输出接口。不仅可以将其他应用程序中处理好的数据传送给 AutoCAD 2006 以显示其图形，还可以将在 AutoCAD 2006 中绘制好的图形打印出来，或者把它们的信息传送给其他应用程序。

此外，为适应互联网络的快速发展，使用户能够快速有效地共享设计信息，AutoCAD 2006 强化了其 Internet 功能，使其与互联网相关的操作更加方便、高效，可以创建 Web 格式的文件(DWF)以及发布 AutoCAD 图形文件到 Web 页。

8.1　配置输出设备

1. 配置打印机

(1) 启动 AutoCAD 2006→文件→打印，可以打开“打印-模型”对话框，如图 8.1 所示，用户可以根据自己配置的打印机从打印机名称下拉菜单中进行选择。

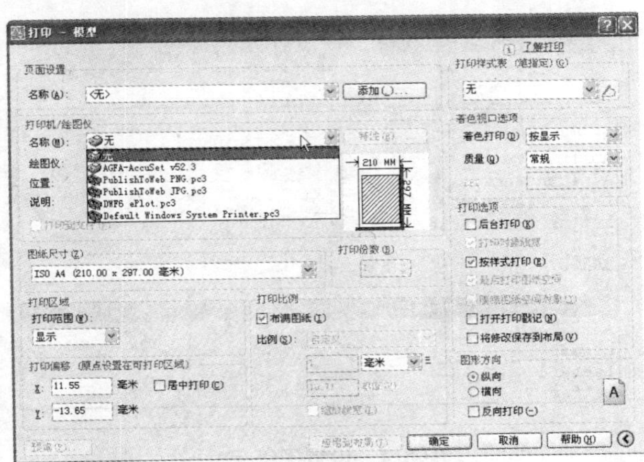

图 8.1　“打印-模型”对话框

(2) 如果列表中没有用户配置的型号,可以在操作系统中重新添加打印机,方法如下:

“开始”→“设置”→“打印机和传真”(图 8.2)→“添加打印机向导”(图 8.3)→“选择打印机型号”→完成。

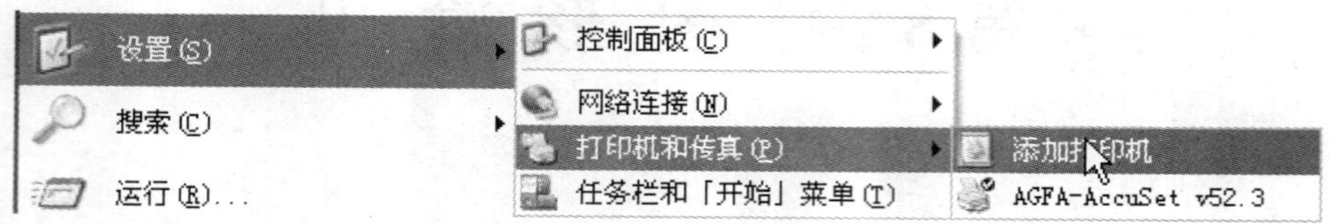

图 8.2　“开始”→“设置”→“打印机和传真”

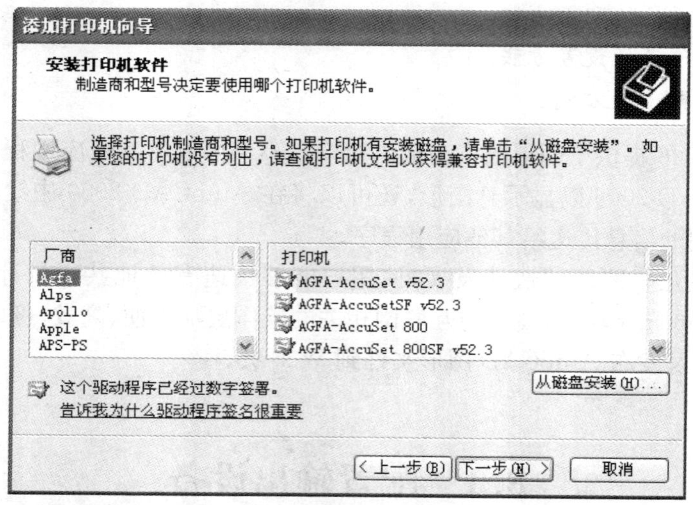

图 8.3　“添加打印机向导”对话框

2. 设置打印配置

(1) 图纸尺寸

在图纸尺寸下拉菜单中可以选择需要的图纸大小,如图 8.4 所示。

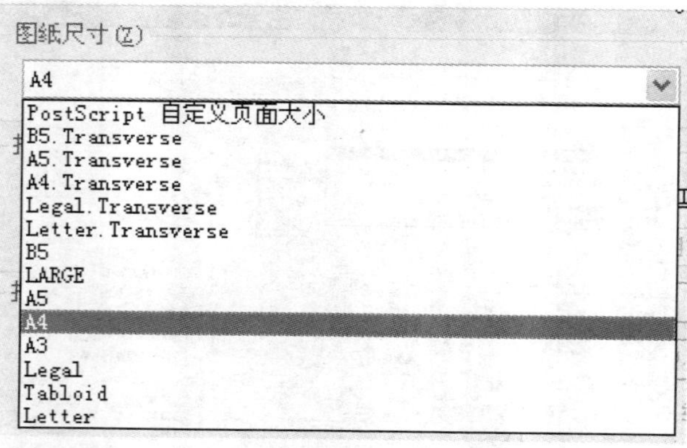

图 8.4　设置图纸尺寸

(2) 打印份数

可以设置图纸打印的份数，方便用户使用。

(3) 打印区域

用户可以根据自己的需要选择打印的区域，共 3 种方式，分别为“窗口”、“图形界限”、“显示”，如图 8.5 所示。在“打印偏移”区用户可以根据需要选择偏移数值以方便使用，一般建议采用“居中打印”。

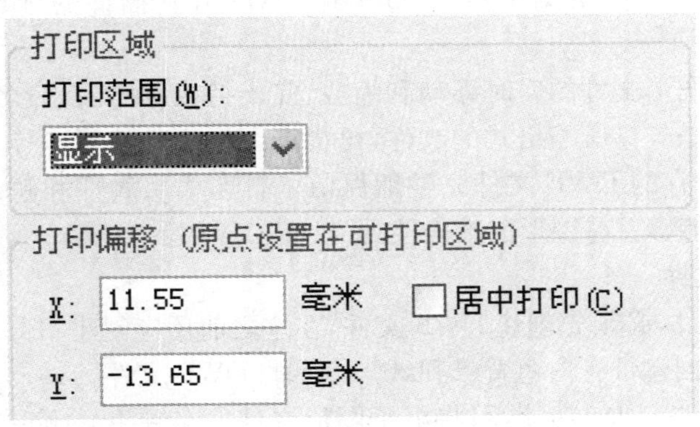

图 8.5　设置打印区域

(4) 打印比例

在“打印比例”区域可以选择打印图纸的比例，如果用户有特殊要求的话可以使用“自定义”选项，如图 8.6 所示。

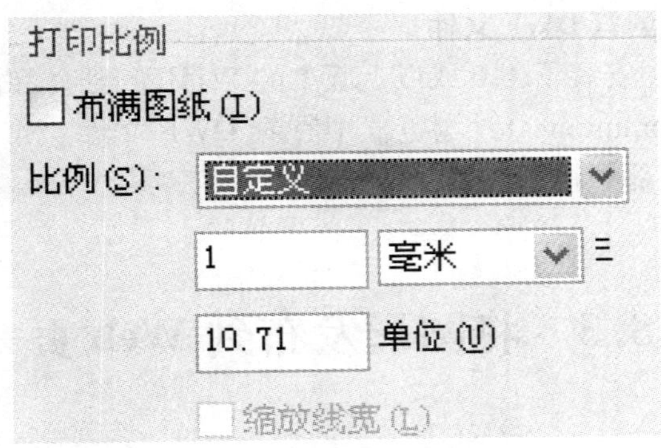

图 8.6　设置打印比例

(5) 打印预览

在打印输出图形之前可以预览输出结果，以检查设置是否正确。例如，图形是否都在有效输出区域内等。选择“文件”|“打印预览”命令(PREVIEW)，或在“标准”工具栏中单击“打印预览”按钮，可以预览输出结果。AutoCAD 将按照当前的页面设置、绘图设备设置及绘图样式表等在屏幕上绘制最终要输出的图纸。

(6) 打印图形

设置好相关选项后，就可以在图 8.1 中点击“确定”输出图纸。

8.2 发布 DWF 文件

现在，国际上通常采用 DWF（Drawing Web Format，图形网络格式）图形文件格式。DWF 文件可在任何装有网络浏览器和 Autodesk WHIP! 插件的计算机中打开、查看和输出。

DWF 文件支持图形文件的实时移动和缩放，并支持控制图层、命名视图和嵌入链接显示效果。DWF 文件是矢量压缩格式的文件，可提高图形文件打开和传输的速度，缩短下载时间。以矢量格式保存的 DWF 文件完整地保留了打印输出属性和超链接信息，并且在进行局部放大时，基本能够保持图形的准确性。

1. 输出 DWF 文件

要输出 DWF 文件，必须先创建 DWF 文件，在这之前还应创建 ePlot 配置文件。使用配置文件 ePlot. pc3 可创建带有白色背景和纸张边界的 DWF 文件。

通过 AutoCAD 的 ePlot 功能，可将电子图形文件发布到 Internet 上，所创建的文件以 Web 图形格式(DWF)保存。用户可在安装了 Internet 浏览器和 Autodesk WHIP! 4.0 插件的任何计算机中打开、查看和打印 DWF 文件。DWF 文件支持实时平移和缩放，可控制图层、命名视图和嵌入超链接的显示。

在使用 ePlot 功能时，系统先按建议的名称创建一个虚拟电子出图。通过 ePlot 可指定多种设置，如指定画笔、旋转和图纸尺寸等，所有这些设置都会影响 DWF 文件的打印外观。

2. 在外部浏览器中浏览 DWF 文件

如果在计算机系统中安装了 4.0 或以上版本的 WHIP! 插件和浏览器，则可在 Internet Explorer 或 Netscape Communicator 浏览器中查看 DWF 文件。如果 DWF 文件包含图层和命名视图，还可在浏览器中控制其显示特征。

8.3 将图形发布到 Web 页

在 AutoCAD 2006 中，选择"文件"|"网上发布"命令，即使不熟悉 HTML 代码，也可以方便、迅速地创建格式化 Web 页，该 Web 页包含有 AutoCAD 图形的 DWF、PNG 或 JPEG 等格式图像。一旦创建了 Web 页，就可以将其发布到 Internet 上。

第9章 三维绘图基础

本章要点

◆ 了解视图观测点的设立方法并掌握坐标系以及简单三维图形的绘制方法。

◆ 掌握基本三维曲面和实体的绘制方法，掌握创建拉伸实体、创建放样实体等复杂三维实体的绘制方法。

◆ 掌握三维编辑命令以及渲染操作。

三维模型可以分为线架模型、曲面模型以及实体模型3种。

线架模型用来描述三维对象的轮廓及断面特征，它主要由点、直线、曲线等组成，不具有面和体的特征。

曲面模型用来描述曲面的形状，一般是将线架模型经过进一步处理得到的。曲面模型不仅可以显示出曲面的轮廓，而且可以显示出曲面的真实形状。

实体模型具有体的特征，它由一系列表面包围，这些表面可以是普通的平面也可以是复杂的曲面。

9.1 三维坐标系

9.1.1 坐标系

AutoCAD采用世界坐标系和用户坐标系。世界坐标系简称 WCS，用户坐标系简称 UCS。在屏幕上绘图区的左下角有一个反映当前坐标系的图标，图标中 X、Y 的箭头表示当前坐标系 X 轴、Y 轴的正方向，系统默认当前坐标系为 WCS，否则为 UCS。

1. 世界坐标系

世界坐标系（World Coordinate System，简称 WCS）是一种固定的坐标系，即原点和各坐标轴的方向固定不变。三维坐标与二维坐标基本相同，只不过是多了个第三维坐标即 Z 轴。在三维空间绘图时，需要指定 X、Y 和 Z 的坐标值才能确定点的位置。当用户以世界坐标的形式输入一个点时，可以采用直角坐标、柱面坐标和球面坐标的方式来实现。

2. 用户坐标系

用户坐标系（User Coordinate System，简称 UCS）是 AutoCAD 2006 绘制三维图形的重要工具。由于世界坐标系（WCS）是一个单一固定的坐标系，绘制二维图形虽完全可以满足要求，但对于绘制三维图形时，则会产生很大的不便。为此 AutoCAD 允许用户建立自己的坐标系，即用户坐标系。

操作步骤：

从菜单栏输入“工具”→“新建 UCS”命令，执行结果可以在子菜单中选择。

3. 坐标系的方向

右手法则：以相互垂直的右手的大拇指（为 X 轴正向），食指（为 Y 轴正向），中指（为 Z 轴正向）表示。

9.1.2 创建用户坐标系

1. 球坐标

(1) 功能

三维球坐标通过指定某个位置距当前 UCS 原点的距离、在 XY 平面中与 X 轴所成的角度以及与 XY 平面所成的角度来指定该位置。

(2) 使用方法

命令：units（或'units，用于透明使用）

输入相对球坐标的步骤：

提示输入点时，使用以下格式输入坐标值：

@x<与 x 轴之间的角度<与 xy 平面之间的角度。

例如，@4<60<30 表示距上一个测量点 4 个单位、在 XY 平面中与 X 轴正方向成 60 度角以及与 XY 平面成 30 度角的位置。

(3) 注意

假设动态输入处于关闭状态，即坐标在命令行上输入。如果启用动态输入，可以使用＃前缀来指定绝对坐标。

在图 9.1 所示的插图中，坐标 8<60<30 表示在 XY 平面中距当前 UCS 的原点 8 个单位、在 XY 平面中与 X 轴成 60 度角以及在 Z 轴正向上与 XY 平面成 30 度角的点。坐标

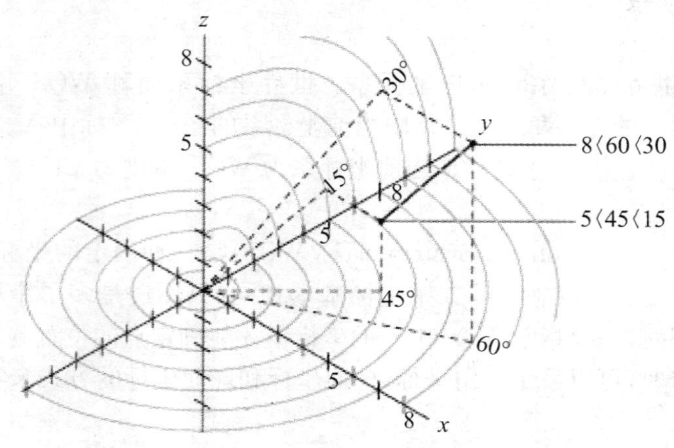

图 9.1 球坐标示例

5〈45〈15表示距原点5个单位、在*XY*平面中与*X*轴成45度角、在*Z*轴正向上与*XY*平面成15度角的点。

需要基于上一点来定义点时，可以输入前面带有@符号的相对球坐标值。

2. 柱坐标

(1) 功能

三维柱坐标通过*XY*平面中与UCS原点之间的距离、*XY*平面中与*X*轴的角度以及*Z*值来描述精确的位置。

(2) 使用方法

命令：units(或'units，用于透明使用)

柱坐标输入相当于三维空间中的二维极坐标输入。它在垂直于*XY*平面的轴上指定另一个坐标。柱坐标通过定义某点在*XY*平面中距UCS原点的距离，在*XY*平面中与*X*轴所成的角度以及*Z*值来定位该点。

使用以下方式指定点：

X〈与*X*轴所成的角度，*Z*

(3) 注意

下例假设动态输入处于关闭状态，即坐标在命令行上输入。如果启用动态输入，可以使用＃前缀来指定绝对坐标。

在图9.2所示的插图中，坐标5〈60，6表示距当前UCS的原点5个单位、在*XY*平面中与*X*轴成60度角、沿*Z*轴6个单位的点。坐标8〈30，1表示在*XY*平面中距当前UCS的原点8个单位、在*XY*平面中与*X*轴成30度角、沿*Z*轴1个单位的点。

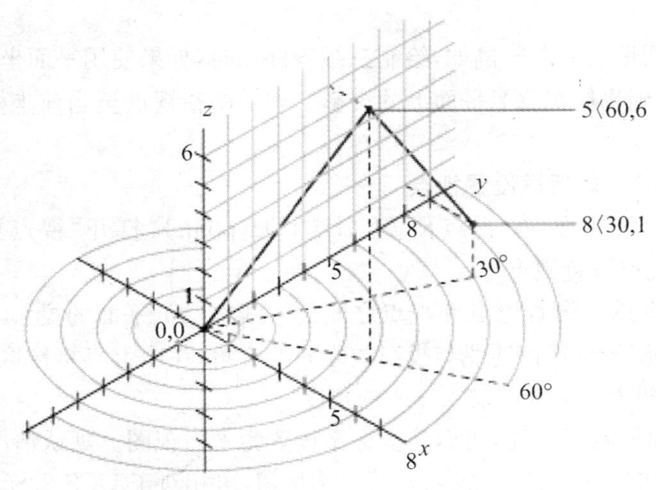

图9.2　柱坐标示例1

需要基于上一点来定义点时，可以输入带有@符号的相对柱坐标值。在图9.3所示的插图中，坐标@4〈45，5表示在*XY*平面中距上一输入点4个单位、与*X*轴正向成45度角、在*Z*轴方向延伸5个单位的点。

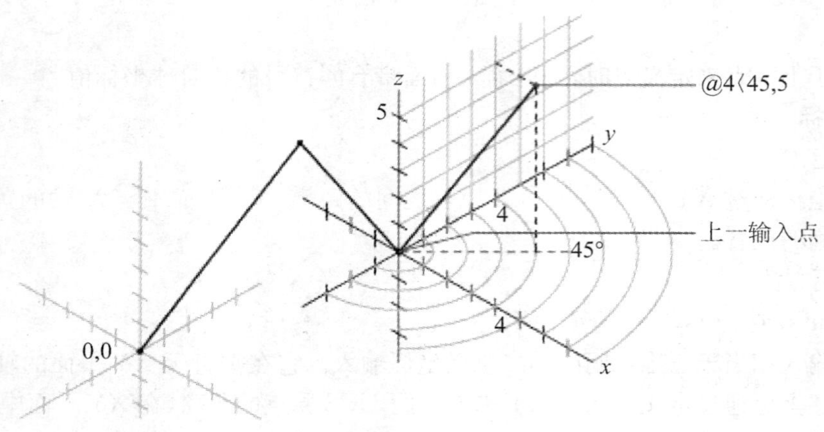

图 9.3　柱坐标示例 2

9.2　设 置 视 点

9.2.1　设立视图观测点

视点是指观察图形的方向。例如，绘制三维零件图时，如果使用平面坐标系即 Z 轴垂直于屏幕，此时仅能看到物体在 XY 平面上的投影。如果调整视点至当前坐标系的左上方，将看到一个三维物体。

1. 使用"视点预置"对话框设置视点

选择"视图"|"三维视图"|"视点预置"命令(Ddvpoint)，打开"视点预置"对话框，如图 9.4 所示为当前视口设置视点。

对话框中的左图用于设置原点和视点之间的连线在 XY 平面的投影与 X 轴正向的夹角；右面的半圆形图用于设置该连线与投影线之间的夹角，在图上直接拾取即可。也可以在"X 轴"、"XY 平面"两个文本框内输入相应的角度。

单击"设置为平面视图"按钮，可以将坐标系设置为平面视图。默认情况下，观察角度是相对于 WCS 坐标系的。选择"相对于 UCS"单选按钮，可相对于 UCS 坐标系定义角度。

2. 使用罗盘确定视点

选择"视图"|"三维视图"|"视点"命令(Vpoint)，可以为当前视口设置视点。该视点均是相对于 WCS 坐标系的。这时可通过屏幕上显示的罗盘定义视点。

三轴架的 3 个轴分别代表 X 轴、Y 轴和 Z 轴的正方向。当光标在坐标球范围内移动的时候，三维坐标系通过绕 Z 轴旋转可调整 X、Y 轴的方向。坐标球中心及两个同心圆可定义视点和目标点连线与 X、Y、Z 平面的角度。

3. 使用“三维视图”菜单设置视点

选择“视图”|“三维视图”子菜单中的“俯视”、“仰视”、“左视”、“右视”、“主视”、“后视”、“西南等轴测”、“东南等轴测”、“东北等轴测”和“西北等轴测”命令，从多个方向来观察图形(图 9.5)。

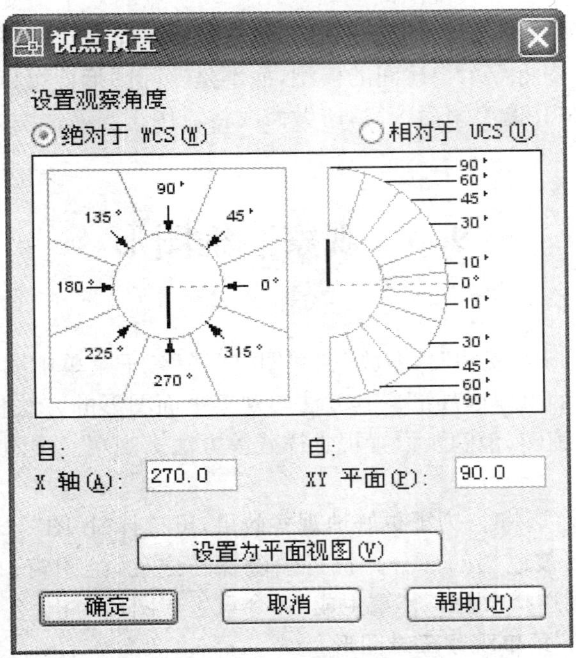

图 9.4　“视点预置”对话框

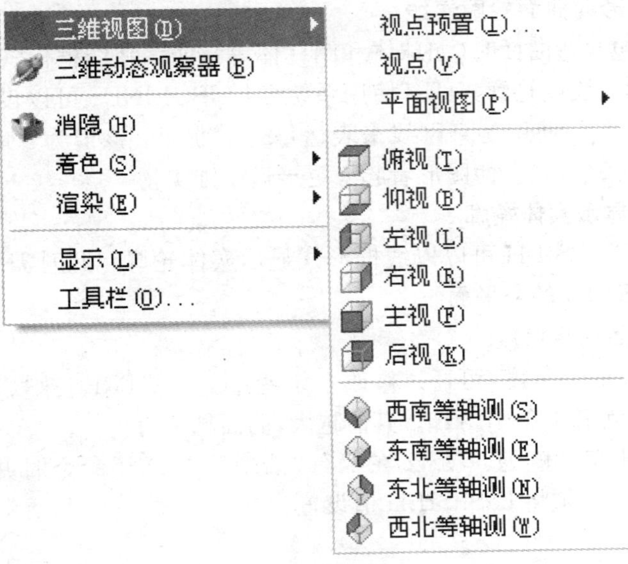

图 9.5　“三维视图”菜单

9.2.2 动态观察

可以结合使用平移和缩放功能，在不中断当前操作的情况下快速更改视图。

在动态观察时，可以在更改视图的同时显示更改视点的效果。使用此方法还可以通过只选择用于确定视图的对象，临时地简化视图。如果在没有选择任何对象的情况下按 Enter 键，三维动态观察器视图将显示小房间的模型，而不是实际图形。可以使用此房间定义观察角度和距离。完成调整并退出该命令后，所做修改将应用于当前视图中的整个三维模型。

9.3 观察三维图形

在 AutoCAD 中，使用“视图”|“缩放”、“视图”|“平移”子菜单中的命令可以缩放或平移三维图形，以观察图形的整体或局部。其方法与观察平面图形的方法相同。此外，在观测三维图形时，还可以通过旋转、消隐及设置视觉样式等方法来观察三维图形。

1. 消隐图形

在绘制三维曲面及实体时，为了更好地观察效果，可选择“视图”|“消隐”命令（Hide），暂时隐藏位于实体背后而被遮挡的部分。执行消隐操作之后，绘图窗口将暂时无法使用“缩放”和“平移”命令，直到选择“视图”|“重生成”命令重生成图形为止。

2. 使用“视觉样式”菜单观察三维图形

用户还可以通过选择“视图”|“视觉样式”子命令更加真实地观察三维图形，例如选择“概念”命令观察三维图形。

3. 改变三维图形的曲面轮廓素线

当三维图形中包含弯曲面时（如球体和圆柱体等），曲面在线框模式下用线条的形式来显示，这些线条称为网线或轮廓素线。使用系统变量 ISOLINES 可以设置显示曲面所用的网线条数，默认值为 4，即使用 4 条网线来表达每一个曲面。该值为 0 时，表示曲面没有网线，如果增加网线的条数，则会使图形看起来更接近三维实物。

4. 以线框形式显示实体轮廓

使用系统变量 DISPSILH 可以以线框形式显示实体轮廓。此时需要将其值设置为 1，并用“消隐”命令隐藏曲面的小平面。

5. 改变实体表面的平滑度

要改变实体表面的平滑度，可通过修改系统变量 FACETRES 来实现。该变量用于设置曲面的面数，取值范围为 0.01～10。其值越大，曲面越平滑。

如果 DISPSILH 变量值为 1，那么在执行“消隐”、“渲染”命令时并不能看到 FACETRES 设置效果，此时必须将 DISPSILH 值设置为 0。

9.4 绘制简单三维对象

1. 绘制三维点

选择“绘图”|“点”命令，或在“绘图”工具栏中单击“点”按钮，然后在命令行中直接输入三维坐标即可绘制三维点。

由于三维图形对象上的一些特殊点，如交点、中点等不能通过输入坐标的方法来实现，可以采用三维坐标下的目标捕捉法来拾取点。

二维图形方式下的所有目标捕捉方式在三维图形环境中可以继续使用。不同之处在于，在三维环境下只能捕捉三维对象的顶面和底面等一些特殊点，而不能捕捉柱体等实体侧面的特殊点，即在柱状体侧面竖线上无法捕捉目标点，因为柱体侧面上的竖线只是帮助显示的模拟曲线。在三维对象的平面视图中也不能捕捉目标点，因为在顶面上的任意一点都对应着底面上的一点，此时的系统无法辨别所选的点究竟在哪个面上。

2. 绘制三维直线

当在三维空间中指定两个点后，如点(0,0,0)和点(100,100,100)，这两个点之间的连线即是一条 3D 直线。

3. 绘制三维多段线

在二维坐标系下，使用“绘图”|“多段线”命令绘制多段线，尽管各线条可以设置宽度和厚度，但它们必须共面。三维多段线的绘制过程和二维多段线基本相同，但其使用的命令不同，另外在三维多段线中只有直线段，没有圆弧段。选择“绘图”|“三维多段线”命令(3Dpoly)，此时命令行提示依次输入不同的三维空间点，以得到一个三维多段线。

9.5 绘制三维曲面常用命令

表面模型用面描述三维对象，它不仅定义了三维对象的边界，而且还定义了表面，即具有面的特征。可从【绘图】→【曲面】中进入绘制三维曲面的光标菜单，如图 9.6 所示。

9.5.1 绘制基本三维曲面

1. 命令功能

命令沿常见几何体(包括长方体、圆锥体、球体、圆环体、楔体和棱锥体)的外表面创建三维多边形网格。

2. 命令调用方式

菜单方式:【绘图】→【曲面】→【三维曲面】

会弹出如图 9.7 所示的对话框。

键盘输入方式：3d

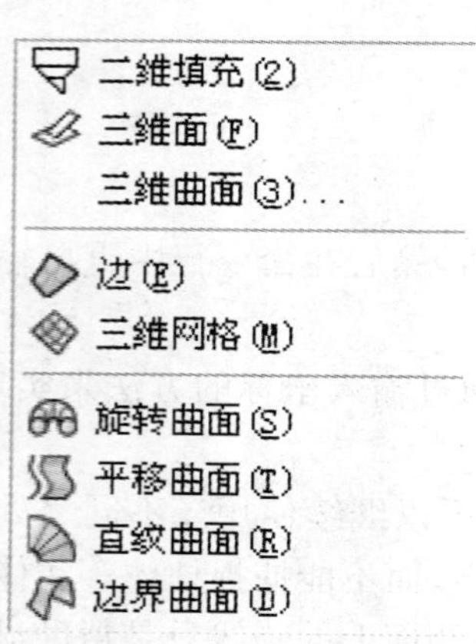

图 9.6　绘制三维曲面的光标菜单

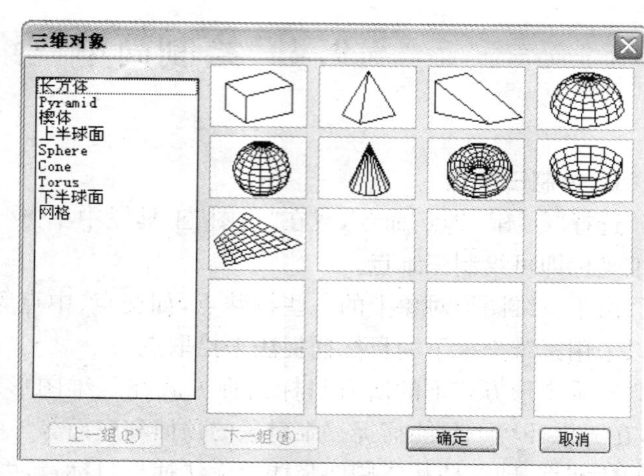

图 9.7　“三维对象”对话框

3. 命令操作

输入选项[框(B)/圆锥体(C)/下半球面(DI)/上半球面(DO)/网格(M)/棱锥面(P)/球面(S)/圆环面(T)/楔体表面(W)]：

4. 选项说明

(1) 框：创建三维长方体表面多边形网格。

① 宽度：指定长方体表面的宽度。相对于长方体表面的角点输入一个距离或指定一个点。

② 立方体：创建一个长、宽和高都相等的立方体表面。

(2) 圆锥体

创建圆锥状多边形网格。

① 底面半径：用半径定义圆锥面的底面。

② 底面直径：用直径定义圆锥面的底面。

(3) 下半球面

创建球状多边形网格的下半部分。

(4) 上半球面

创建球状多边形网格的上半部分。

(5) 网格

创建平面网格，其 M 向和 N 向的大小决定了沿这两个方向绘制的直线数目。M 向和 N 向与 XY 平面的 X 和 Y 轴类似。

(6) 棱锥面

创建一个棱锥面或四面体表面。

① 第四角点

定义了棱锥面底面的第四个角点。

② 四面体表面

创建四面体表面多边形网格。

(7) 球面

创建球状多边形网格。

(8) 圆环面

创建与当前 UCS 的 *XY* 平面平行的圆环状多边形网格。

① 半径

用半径定义圆环面。

② 直径

用直径定义圆环面。

(9) 楔体表面

创建一个直角楔状多边形网格，其斜面沿 *X* 轴方向倾斜。

9.5.2　绘制三维面

1. 命令功能

创建具有三边或四边的平面。

2. 命令调用方式

菜单方式：【绘图】→【曲面】→【三维面】

图标方式：

键盘输入方式：3dface

3. 命令操作

指定第一个点或[不可见(I)]：

指定点 1 或输入 i，可见和不可见效果如图 9.8 所示。

三维面可以组合成复杂的三维曲面，如图 9.9 所示。

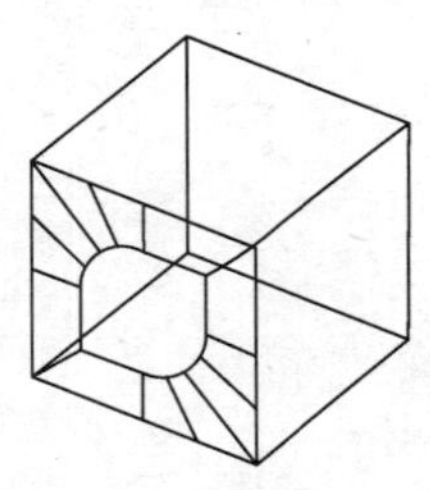

可见边

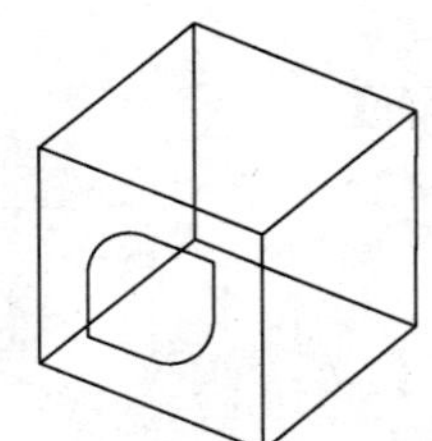

不可见边

图 9.8　可见和不可见

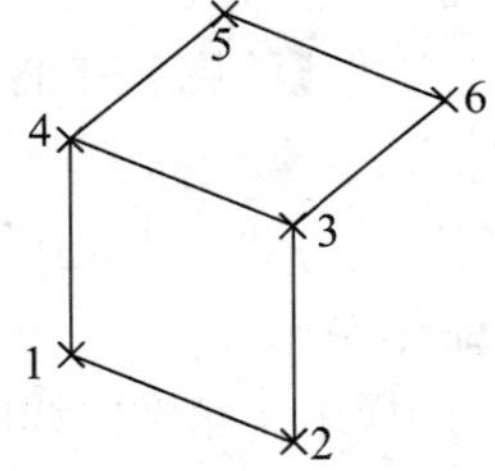

图 9.9　绘制三维面

指定第二点或[不可见(I)]：（指定点 2 或输入 i）

指定第三点或[不可见(I)]〈退出〉：（指定点 3，输入 i 或按 Enter 键）

指定第四点或[不可见(I)]〈创建三侧面〉：（指定点 4，输入 i 或按 Enter 键）

将重复提示输入第三点和第四点，直到按 Enter 键为止。在重复提示时指定点 5 和点 6。输入这些点后，按 Enter 键。

9.5.3 旋转曲面

1. 命令功能

通过将路径曲线或轮廓(直线、圆、圆弧、椭圆、椭圆弧、闭合多段线、多边形、闭合样条曲线或圆环)绕指定的轴旋转创建一个近似于旋转曲面的多边形网格。

2. 命令调用方式

菜单方式:【绘图】→【曲面】→【旋转曲面】

图标方式:

键盘输入方式:revsurf

3. 命令操作

当前线框密度:SURFTAB1=当前值 SURFTAB2=当前值

选择要旋转的对象:(选择直线、圆弧、圆或二维、三维多段线)

选择定义旋转轴的对象:(选择直线或开放的二维、三维多段线)

4. 选项说明

(1) 路径曲线是围绕选定的轴旋转来定义曲面的。路径曲线可定义曲面网格的 N 方向。选择圆或闭合的多段线作为路径曲线,这样可以在 N 方向上闭合网格。

(2) 多段线第一个顶点到最后一个顶点的矢量确定了旋转轴。中间的任意顶点都将被忽略。旋转轴确定网格的 M 方向。

9.5.4 平移曲面

1. 命令功能

创建多边形网格,该网格表示通过指定的方向和距离(称为方向矢量)拉伸直线或曲线(称为路径曲线)定义的常规平移曲面。

2. 命令调用方式

菜单方式:【绘图】→【曲面】→【平移曲面】

图标方式:

键盘输入方式:tabsurf

3. 命令操作

(1) 选择用作轮廓曲线的对象

轮廓曲线定义多边形网格的曲面。它可以是直线、圆弧、圆、椭圆、二维或三维多段线。从路径曲线上离选定点最近的点开始绘制曲面。

(2) 选择用作方向矢量的对象

选择直线或开放的多段线。仅考虑多段线的第一点和最后一点,而忽略中间的顶点。方向矢量指出形状的拉伸方向和长度。在多段线或直线上选定的端点决定了拉伸的方向。原始轮廓曲线用宽线绘制,以帮助用户查看方向矢量是如何影响平移曲面构造的。

9.5.5　直纹曲面

1. 命令功能

在两条直线或曲线之间创建一个表示直纹曲面的多边形网格。

2. 命令调用方式

菜单方式:【绘图】→【曲面】→【直纹曲面】

图标方式:

键盘输入方式:rulesurf

3. 命令操作

当前线框密度:SURFTAB1=当前值

选择第一条定义曲线:

选择第二条定义曲线:

所选择的对象用于定义直纹曲面的边。该对象可以是点、直线、样条曲线、圆、圆弧或多段线。如果有一个边界是闭合的,那么另一个边界必须也是闭合的。可以将一个点作为开放或闭合曲线的另一个边界,但是只能有一个边界曲线可以是一个点。顶点是最靠近用来选择曲线的点的每条曲线的端点。

9.5.6　边界曲面

1. 命令功能

创建一个多边形网格,此多边形网格近似于一个由四条邻接边定义的孔斯曲面片网格。孔斯曲面片网格是一个在四条邻接边(这些边可以是普通的空间曲线)之间插入的双三次曲面。

2. 命令调用方式

菜单方式:【绘图】→【曲面】→【边界曲面】

图标方式:

键盘输入方式:edgesurf

3. 命令操作

当前线框密度:SURFTAB1=当前值　SURFTAB2=当前值

选择用作曲面边界的对象1:

选择用作曲面边界的对象2:

选择用作曲面边界的对象3:

选择用作曲面边界的对象4:

注意必须选择定义曲面片的四条邻接边。邻接边可以是直线、圆弧、样条曲线或开放的二维或三维多段线。这些边必须在端点处相交以形成一个拓扑形式的矩形闭合路径。如图9.10所示为一边界曲线的绘制过程。

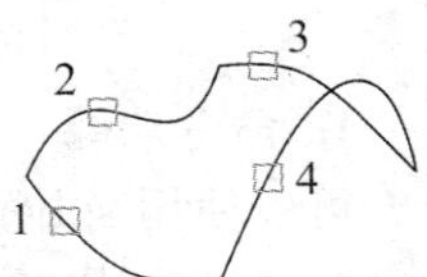

图9.10　绘制边界曲面示例

9.6 绘制三维实体常用命令

实体模型不仅具有线和面的特征，而且还具有体的特征，各实体对象间可以进行各种布尔运算操作，从而创建复杂的三维实体图形。可从【绘图】→【实体】中进入绘制三维实体的光标菜单，如图 9.11 所示。

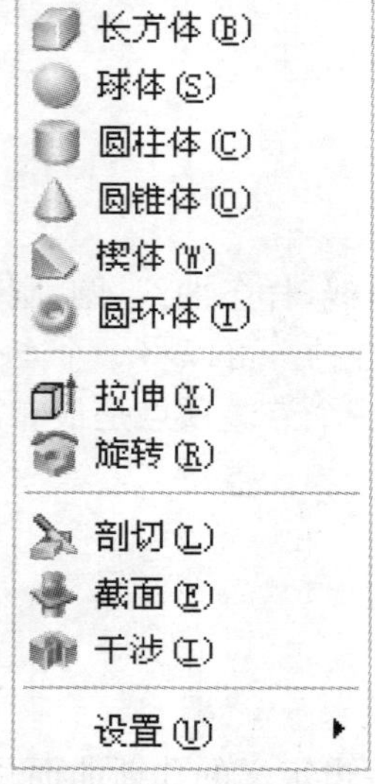

图 9.11 绘制三维实体的光标菜单

9.6.1 绘制长方体

1. 命令功能

可以使用 box 创建实体长方体。长方体的底面总与当前 UCS 的 *XY* 平面平行。

2. 命令调用方式

菜单方式:【绘图】→【实体】→【长方体】

图标方式:

键盘输入方式:box

3. 命令操作

创建长方体之后，不能对其进行拉伸或改变其尺寸。但是，可以用 SOLIDEDIT 拉伸长方体的面。

指定长方体的角点或[中心点(CE)]〈0,0,0〉:

指定点 1，或按 Enter 键以指定长方体的角点，又或输入 ce 以指定中心点。

4. 选项说明

(1) 长方体的角点

定义长方体的第一个角点。

指定角点或[立方体(C)/长度(L)]: (指定点 2 或输入选项)

(2) 中心

使用指定的中心点创建长方体。

9.6.2 绘制球体

1. 命令功能

可以使用 sphere 命令创建球体。

2. 命令调用方式

菜单方式:【绘图】→【实体】→【球体】

图标方式:

键盘输入方式:sphere

3. 命令操作

当前线框密度:ISOLINES=当前值

指定球体球心〈0,0,0〉:（指定点或按 Enter 键）

放置球体使其中心轴平行于当前用户坐标系(UCS)的 *Z* 轴,纬线与 *XY* 平面平行。

指定球体半径或[直径(D)]:（指定一段距离或输入 d）

4. 选项说明

(1) 半径

定义球体的半径。

(2) 直径

定义球体的直径。

指定直径:指定距离。

9.6.3　绘制圆柱体

1. 命令功能

可以使用 Cylinder 命令以圆或椭圆作为底面创建圆柱体。圆柱的底面位于当前 UCS 的 *XY* 平面上。

要构造具有特定细节的圆柱体(例如沿其侧向有凹槽),请先使用闭合的 Pline 创建圆柱底面的二维轮廓,然后使用 Extrude 沿 *Z* 轴定义高度。Circle 命令用于创建圆,然后可以使用 Extrude 命令创建圆柱体。

2. 命令调用方式

菜单方式:【绘图】→【实体】→【圆柱体】

图标方式:

键盘输入方式:cylinder

3. 命令操作

当前线框密度:ISOLINES=当前值

指定圆柱体底面的中心点或[椭圆(E)]〈0,0,0〉:（指定点 1、输入 e 或按 Enter 键）

4. 选项说明

(1) 中心点

定义圆柱体底面圆的中心点。

① 半径

定义圆柱体底面圆的半径。

② 直径

定义圆柱体底面圆的直径。

(2) 椭圆

创建具有椭圆底的圆柱体。

① 轴端点

定义圆柱体椭圆底的轴。

② 中心

通过椭圆中心点和两个轴的半径创建圆柱体的椭圆底。

9.6.4 绘制圆锥体

1. 命令功能

可以使用 Cone 创建实体圆锥体，圆锥体是由圆或椭圆底面以及顶点所定义的。默认情况下，圆锥体的底面位于当前 UCS 的 *XY* 平面上。高度可为正值或负值，且平行于 *Z* 轴。顶点确定圆锥体的高度和方向。

2. 命令调用方式

菜单方式：【绘图】→【实体】→【圆锥体】

图标方式

键盘输入方式：cone

3. 命令操作

当前线框密度：ISOLINES=当前值

指定圆锥体底面的中心点或[椭圆(E)]〈0,0,0〉：（指定点 1、输入 e 或按 Enter 键）

4. 选项说明

(1) 底面中心点

定义圆锥体底面圆的中心点。

① 底面半径：定义圆锥体底面圆的半径。

② 直径：定义圆锥体底面圆的直径。

(2) 椭圆

创建底面为椭圆的圆锥体。

① 轴端点：使用轴创建圆锥体的椭圆底面。指定第二个点定义一个轴的直径，指定第三个点定义另一轴的半径。

② 中心：使用椭圆中心点和两轴半径创建圆锥体的椭圆底。

9.6.5 绘制楔体

1. 命令功能

可以使用 Wedge 创建楔体。楔体的底面平行于当前 UCS 的 *XY* 平面，斜面正对第一个角点。高度可以为正值或负值，且平行于 *Z* 轴。

2. 命令调用方式

菜单方式：【绘图】→【实体】→【楔体】

图标方式：

键盘输入方式：wedge

3. 命令操作

指定楔体的第一个角点或[中心点(CE)]〈0,0,0〉：（指定点 1，输入 ce 或按 Enter 键）

4. 选项说明

(1) 第一个角点

定义楔体的第一角点。

(2) 中心

使用指定中心点创建楔体。

9.6.6　绘制圆环体

1. 命令功能

可以使用 Torus 命令创建与轮胎内胎相似的环形体。圆环体与当前 UCS 的 *XY* 平面平行且被该平面平分。圆环体由两个半径值定义，一个是圆管的半径，另一个是从圆环体中心到圆管中心的距离。

要创建纺锤形实体需要将圆环半径设置为负，管道半径设置为正，并且管道的半径要比圆环半径的绝对值大。例如，如果圆环体的半径为－2.0，则圆管的半径必须大于 2.0。

圆环可能是自交的。自交的圆环没有中心孔，因为圆管半径比圆环半径的绝对值大。

2. 命令调用方式

菜单方式：【绘图】→【实体】→【圆环体】

图标方式：

键盘输入方式：torus

3. 命令操作

当前线框密度：ISOLINES＝当前值

指定圆环体中心〈0,0,0〉：（指定点 1 或按 Enter 键）

指定圆环体半径或[直径(D)]：（指定距离或输入 d）

4. 选项说明

(1) 半径

定义圆环体的半径(从圆环体中心到圆管中心的距离)。负的半径值创建形似美式橄榄球的实体。

(2) 直径

定义圆环体直径。

9.6.7　绘制拉伸实体

1. 命令功能

使用 Extrude 命令可以通过拉伸选定的对象来创建实体。可以拉伸闭合的对象，例如多段线、多边形、矩形、圆、椭圆、闭合的样条曲线、圆环和面域。不能拉伸包含在块中的对象、有交叉或横断部分的多段线或非闭合多段线。可以沿路径拉伸对象，也可以指定高度值和斜角。

对于侧面成一定角度的零件来说，倾斜拉伸特别有用，例如铸造车间用来制造金属产品的铸模要避免使用太大的倾斜角度。如果角度过大，轮廓可能在达到所指定高度以前就倾斜为一个点。

2. 命令调用方式

菜单方式:【绘图】→【实体】→【拉伸实体】

图标方式:

键盘输入方式:extrude

3. 命令操作

当前线框密度:ISOLINES=当前值

指定圆环体中心〈0,0,0〉:（指定点 1 或按 Enter 键）

指定圆环体半径或[直径(D)]:（指定距离或输入 d）

4. 选项说明

(1) 对象选择

指定要拉伸的对象。可以拉伸平面三维面、封闭多段线、多边形、圆、椭圆、封闭样条曲线、圆环和面域。不能拉伸包含在块中的对象,也不能拉伸具有相交或自交线段的多段线。

(2) 拉伸高度

如果输入正值,将沿对象所在坐标系的 Z 轴正方向拉伸对象。如果输入负值,将沿 Z 轴负方向拉伸对象。

(3) 路径

选择基于指定曲线对象的拉伸路径。沿选定路径拉伸选定对象的剖面以创建实体。

9.6.8 绘制旋转实体

1. 命令功能

使用 Revolve 命令可以通过将一个闭合对象围绕当前 UCS 的 X 轴或 Y 轴旋转一定角度来创建实体,也可以围绕直线、多段线或两个指定的点旋转对象。与 Extrude 类似,如果对象包含圆角或其他使用普通轮廓很难制作的细部图,那么可以使用 Revolve 命令。如果用与多段线相交的直线或圆弧创建轮廓,可用 Pedit 的“合并”选项将它们转换为单个多段线对象,然后使用 Revolve 命令。

2. 命令调用方式

菜单方式:【绘图】→【实体】→【旋转实体】

图标方式:

键盘输入方式:revolve

3. 命令操作

当前线框密度:ISOLINES=当前值

选择对象:

使用对象选择方法。

可以旋转闭合多段线、多边形、圆、椭圆、闭合样条曲线、圆环和面域。不能旋转包含在块中的对象。不能旋转具有相交或自交线段的多段线。Revolve 忽略多段线的宽度,并从多段线路径的中心处开始旋转。一次只能旋转一个对象。

根据右手定则判定旋转的正方向。

9.7　编辑三维实体常用命令

在 AutoCAD 2006 中，可以使用三维编辑命令，在三维空间中移动、复制、镜像、对齐以及阵列三维对象，剖切实体以获取实体的截面，编辑它们的面、边或体。

9.7.1　旋转三维实体

1. 命令功能

使用 rotate3d，可以根据两点、对象、X 轴、Y 轴、Z 轴，或者当前视图的 Z 方向指定旋转轴。

2. 命令调用方式

菜单方式：【修改】→【三维操作】→【三维旋转】

键盘输入方式：rotate3d

3. 命令操作

选择对象：使用对象选择方法并在完成选择后按 Enter 键。

指定轴上的第一个点或定义轴依据[对象(O)/上一个(L)/视图(V)/X 轴(X)/Y 轴(Y)/Z 轴(Z)/两点(2)]：

指定点、输入选项或按 Enter 键。

4. 选项说明

(1) 对象

将旋转轴与现有对象对齐。

① 直线：将旋转轴与选定的直线对齐。

② 圆：将旋转轴与圆的三维轴对齐(垂直于圆所在的平面并通过圆的圆心)。

③ 圆弧：将旋转轴与圆弧的三维轴对齐(垂直于圆弧所在平面并通过圆弧的圆心)。

④ 二维多段线线段：将旋转轴与多段线线段对齐。将一条直线段视为线段。将一段圆弧线段视为圆弧。

(2) 上一个

使用最近的旋转轴。

(3) 视图

将旋转轴与当前通过选定点视口的观察方向对齐。

(4) X 轴、Y 轴、Z 轴

将旋转轴与通过指定点的坐标轴(X、Y 或 Z)对齐。

(5) 两点

使用两个点定义旋转轴。

9.7.2　阵列三维实体

1. 命令功能

使用 3darray 命令可以在三维空间中创建对象的矩形阵列或环形阵列。除了指定列数（X 方向）和行数（Y 方向）以外，还要指定层数（Z 方向）。

2. 命令调用方式

菜单方式：【修改】→【三维操作】→【三维阵列】

键盘输入方式：3darray

3. 命令操作

选择对象：（使用对象选择方法）

整个选择集将被视为单个阵列元素。

输入阵列类型[矩形(R)/环形(P)]〈R〉：（输入选项或按 Enter 键）

三维阵列示例如图 9.12 所示。

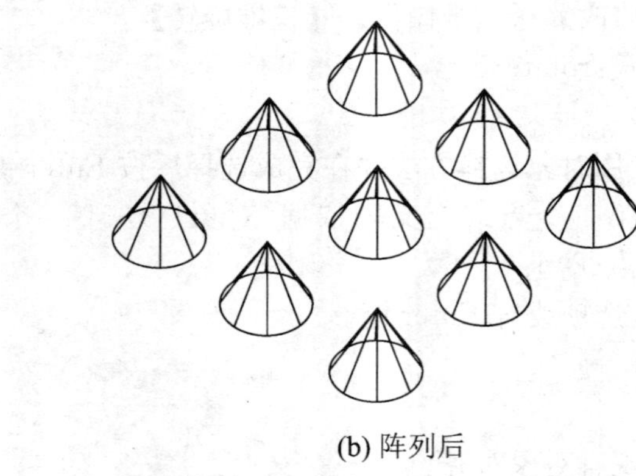

(a) 阵列前　　(b) 阵列后

图 9.12　三维阵列示例

4. 选项说明

(1) 矩形阵列

在行（X 轴）、列（Y 轴）和层（Z 轴）矩形阵列中复制对象。一个阵列必须具有至少两个行、列或层。

输入行数(—)〈1〉：（输入正值或按 Enter 键）

输入列数(|||)〈1〉：（输入正值或按 Enter 键）

输入层数(...)〈1〉：（输入正值或按 Enter 键）

如果只指定一行，就需指定多列，反之亦然。只指定一层则创建二维阵列。

如果指定多行，将显示以下提示：

指定行间距(—)：（指定距离）

如果指定多列，将显示以下提示：

指定列间距(|||)：（指定距离）

如果指定多层，将显示以下提示：

指定层间距(…)：（指定距离）

输入正值将沿 *X*、*Y*、*Z* 轴的正向生成阵列。输入负值将沿 *X*、*Y*、*Z* 轴的负向生成阵列。

(2) 环形阵列

绕旋转轴复制对象。

输入阵列中的项目数目：（输入正值）

指定要填充的角度(＋＝逆时针，－＝顺时针)〈360〉：（指定角度或按 Enter 键）

指定的角度用于确定对象距旋转轴的距离。正数值表示沿逆时针方向旋转；负数值表示沿顺时针方向旋转。

是否旋转阵列中的对象？[是(Y)/否(N)]〈是〉：（输入 y 或 n，或按 Enter 键）

输入 y 或按 Enter 键旋转每个阵列元素。

指定阵列的中心点：（指定点 1）

指定旋转轴上的第二点：（指定点 2）

9.7.3　镜像三维实体

1. 命令功能

使用 mirror3d 命令，可以镜像指定镜像平面中的对象。镜像平面可以是以下平面：

(1) 平面对象所在的平面。

(2) 通过指定点且与当前 UCS 的 *XY*、*YZ* 或 *XZ* 平面平行的平面。

(3) 由 3 个指定点(2、3 和 4)定义的平面。

2. 命令调用方式

菜单方式：【修改】→【三维操作】→【三维镜像】

键盘输入方式：mirror3d

3. 命令操作

选择对象：使用对象选择方法并按 Enter 键结束命令

指定镜像平面的第一个点(三点)或[对象(O)/上一个(L)/Z 轴(Z)/视图(V)/XY 平面(XY)/YZ 平面(YZ)/ZX 平面(ZX)/三点(3)]〈三点〉：（输入选项，指定点或按 Enter 键）

4. 选项说明

(1) 对象

使用选定平面对象的平面作为镜像平面。

(2) 上一个

相对于最后定义的镜像平面对选定的对象进行镜像处理。

(3) *Z* 轴

根据平面上的一个点和平面法线上的一个点定义镜像平面。

(4) 视图

将镜像平面与当前视口中通过指定点的视图平面对齐。

(5) *XY*/*YZ*/*ZX*

将镜像平面与一个通过指定点的标准平面(*XY*、*YZ* 或 *ZX*)对齐。

(6) 三点

通过 3 个点定义镜像平面。如果通过指定点来选择此选项，将不显示“在镜像平面上指定第一点”的提示。

9.7.4 剖切三维实体

1. 命令功能

使用 Slice 命令可以切开现有实体并移去指定部分，从而创建新的实体。可以保留剖切实体的一半或全部。剖切实体保留原实体的图层和颜色特性。剖切实体的默认方法是：先指定三点定义剪切平面，然后选择要保留的部分。也可以通过其他对象、当前视图、*Z* 轴或 *XY*、*YZ* 或 *ZX* 平面来定义剪切平面。

(1) 平面对象所在的平面。

(2) 通过指定点且与当前 UCS 的 *XY*、*YZ* 或 *XZ* 平面平行的平面。

(3) 由三个指定点(2、3 和 4)定义的平面。

2. 命令调用方式

菜单方式：【绘图】→【实体】→【剖切】

键盘输入方式：slice

3. 命令操作

选择对象：（使用对象选择方法并在完成时按 Enter 键）

忽略当前选择集中的面域。

指定剖切平面上的第一个点，依照[对象(O)/Z 轴(Z)/视图(V)/XY/YZ/ZX/三点(3)]〈三点〉：（指定点、输入选项或按 Enter 键）

剖切三维实体示例如图 9.13 所示。

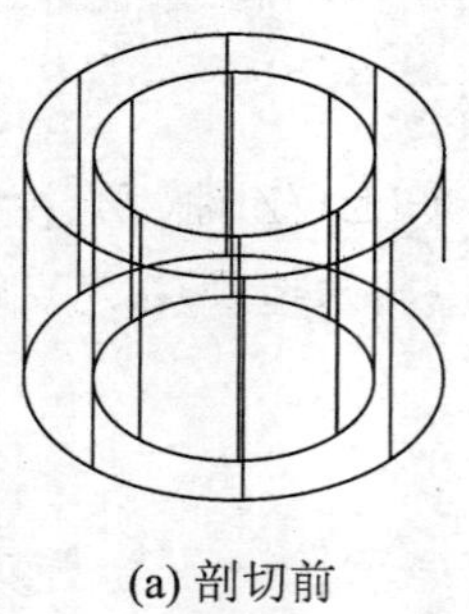

(a) 剖切前

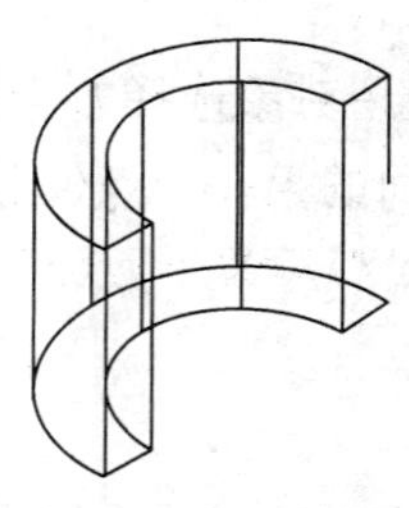

(b) 剖切后

图 9.13 剖切三维实体示例

4. 选项说明

(1) 对象

将剪切面与圆、椭圆、圆弧、椭圆弧、二维样条曲线或二维多段线对齐。

(2) *Z* 轴

通过平面上指定一点和在平面的 *Z* 轴(法向)上指定另一点来定义剪切平面。

(3) 视图

将剪切平面与当前视口的视图平面对齐，指定一点定义剪切平面的位置。

(4) *XY*

将剪切平面与当前用户坐标系(UCS)的 *XY* 平面对齐，指定一点定义剪切平面的位置。

(5) *YZ*

将剪切平面与当前 UCS 的 *YZ* 平面对齐，指定一点定义剪切平面的位置。

(6) *ZX*

将剪切平面与当前 UCS 的 *ZX* 平面对齐，指定一点定义剪切平面的位置。

(7) 三点

用三点定义剪切平面。

9.7.5 对齐实体

1. 命令功能

可以通过移动、旋转或倾斜对象来使该对象与另一个对象对齐。

2. 命令调用方式

菜单方式:【修改】→【三维操作】→【对齐】

键盘输入方式:align

3. 命令操作

选择对象: (指定要改变位置"源"的对象)

选择对象: (按 Enter 键结束选择)

指定第一个源点: (指定要改变位置的对象上的某一点)

指定第一个目标点: (指定被对齐对象上的相应目标点)

指定第二个源点: (指定要移动的第 2 点)

指定第二个目标点: (指定移动到相应的目标点)

指定第三个源点或〈继续〉: (按 Enter 键结束指定点)

是否基于对齐点缩放对象? [是(Y)否(N)]〈否〉: (指定基于对齐点是否缩放对象)

9.7.6 布尔运算

可以使用现有实体的并集、差集和交集创建组合实体。

1. 并集运算

(1) 命令功能

使用 Union 命令，可以合并两个或多个实体(或面域)，构成一个组合对象。

(2) 命令调用方式

菜单方式:【修改】→【实体编辑】→【并集】

图标方式:

键盘输入方式:union

(3) 命令操作

选择对象：（使用对象选择方法并在结束选择对象时按 Enter 键）

选择集可包含位于任意多个不同平面中的面域或实体。这些选择集分成单独连接的子集。实体组合在第一个子集中；第一个选定的面域和所有后续共面面域组合在第二个子集中；下一个不与第一个面域共面的面域以及所有后续共面面域组合在第三个子集中，依次类推，直到所有面域都属于某个子集。

并集示例如图 9.14 所示。

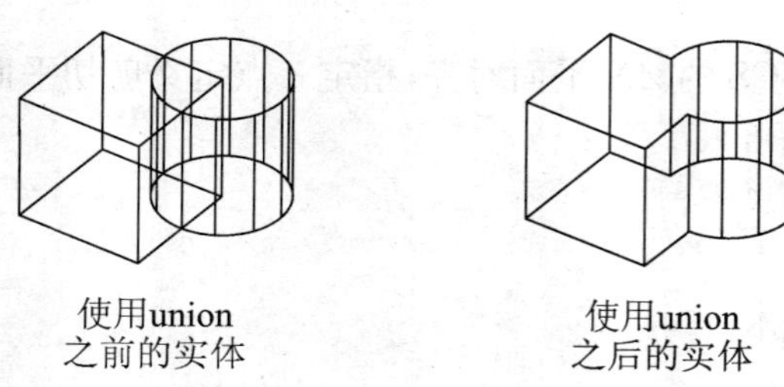

图 9.14　并集示例

2. 差集运算

（1）命令功能

使用 Subtract 命令，可以删除两个实体间的公共部分。例如，可以使用 Subtract 命令在对象上减去圆柱，从而在机械零件上增加孔。

（2）命令调用方式

菜单方式：【修改】→【实体编辑】→【差集】

图标方式：

键盘输入方式：subtract

（3）命令操作

选择要从中减去的实体或面域...

选择对象：（使用对象选择方法并在完成时按 Enter 键）

选择要从中减去的实体或面域...

选择对象：（使用对象选择方法并在完成时按 Enter 键）

从第一个选择集中的对象减去第二个选择集中的对象，然后创建一个新的实体或面域。

差集示例如图 9.15 所示。

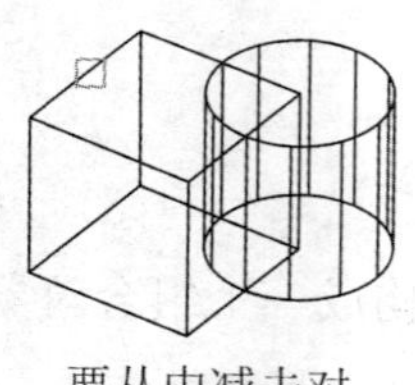

要从中减去对象的实体

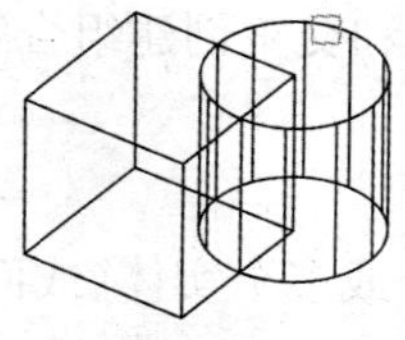

要减去的实体

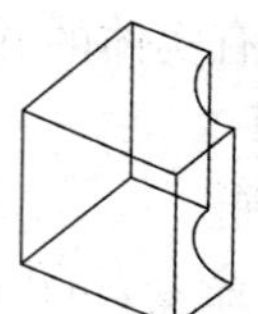

使用subtract后的实体

图 9.15　差集示例

3. 交集运算

(1) 命令功能

使用 Intersect 命令,可以用两个或多个重叠实体的公共部分创建组合实体。Intersect 用于删除非重叠部分,用公共部分创建组合实体。

(2) 命令调用方式

菜单方式:【修改】→【实体编辑】→【交集】

图标方式:

键盘输入方式:intersect

(3) 命令操作

选择对象:(使用对象选择方法)

只能选择面域和实体与 Intersect 一同使用。

Intersect 计算两个或多个现有面域的重叠面积和两个或多个现有实体的公用部分的体积。

交集示例如图 9.16 所示。

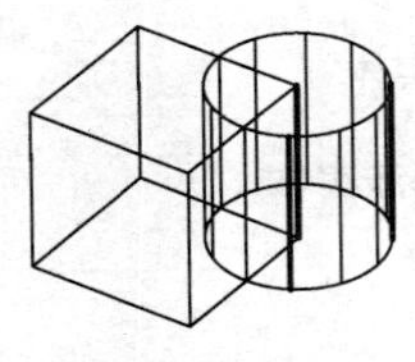

使用intersect
之前的实体

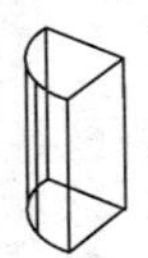

使用intersect
之后的实体

图 9.16 交集示例

4. 干涉运算

(1) 命令功能

使用 Interfere 命令,执行的操作与 Intersect 相同,但 Interfere 保留两个原始对象。

(2) 命令调用方式

菜单方式:【绘图】→【实体】→【干涉】

图标方式:

键盘输入方式:interfere

(3) 命令操作

选择实体的第一集合:(使用对象选择方法)

如图 9.17 所示。

Interfere 将亮显重叠的三维实体。如果定义了单个选择集,Interfere 将对比检查集合中的全部实体。如果定义了两个选择集,Interfere 将对比检查第一个选择集中的实体与第二个选择集中的实体。如果在两个选择集中都包括了同一个三维实体,Interfere 将此三维实体视为第一个选择集中的一部分,而在第二个选择集中忽略它。

选择实体的第二个集合:(使用对象选择方法或按 Enter 键)

如图 9.18 所示。

按 Enter 键开始进行各对三维实体之间的干涉测试。Interfere 亮显所有干涉的三维实体,并显示干涉三维实体的数目和干涉的实体对。

是否创建干涉实体? [是(Y)/否(N)]〈否〉: (输入 y 或 n,或者按 Enter 键)

创建干涉实体如图 9.19 所示。

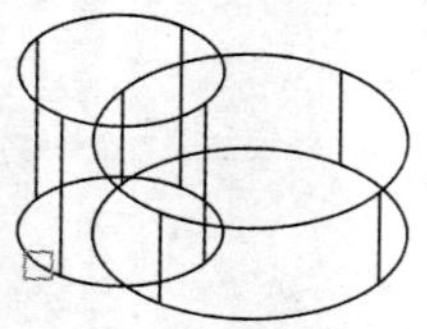

选定的第一个实体

图 9.17　选择实体的第一集合

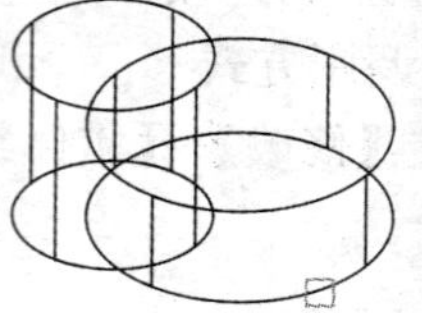

选定的第二个实体

图 9.18　选择实体的第二集合

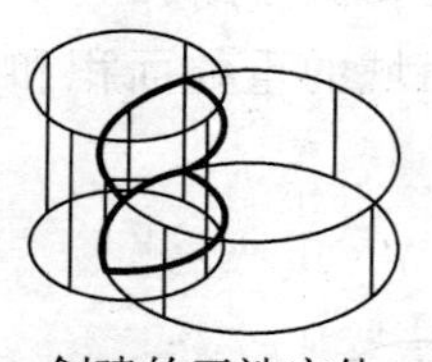

创建的干涉实体

图 9.19　创建干涉实体

第 10 章　上 机 练 习

练习 1　AutoCAD 2006 初识

1. 练习目的

（1）掌握 AutoCAD 2006 的安装方法。

（2）熟悉 AutoCAD 2006 界面内容。

（3）掌握 AutoCAD 2006 的启动、关闭、文件存储等操作。

2. 练习内容

（1）AutoCAD 2006 的安装方法。

（2）AutoCAD 2006 的基本操作。

3. 练习要求

（1）了解 AutoCAD 2006 的软件功能。

（2）掌握 AutoCAD 2006 使用的基本知识。

（3）认识 AutoCAD 2006 用户界面。

（4）了解 AutoCAD 2006 命令输入方式。

4. 练习步骤

（1）了解 AutoCAD 2006 的软件功能

① 绘图功能

AutoCAD 提供了丰富的基本绘图实体，具有完善的图形绘制功能，绘制的图形由预先定义好的图形元素即实体(Entity)所组成，实体通过命令调用和光标定位即可输入所绘制的图形。如：点、直线、多边形、圆弧、椭圆、文本、剖面线、尺寸等。

② 编辑功能

AutoCAD 提供了各种修改手段，具有强大的图形编辑功能，AutoCAD 可以对图形进行擦除、修改、拷贝、移动、镜像、断开、修剪、旋转等多种编辑操作。

③ 绘图工具

AutoCAD 为用户提供了大量的绘图工具，如捕捉、栅格、正交、动态坐标、目标捕捉、缩放、点过滤、用户坐标等辅助绘图工具。

④ 三维功能

AutoCAD 可直接绘制三维图形，它提供了一个实体造型模块（AME），可生成典型三维实心体、拉伸体、回转体，对这些实心体进行并、差、交等布尔运算可以构成组合体，进而可获得剖切图、轮廓图、着色图等。

(2) 掌握 AutoCAD 2006 使用的基本知识

① 系统的启动

Windows 屏幕显示多个应用程序图标,可以在屏幕上双击 AutoCAD 2006 图标来启动 AutoCAD,也可以选中屏幕左下角 Start(开始)按钮的任务条启动 AutoCAD 2006,选中 Programs(程序)以显示程序文件夹,选中 AutoCAD 2006 程序,即可启动 AutoCAD。

② 使用绘图向导

a. 使用向导(Use a Wizard)

选择该按钮时,有两种选择:一种是快速设置(Quick Setup),另一种是高级设置(Advanced Setup)。

b. 使用样板(模板)(Use a Template)

通过该按钮,用户可使用系统提供的样板文件,如果所需样板尚未在当前的样板列表中,可双击"其他文件"按钮,以显示更多的样板。

c. 缺省设置(从头开始)(Strat from Scratch)

如果用户选择该按钮,用户在此简单地选择英制(English)或公制(Metric)即可。在我国一般选择公制。

(3) 认识 AutoCAD 2006 用户界面

启动 AutoCAD 2006 后,常显示的工作界面如图 1.1 所示。其通常包括如下部分:"5 个栏"——标题栏、菜单栏、标准工具栏、对象特性工具栏、状态栏和"3 个口"——图形窗口、命令窗口、文本窗口等。

① 下拉式菜单

将光标移到屏幕的顶部,在菜单条上,横向移动鼠标,用"Pick"键拾取你所需要的选项,则在其下面弹出一列下拉式菜单。再在此菜单中选取你所需命令来绘图。

② 图标菜单

图标菜单以图形方式显示,所以非常直观。用鼠标拾取某一图标选项,即可进行该选项的命令。

(4) 了解 AutoCAD 2006 命令输入方式

通过练习,了解 AutoCAD 2006 的命令输入方式。

练习 2　图 层 练 习

1. 练习目的

(1) 掌握图层的建立方法以及线型和颜色的设置方法。

(2) 掌握图层的管理以及修改图形对象特性的方法。

2. 练习内容

绘制下面的图层线性练习(图号 002)。

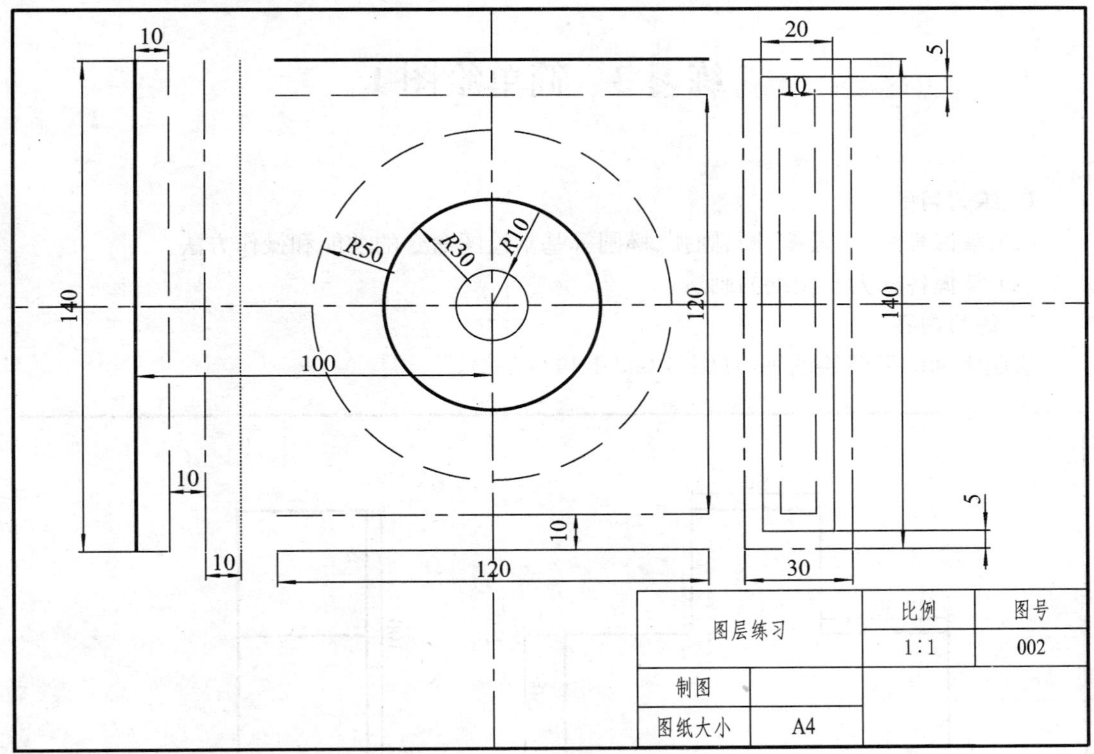

3. 练习要求

(1) 用A4图纸,横向放置。粗实线用0.40 mm,细实线用0.18 mm。

(2) 不标注尺寸,不画标题栏。

(3) 注意绘图顺序:同一图层的一起画。

4. 练习步骤

(1) 用直线命令绘制边界线:

→0,0 ↙→420,0 ↙→420,297 ↙→0,297 ↙→c ↙

(2) 用直线命令绘制图框线:

→5,5 ↙→410,0 ↙→410,287 ↙→0,287 ↙→c ↙

(3) 设置图层:中心线、粗实线、细实线、虚线。

比如可分别设置为:

① 中心线 CENTER2 红色 0.18 mm

② 粗实线 CONTINUOUS 白色 0.40 mm

③ 细实线 CONTINUOUS 浅蓝色 0.18 mm

④ 虚线 DASHED 绿色 0.18 mm

(4) 绘制标题栏(暂不要求)。

(5) 分别用不同的线型按图002完成练习。

练习 3　简单绘图 1

1. 练习目的

(1) 掌握直线、多段线、圆、圆弧、椭圆等基本绘图命令的功能和操作方法。

(2) 掌握各种大小图纸的画法。

2. 练习内容

绘制下面的简单绘图练习(图号 003-1 和 003-2)。

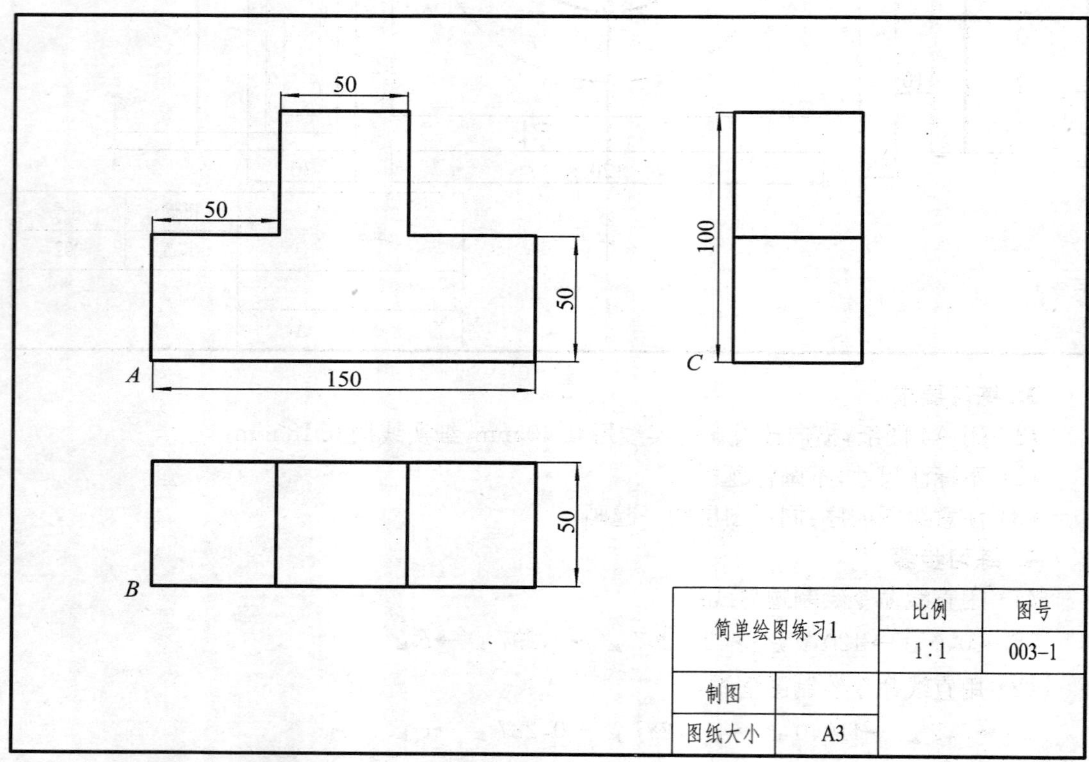

3. 练习要求

(1) 用 A3 图纸,横向放置。粗实线用 0.40 mm,细实线用 0.18 mm。

(2) 不标注尺寸,不画标题栏。

(3) 布图均匀,作图准确。

4. 练习步骤

以图 003-1 为例简单地介绍一下简单绘图的一般步骤:

(1) 从桌面图标启动 AutoCAD 2006,进入 AutoCAD 2006 的绘图界面。

(2) 绘制 A3 图幅边界线(细实线):

→0,0 ↙→420,0 ↙→420,297 ↙→0,297 ↙→c ↙

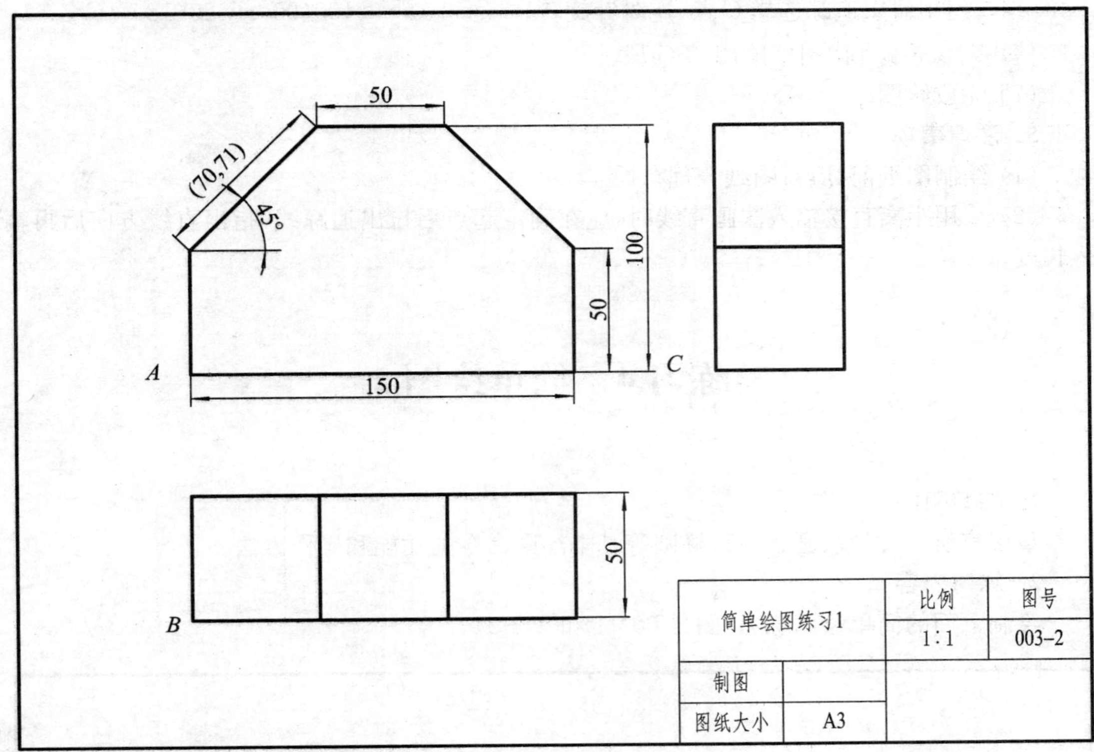

(3) 绘制图框线(粗实线):

→5,5 ↙→410,0 ↙→410,287 ↙→0,287 ↙→c ↙

(4) 设置图层:中心线、粗实线、细实线、虚线。

比如可分别设置为:

① 中心线　CENTER 2　红色　0.18 mm

② 粗实线　CONTINUOUS　白色　0.40 mm

③ 细实线　CONTINUOUS　浅蓝色　0.18 mm

④ 虚线　DASHED　绿色　0.18 mm

(5) 绘制标题栏(暂不要求)。

(6) 绘制图纸:

练习不同的坐标输入方法,在3张视图中将采用不同的方法作为示例让大家学习。

① 绘制主视图

→选择 *A* 点(逆时针旋转)→@150,0→@0,50→@－50,0→@0,50→@－50,0→@0,－50→@－50,0→C ↙

② 绘制俯视图

→使用对象追踪选择 *B* 点(逆时针旋转)→选择正交往左输入 150→往上输入 50→往左输入 150→C ↙

使用对象追踪画出中间的两条线段。

③ 绘制左视图

↗→使用对象追踪选择 C 点(逆时针旋转)→@50‹0→@100‹90→@50‹180→C↙

使用对象追踪画出中间的 1 条线段。

(7) 完成绘图。

5. 注意事项

(1) 绘制图纸前,应对图纸合理布局。

(2) 采用距离直接输入法画直线时,应在确定起点后拉出追踪线,指出直线方向后再输入长度。

练习 4　简单绘图 2

1. 练习目的

掌握直线、多段线、圆、圆弧、椭圆等基本绘图命令的功能和操作方法。

2. 练习内容

绘制下面的简单绘图练习(图号 004-1 和 004-2)。

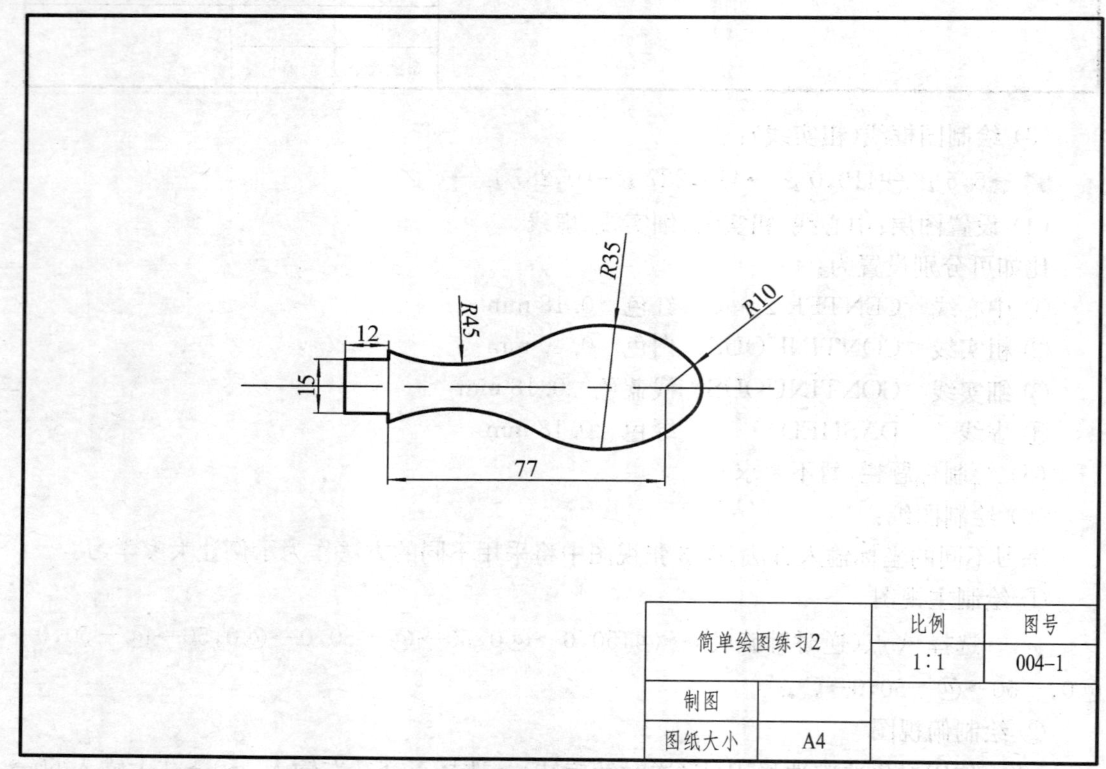

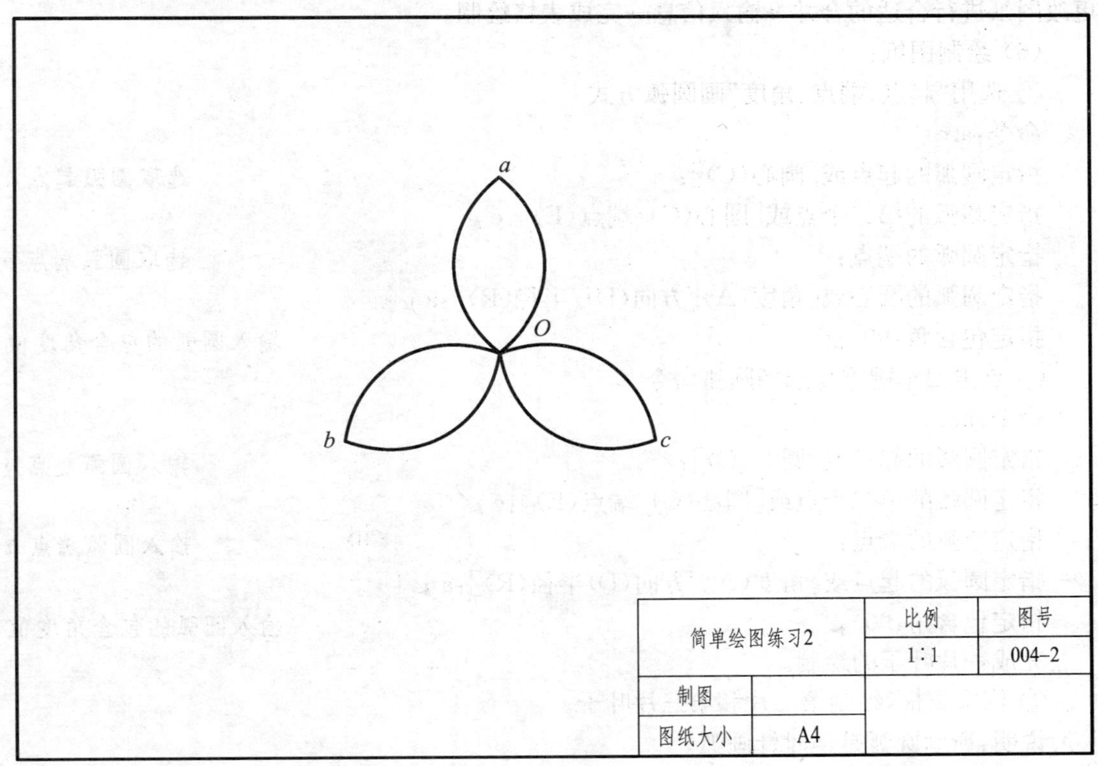

3. 练习要求

(1) 用A4图纸,横向放置。粗实线用0.40 mm,细实线用0.18 mm。

(2) 不标注尺寸,画标题栏。

(3) 布图均匀,作图准确。

4. 练习步骤

以图004-2为例简单地介绍一下简单绘图的一般步骤:

(1) 从桌面图标启动AutoCAD 2006,进入AutoCAD 2006的绘图界面。

(2) 绘制A4图幅边界线(细实线):

→0,0 ↙→297,0 ↙→297,210 ↙→0,210 ↙→c ↙

(3) 绘制图框线(粗实线):

→5,5 ↙→287,0 ↙→287,200 ↙→0,200 ↙→c ↙

(4) 设置图层:中心线、粗实线、细实线、虚线。

比如可分别设置为:

① 中心线 CENTER2 红色 0.18 mm

② 粗实线 CONTINUOUS 白色 0.40 mm

③ 细实线 CONTINUOUS 浅蓝色 0.18 mm

④ 虚线 DASHED 绿色 0.18 mm

(5) 绘制标题栏:

【绘图】→【表格】→ →设置表格样式→选择合适的行和列→放置到图纸合适位置→

更改图纸进行合适的合并→输入信息→完成表格绘制。

(6) 绘制图纸:

① 选用"起点、端点、角度"画圆弧方式

命令:arc

指定圆弧的起点或[圆心(C)]: 选取圆弧起点 *a*

指定圆弧的第二个点或[圆心(C)/端点(E)]:e ↙

指定圆弧的端点: 选取圆弧端点 *o*

指定圆弧的圆心或[角度(A)/方向(D)/半径(R)]:a ↙

指定包含角:90° ↙ 输入圆弧的包含角度值

② 点击回车键重复选择圆弧命令

命令:arc

指定圆弧的起点或[圆心(C)]: 输入圆弧起点 *o*

指定圆弧的第二个点或[圆心(C)/端点(E)]:e ↙

指定圆弧的端点: 输入圆弧端点 *a*

指定圆弧的起点或[角度(A)/方向(D)半径(R)]:a ↙

指定包含角:90° ↙ 输入圆弧的包含角度值

完成一片叶子的绘制。

③ 依次类推,绘制第二片和第三片叶子。

说明:所画圆弧是逆时针画弧。

(7) 完成绘图。

练习 5 高级绘图 1

1. 练习目的

(1) 掌握直线、多段线、圆、圆弧、椭圆等基本绘图命令的功能和操作方法。

(2) 掌握复杂图形的绘图方法。

2. 练习内容

绘制下面的高级绘图 1 练习(图号 005)。

3. 练习要求

(1) 用 A3 图纸,横向放置。粗实线用 0.40 mm,细实线用 0.18 mm。

(2) 不标注尺寸,画标题栏。

(3) 布图均匀,作图准确。

4. 练习步骤

以图 005 为例简单介绍一下复杂图形绘制的一般步骤:

(1) 从桌面图标启动 AutoCAD 2006,进入 AutoCAD 2006 的绘图界面。

(2) 绘制 A3 图幅边界线(细实线)。

(3) 绘制图框线(粗实线)。

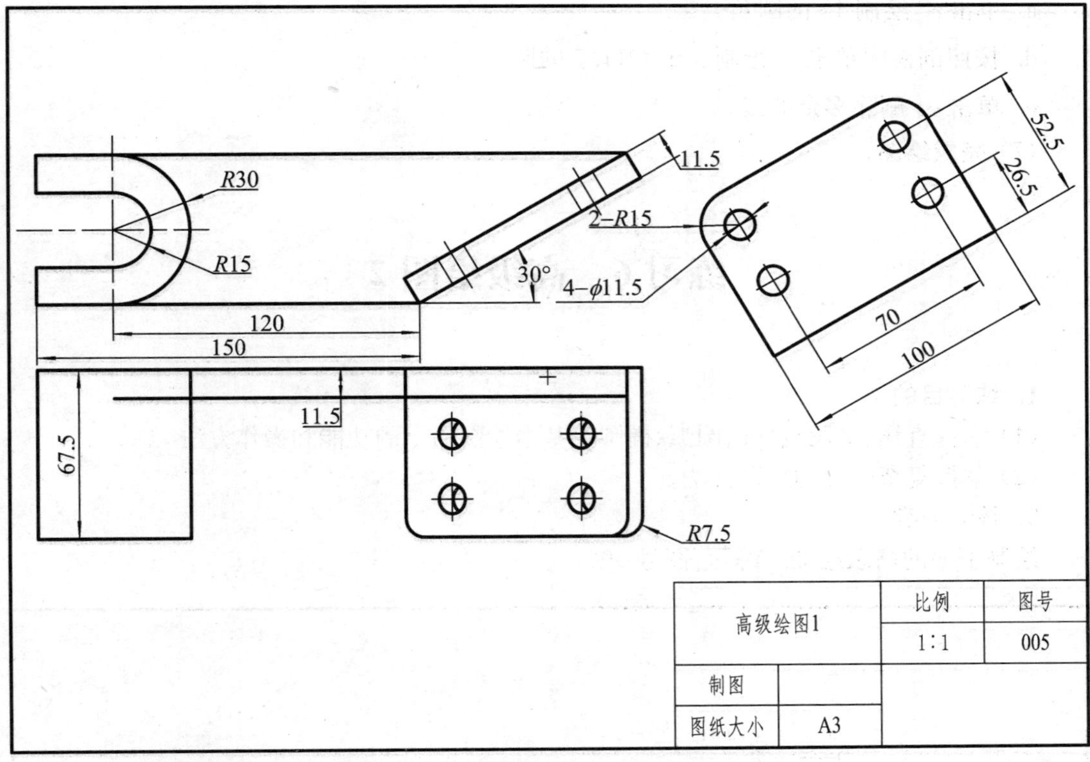

(4) 设置图层:中心线、粗实线、细实线、虚线。

(5) 绘制标题栏。

(6) 绘制图纸:

① 绘制主视图

a. 单击 绘制 150 长度的直线,再用极轴追踪的方法画出 30°长为 100 的直线,用 将该直线往左偏移 11.5,再往左追踪前一直线的左端点画一直线。

b. 单击 绘制 $R15$、$R30$ 的圆。

c. 按照主视图完成其他部分绘制。

d. 单击 删除多余的线。

② 绘制俯视图

a. 单击 绘制 67.5 长度的直线,再用对象追踪到主视图完成其他直线绘制。

b. 单击 绘制 4 个 Ø11.5 的圆。

c. 单击 绘制 7.5 的圆角。

d. 按照俯视图完成其他部分绘制。

e. 单击 删除多余的线。

③ 绘制剖视图

a. 采用极轴追踪的方法画出夹角为 30°的两条中心线。

b. 单击 绘制 100×77.5 的矩形。

c. 单击 绘制 15 的圆角。

d. 按照剖视图单击 绘制 4 个 Ø11.5 的圆。

e. 单击 删除多余的线。

(7) 完成绘图。

练习 6　高级绘图 2

1. 练习目的

(1) 掌握直线、多段线、圆、圆弧、椭圆等基本绘图命令的功能和操作方法。

(2) 掌握复杂图形的绘图方法。

2. 练习内容

绘制下面的高级绘图 2 练习(图号 006)。

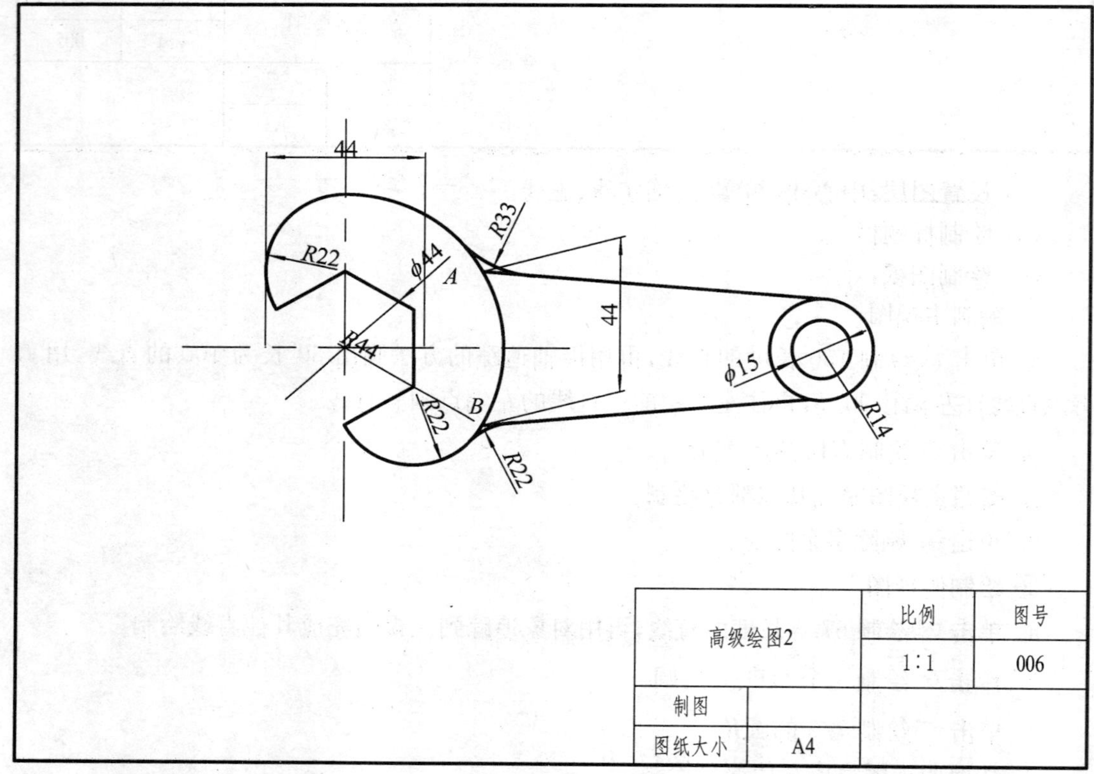

3. 练习要求

(1) 用 A4 图纸,横向放置。粗实线用 0.40 mm,细实线用 0.18 mm。

(2) 不标注尺寸,画标题栏。

(3) 布图均匀,作图准确。

4. 练习步骤

以图006为例简单介绍一下修改命令练习使用的一般步骤：

(1) 从桌面图标启动AutoCAD 2006，进入AutoCAD 2006的绘图界面。

(2) 绘制A3图幅边界线(细实线)。

(3) 绘制图框线(粗实线)。

(4) 设置图层：中心线、粗实线、细实线、虚线。

(5) 绘制标题栏。

(6) 绘制图纸：

① 绘制中心线：单击绘制出所有的中心线。

② 绘制轮廓线：

a. 单击绘制$Ø44$的圆，并在圆内画正接六边形。

b. 单击绘制$R14$、$R22$、$R44$、$Ø15$的圆。

c. 确定A、B点位置。

d. 单击绘制其点为A、B点并与$R14$相切的直线。

③ 按图纸完成其他部分的绘制。

④ 单击删除多余的线。

⑤ 用Polyline加粗轮廓线。

⑥ 用夹点编辑命令调整细点画线长度。

(7) 完成绘图。

练习7 对象捕捉

1. 练习目的

(1) 掌握绘图命令的功能及其精确的操作方法。

(2) 掌握用对象捕捉命令精确定位的方法。

2. 练习内容

绘制下面的对象捕捉练习(图号007-1和007-2)。

3. 练习要求

(1) 图007-1用A3图纸，横向放置，图007-2用A4图纸，横向放置。粗实线用0.40 mm，细实线用0.18 mm。

(2) 不标注尺寸，画标题栏。

(3) 布图均匀，作图准确。

4. 练习步骤

以图007-1为例简单介绍一下采用对象捕捉命令绘图的一般步骤：

(1) 从桌面图标启动AutoCAD 2006，进入AutoCAD 2006的绘图界面。

(2) 绘制A3图幅边界线(细实线)。

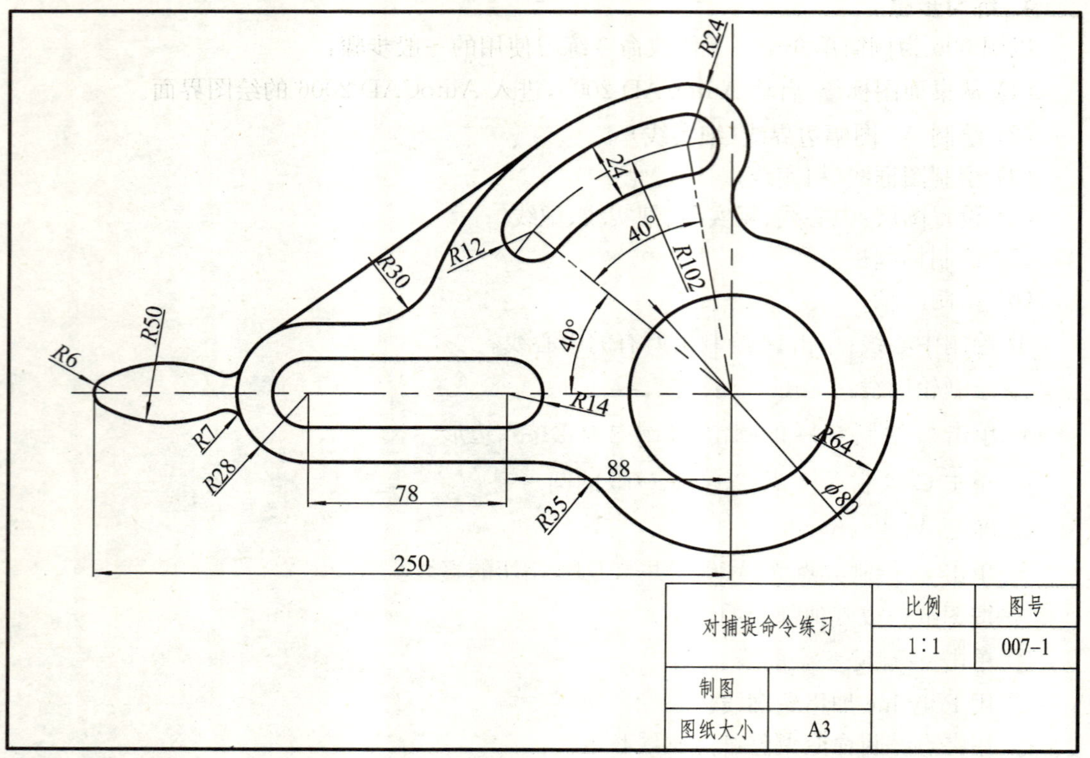
R24
24
R12
40°
R102
R30
R50
40°
R6
R14
R7
R28
R64
88
φ80
78
R35
250
对捕捉命令练习
比例
图号
1∶1
007-1
制图
图纸大小
A3

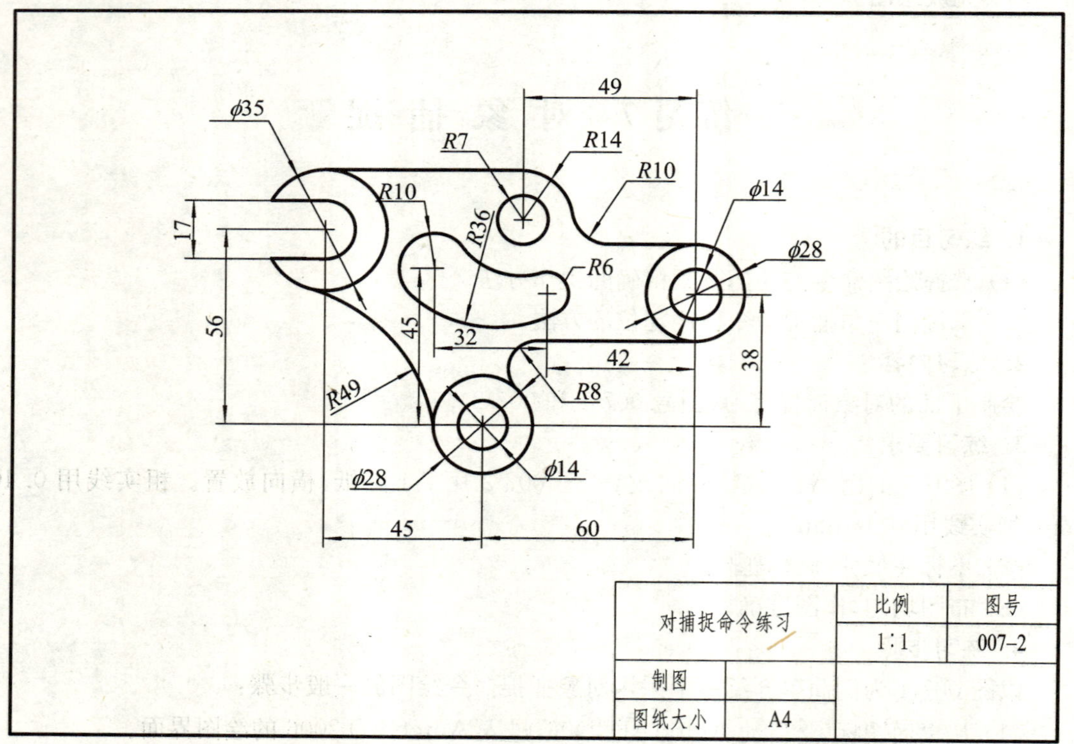
49
φ35
R7
R14
R10
R10
R36
φ14
17
R6
φ28
56
45
32
42
38
R49
R8
φ28
φ14
45
60
对捕捉命令练习
比例
图号
1∶1
007-2
制图
图纸大小
A4

(3) 绘制图框线(粗实线)。
(4) 设置图层:中心线、粗实线、细实线、虚线。
(5) 绘制标题栏。
(6) 绘制图纸:
① 绘制中心线
单击 绘制出所有的中心线:
a. 正交的两条可直接选择正交方式画出。
b. 夹角为40°的两条中心线可采用极轴追踪的方法画出,比如其中一条可以这样画:
→确定起点:捕捉 Ø80 的圆心作为起点→指定下一点,输入@150<100 ↙
② 单击 绘制 $R102$。
③ 绘制轮廓线:
a. 单击 绘制 $R6$、$R12$、$R14$、$R24$、$R28$、$R64$、$R126$、Ø80 的圆。
b. 单击 绘制圆心角为40°的连接腰形圆弧。
c. 单击 绘制 $R28$、$R14$ 圆弧的公切线,$R28$、$R126$ 的外公切线。
d. 单击 绘制 $R50$ 的圆弧。
e. 单击 绘制 $R7$、$R15$、$R30$、$R35$ 的圆弧。
④ 单击 删除多余的线。
⑤ 用 Polyline 加粗轮廓线。
⑥ 用夹点编辑命令调整细点画线长度。
(7) 完成绘图。

练习8 修改命令1

1. 练习目的
(1) 熟练掌握绘图命令的功能和操作方法。
(2) 掌握偏移、镜像、阵列、复制等编辑命令的操作方法。
2. 练习内容
绘制下面的修改命令1练习(图号008-1和008-2)。
3. 练习要求
(1) 图008-1用A4图纸,图008-2用A3图纸,横向放置。粗实线用0.40 mm,细实线用0.18 mm。
(2) 不标注尺寸,画标题栏。
(3) 布图均匀,作图准确。
4. 练习步骤
以图008-1为例简单介绍一下修改命令练习使用的一般步骤:

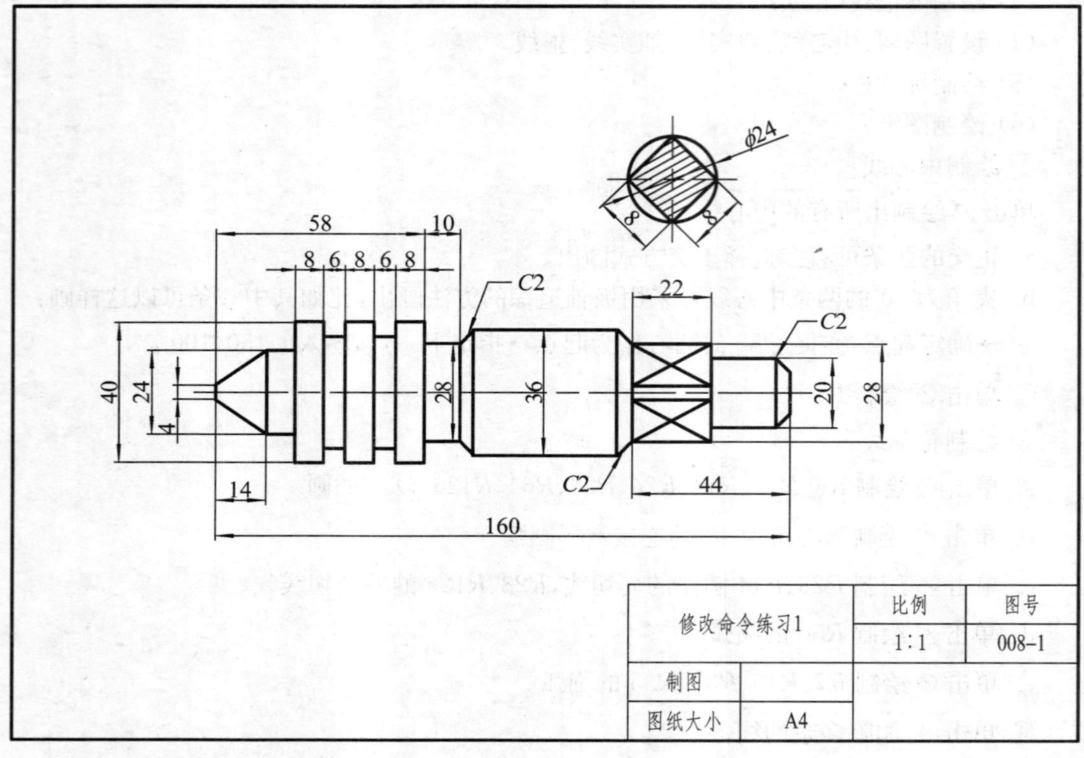

修改命令练习1		比例	图号
		1∶1	008–1
制图			
图纸大小	A4		

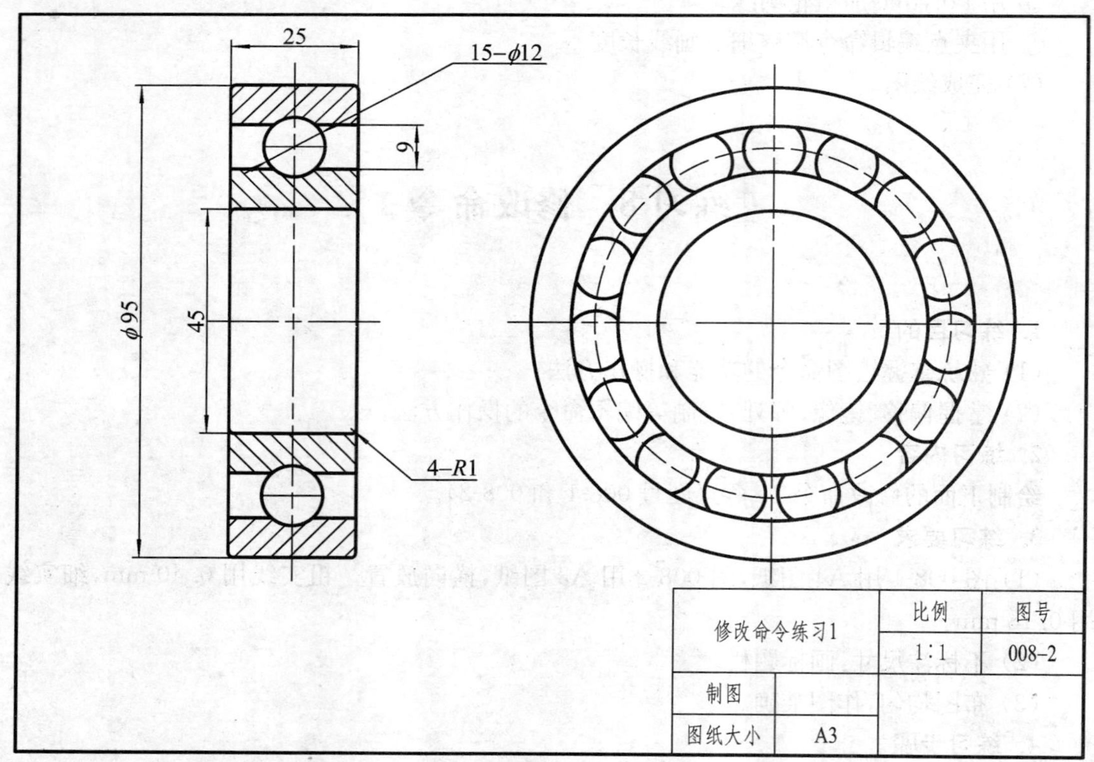

修改命令练习1		比例	图号
		1∶1	008–2
制图			
图纸大小	A3		

(1) 从桌面图标 启动 AutoCAD 2006,进入 AutoCAD 2006 的绘图界面。
(2) 绘制 A3 图幅边界线(细实线)。
(3) 绘制图框线(粗实线)。
(4) 设置图层:中心线、粗实线、细实线、虚线。
(5) 绘制标题栏。
(6) 绘制图纸:
① 绘制中心线:单击 绘制出所有的中心线。
② 单击 绘制中心线上半部分轮廓线。
③ 单击 把上半部分按中心线进行镜像。
④ 按图纸完成其他部分的绘制。
⑤ 完成剖面的绘制。
⑥ 单击 删除多余的线。
⑦ 用 Polyline 加粗轮廓线。
⑧ 用夹点编辑命令调整细点画线长度。
⑨ 用移动命令将图形移动到绘图区域均匀的位置。
(7) 完成绘图。

练习 9 修改命令 2

1. 练习目的
(1) 熟练掌握绘图命令的功能和操作方法。
(2) 掌握偏移、镜像、阵列、复制等编辑命令的操作方法。
2. 练习内容
绘制下面的修改命令 2 练习(图号 009-1 和 009-2)。
3. 练习要求
(1) 用 A3 图纸,横向放置。粗实线用 0.40 mm,细实线用 0.18 mm。
(2) 标注文字,标注尺寸,画标题栏。
(3) 布图均匀,作图准确。
4. 练习步骤
以图 009-2 为例简单介绍一下修改命令练习使用的一般步骤:
(1) 从桌面图标 启动 AutoCAD 2006,进入 AutoCAD 2006 的绘图界面。
(2) 绘制 A3 图幅边界线(细实线)。
(3) 绘制图框线(粗实线)。
(4) 设置图层:中心线、粗实线、细实线、虚线。
(5) 绘制标题栏。
(6) 绘制图纸:

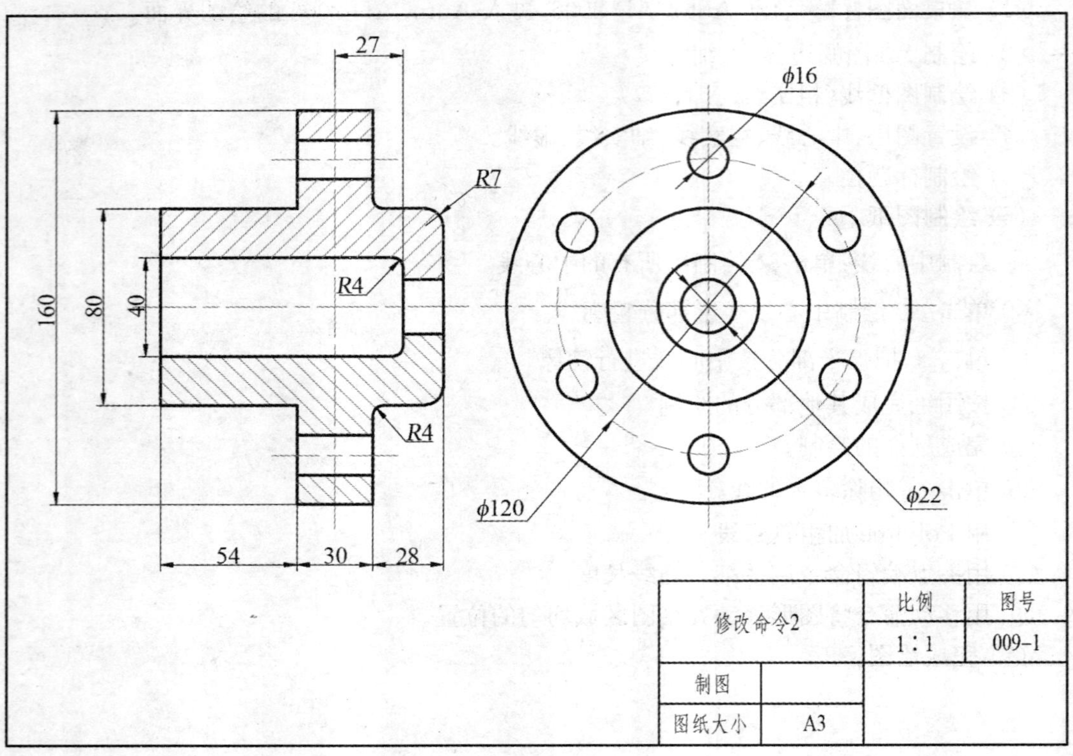
27
ϕ16
R7
R4
160
80
40
R4
ϕ120
ϕ22
54
30
28
修改命令2
比例
图号
1∶1
009-1
制图
图纸大小
A3

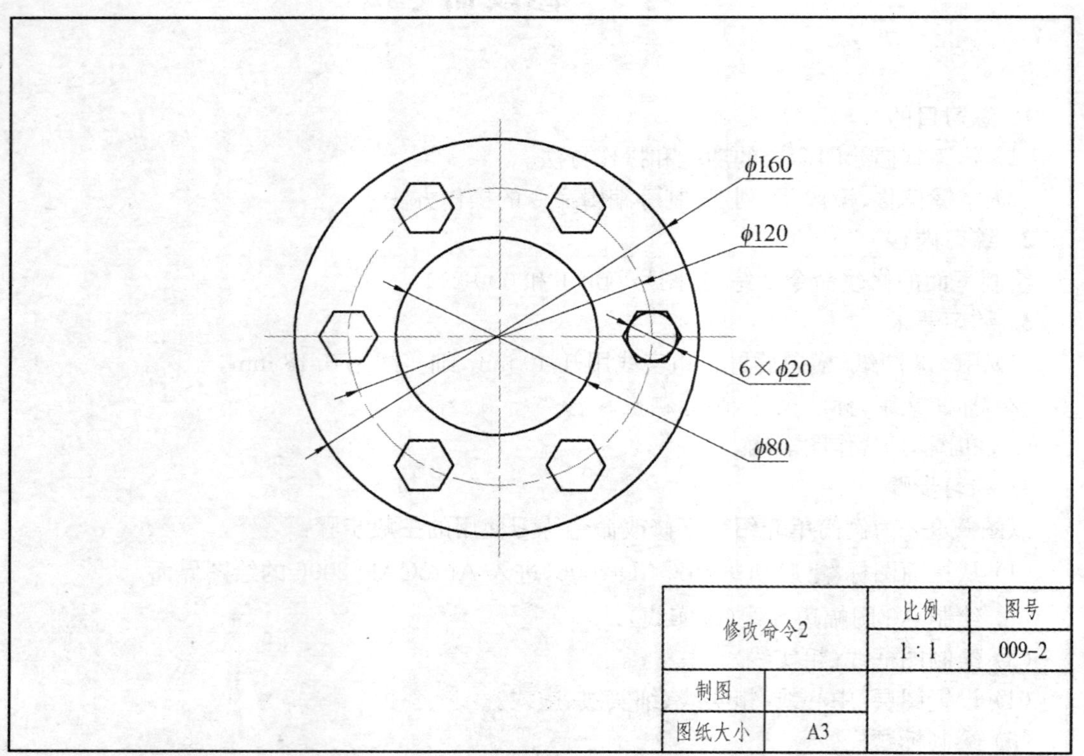
ϕ160
ϕ120
6×ϕ20
ϕ80
修改命令2
比例
图号
1∶1
009-2
制图
图纸大小
A3

① 单击绘图工具栏上的“构造线”命令按钮，在绘图窗口中分别绘制一条水平和一条垂直构造线。

② 单击绘图工具栏上的“圆”命令按钮，并以构造线的交点为圆心，绘制半径分别为40、60、80的同心圆 A、B、C。

③ 以圆 B 与水平构造线的交点为圆心，绘制一个半径为10的圆。单击绘图工具栏上的“多边形”命令按钮，在命令行输入“6”(表示绘制六边形)，捕捉小圆的圆心为中心点，然后输入“C”(表示外切于圆)，按回车键，输入“10”(表示内切圆的半径)。

④ 单击修改工具栏上的“阵列”命令按钮，打开“阵列”对话框，选择“环形阵列”。

⑤ 单击“中心点”按钮后面的“拾取中心点”按钮，然后在绘图窗口中选择圆 B 的圆心。

⑥ 在“方法和值”设置区中选择创建方法为“项目总数和填充角度”，并设置“项目总数”为6，“填充角度”为360。

⑦ 单击“选择对象”按钮，然后在绘图窗口中选择六边形和内切圆，按回车键或鼠标右键确认，返回“阵列”对话框。

⑧ 用移动命令将图形移动到绘图区域均匀的位置。

(7) 完成绘图。

练习10 标注命令1

1. 练习目的

(1) 掌握图案填充命令的操作方法。

(2) 掌握建立文字样式的操作方法和单行文字、多行文字的标注方法。

(3) 掌握简单尺寸标注命令的操作方法。

2. 练习内容

绘制下面的标注命令1练习(图号010-1和010-2)。

3. 练习要求

(1) 图010-1用A4图纸，横向放置，图010-2用A3图纸，横向放置。粗实线月0.40 mm，细实线用0.18 mm。

(2) 标注尺寸，画标题栏。

(3) 布图均匀，作图准确。

4. 练习步骤

以图010-1为例简单介绍一下采用对象捕捉命令绘图的一般步骤：

(1) 从桌面图标启动AutoCAD 2006，进入AutoCAD 2006的绘图界面。

(2) 绘制A3图幅边界线(细实线)。

(3) 绘制图框线(粗实线)。

(4) 设置图层：中心线、粗实线、细实线、虚线。

(5) 绘制标题栏。

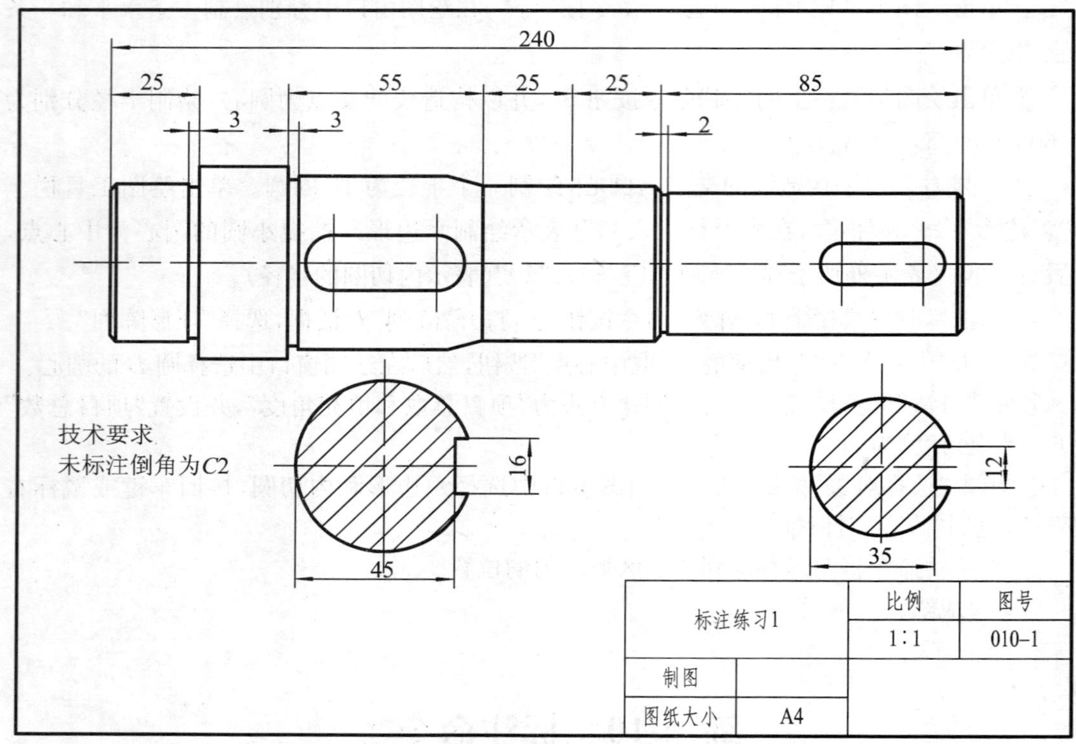
240
25
55
25
25
85
3
3
2
16
12
45
35
技术要求
未标注倒角为C2
标注练习1
比例
图号
1∶1
010-1
制图
图纸大小
A4

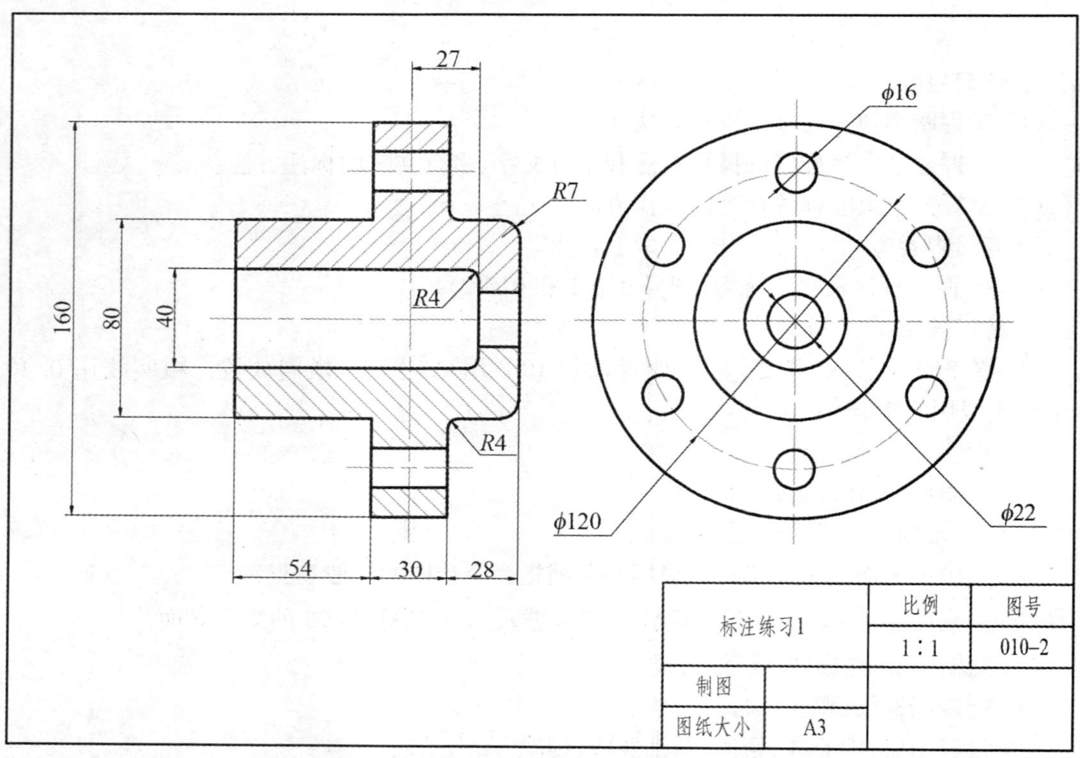
27
R7
R4
R4
160
80
40
54
30
28
ϕ16
ϕ120
ϕ22
标注练习1
比例
图号
1∶1
010-2
制图
图纸大小
A3

(6) 绘制图纸：

① 绘制中心线：单击绘制出所有的中心线。

② 单击绘制中心线上半部分轮廓线。

③ 单击把上半部分按中心线进行镜像。

④ 按图纸完成其他部分的绘制。

⑤ 完成剖面的绘制。

⑥ 单击删除多余的线。

⑦ 用 Polyline 加粗轮廓线。

⑧ 用夹点编辑命令调整细点画线长度。

⑨ 用移动命令将图形移动到绘图区域均匀的位置。

(7) 标注文字：

① 设置文字样式。

② 用多行文字书写技术要求。

③ 填写标题栏。

(8) 标注尺寸。

(9) 完成绘图。

练习 11　标注命令 2

1. 练习目的

(1) 掌握图案填充命令的操作方法。

(2) 掌握文字标注命令的操作方法。

(3) 掌握尺寸标注命令的操作方法。

2. 练习内容

绘制下面的标注命令 1 练习(图号 011-1 和 011-2)。

3. 练习要求

(1) 图 011-1 用 A3 图纸，横向放置；图 011-2 用 A4 图纸，横向放置。粗实线用 0.40 mm，细实线用 0.18 mm。

(2) 标注尺寸，画标题栏。

(3) 布图均匀，作图准确。

4. 练习步骤

以图 011-1 为例简单介绍一下采用对象捕捉命令绘图的一般步骤：

(1) 从桌面图标启动 AutoCAD 2006，进入 AutoCAD 2006 的绘图界面。

(2) 绘制 A3 图幅边界线(细实线)。

(3) 绘制图框线(粗实线)。

(4) 设置图层：中心线、粗实线、细实线、虚线。

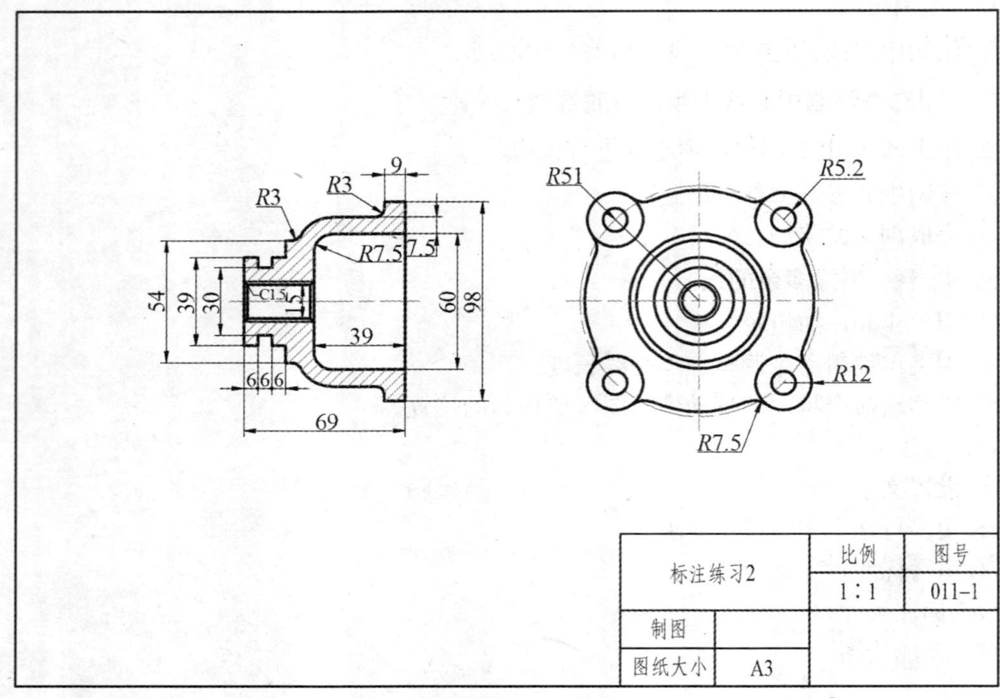

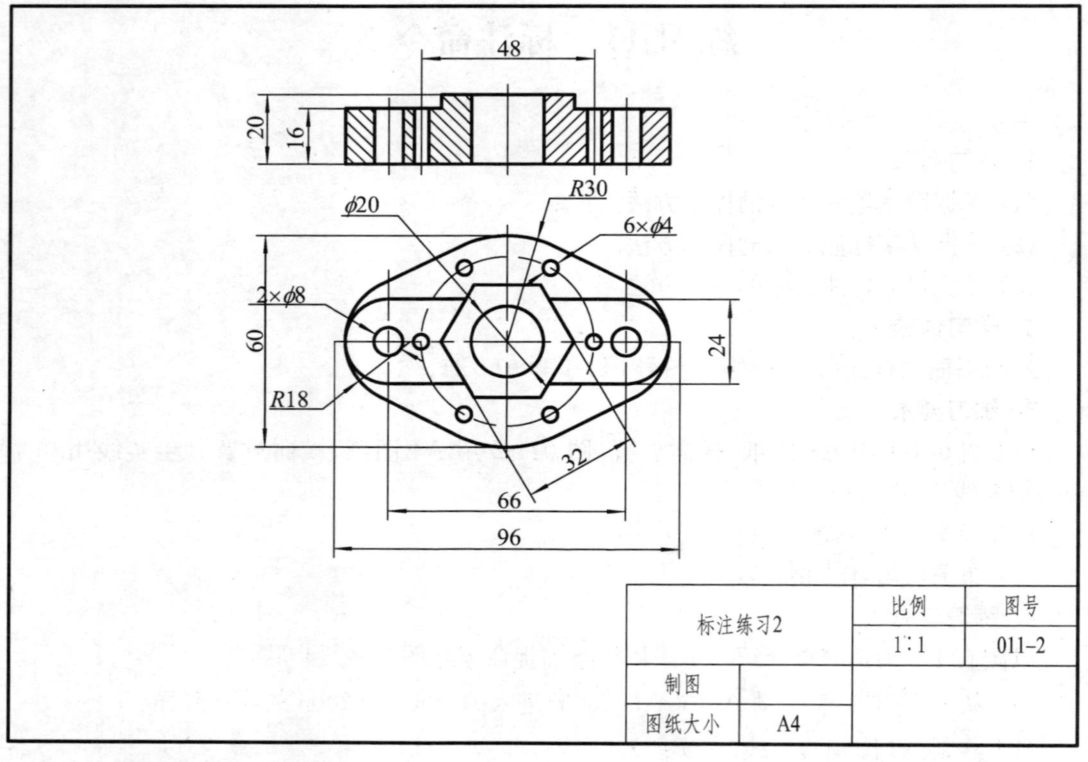

（5）绘制标题栏。

（6）绘制图纸。

(7) 标注尺寸、文字、公差、粗糙度符号。
(8) 标注技术要求,填写标题栏。
(9) 完成绘图。

练习12 综合练习1

1. 练习目的

(1) 巩固本课程学习知识,掌握绘制零件图的方法。
(2) 掌握绘图技巧,提高绘图效率。

2. 练习内容

绘制下面的对象捕捉练习(图号012)。

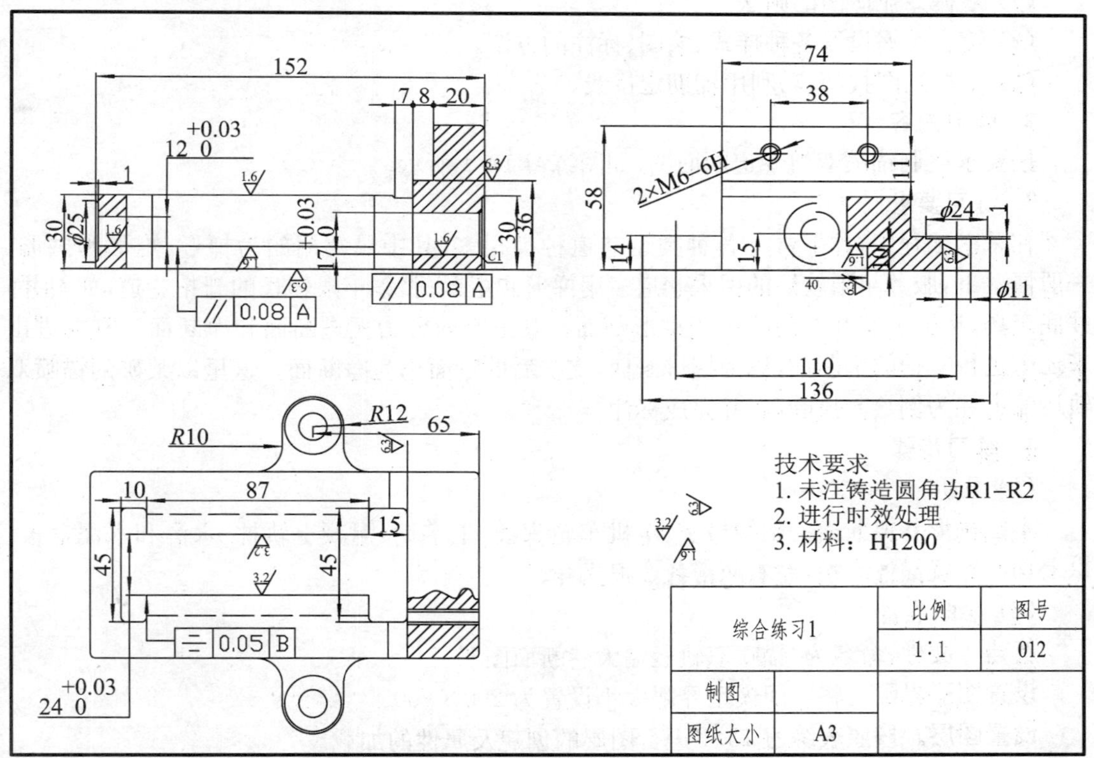

3. 练习要求

(1) 用A3图纸,横向放置。粗实线用0.40 mm,细实线用0.18 mm。
(2) 标注尺寸,画标题栏。
(3) 布图均匀,作图准确。

4. 练习步骤

(1) 从桌面图标启动AutoCAD 2006,进入AutoCAD 2006的绘图界面。
(2) 绘制A3图幅边界线(细实线)。

(3) 绘制图框线(粗实线)。

(4) 设置图层:中心线、粗实线、细实线、虚线。

(5) 绘制标题栏。

(6) 绘制图形。

(7) 标注尺寸、文字、公差、粗糙度符号。

(8) 标注技术要求,填写标题栏。

(9) 完成绘图。

练习 13　综合练习 2

1. 练习目的

(1) 掌握专业矿图的画法。

(2) 综合掌握设置各种样式、绘图、标注的方法。

(3) 掌握画图技巧,巧利用辅助定位线。

2. 练习内容

按要求绘制锚喷双轨巷道断面图,如图练习 13.1 所示。

3. 练习要求

在采矿工程中,井下常见各种类型巷道种类很多,其中最常用的为梯形、矩形和拱形。一般情况下,服务年限较短的回采巷道多用梯形和矩形;服务年限较长的开拓巷道,如斜井、井底车场、运输大巷和石门等多用拱形断面。巷道断面分为掘进断面和净断面。刚掘进出来还未进行支护的毛断面,称为掘进断面,支护后的断面称为净断面。这里以某矿的锚喷双轨运输大巷为例绘制该断面,并完成标注。

4. 练习步骤

(1) 分析

半圆拱形巷道断面。架线弓子、电机车轮廓线、工字钢、混凝土轨枕、水沟和水泥盖板。拱上均匀布置锚杆 5 根,左右两帮各 2 根锚杆。

(2) 绘图准备

新建一文件,命名为“锚喷双轨运输大巷断面图”。

设置图形界限。将空间模型界限大小设置为 200×260。

设置图层。按照表练习 13.1 进行图层的创建及属性的加载。

设置文字样式。按照表练习 13.2 进行文字样式的创建。

设置表格样式。按照表练习 13.3 进行表格样式的创建。

设置标注样式。按照表练习 13.4 进行标注样式的创建。

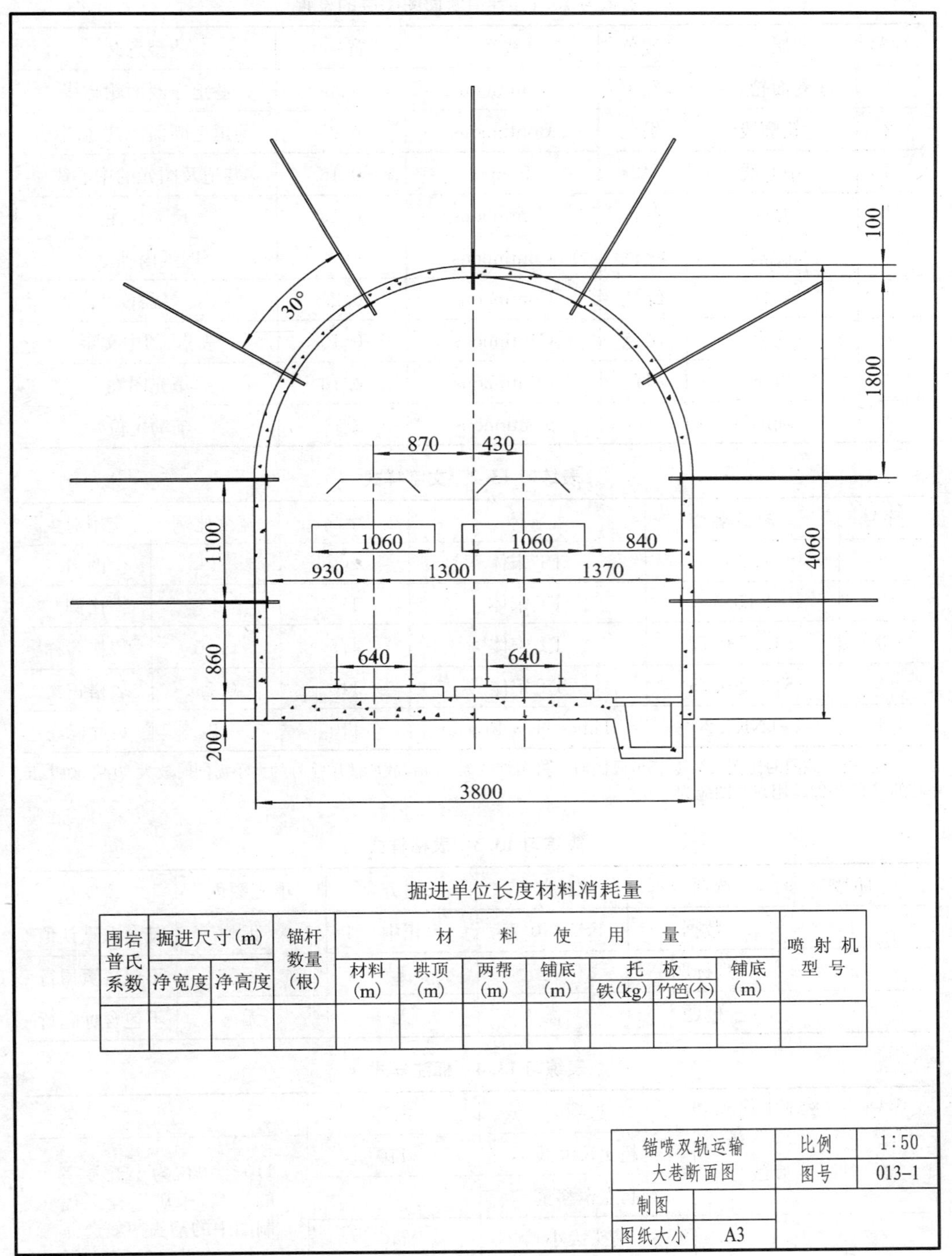

掘进单位长度材料消耗量

围岩普氏系数	掘进尺寸(m)		锚杆数量(根)	材料使用量							喷射机型号
	净宽度	净高度		材料(m)	拱顶(m)	两帮(m)	铺底(m)	托板 铁(kg)	托板 竹笆(个)	铺底(m)	

锚喷双轨运输大巷断面图		比例	1:50
		图号	013-1
制图			
图纸大小	A3		

图练习 13.1 锚喷双轨运输大巷断面图

表练习 13.1 巷道断面图图层的设置

序号	图层名称	颜色	线型	线宽(mm)	线型意义
1	净断面轮廓线	红色	Continuous	0.5	巷道净断面轮廓线
2	轮廓线	黑色	Continuous	0.25	巷道毛断面及其他图线
3	中心线	42	Center	0.18	巷道及图元的中心线
4	标注	蓝色	Continuous	0.13	尺寸标注
5	图框	黑色	Continuous	0.3	图纸内外框
6	锚杆	绿色	Continuous	0.25	锚杆
7	图表	黑色	Continuous	0.15	表格、图中文字
8	填充	黑色	Continuous	0.13	填充图案
9	辅助	255	Continuous	默认	辅助定位

表练习 13.2 文字样式

序号	样式名	字体	字高	宽度比例	应用对象
1	ST4	TT 宋体	200	1	图名
2	ST3.5	TT 宋体	175	1	比例
3	ST3.5-0.75	TT 宋体	175	0.75	表格名称
4	ST2.2-0.75	TT 宋体	110	0.75	表格正文
5	TNR2.2	Times New Roman	110	1	尺寸标注

注：由于该图的比例尺为 1∶50，画图时会将图纸放大 50 倍，故所使用字号的大小需同时放大 50 倍，如小五号的字高为 2.2，用在此图应为 110。

表练习 13.3 表格样式

序号	选项卡	文字样式	对齐	填充颜色	说明
1	数据	FS2.2-0.75	正中	无	其余取默认值
2	列标题	无	无	无	不包含页眉行
3	标题	无	无	无	不包含标题行

表练习 13.4 标注样式

<table>
<tr><th>序号</th><th>选项卡名称</th><th>选项</th><th>内容</th><th>备注</th></tr>
<tr><td rowspan="2">1</td><td rowspan="2">直线</td><td>超出尺寸线</td><td>110</td><td rowspan="5">110 个单位为小五号字的字高，采矿工程工程制图中的箭头一般选择 AutoCAD 中的实心闭合样式，小数分隔符取句点样式</td></tr>
<tr><td>起点偏移量</td><td>0</td></tr>
<tr><td rowspan="3">2</td><td rowspan="3">符号和箭头</td><td>箭头大小</td><td>110</td></tr>
<tr><td>箭头样式</td><td>实心闭合</td></tr>
<tr><td>圆心标记大小</td><td>110</td></tr>
</table>

续表

序号	选项卡名称	选项	内容	备注
3	文字	文字样式	新罗马体或宋体	
		文字高度	110	
		从尺寸线偏移	50	
4	主单位	精度	0	
		小数分隔符	句点	

(3) 图框绘制

将图框层置为当前图层，执行"矩形"命令，指定第一角点为(0,0)点，第二角点为(200,260)，见图练习 13.2。执行"偏移"(O)命令，偏移距离 20，绘制图框的内框。

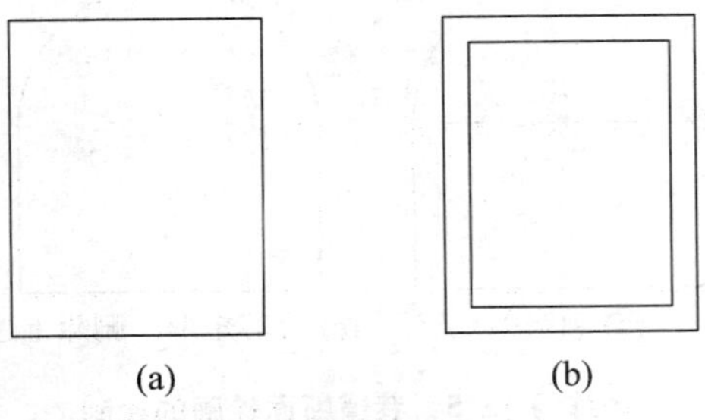

图练习 13.2 创建内外图框

将内外图框放大 50 倍。执行"缩放"(Scale)命令，选取内外图框，指定缩放基点为(0,0)，输入比例因子 50，按 Enter 结束命令。如图练习 13.2 所示，使用"范围缩放"调整窗口。

(4) 绘制辅助定位线

将辅助层置为当前图层。在状态栏中打开"捕捉"、"对象捕捉"、"对象跟踪"和"极轴"开关。捕捉内框上边界的中点，向下引垂线，作为巷道中心线 AA。将巷道中心线 AA 分别向右、左偏移 870、430 个单位长度，得直线 BB 和 CC，即为架线弓子、电机车轮廓线和轨枕的中心线，最后将 AA 线向两侧各偏移 1900 个单位，得直线 DD、EE，即为巷道毛断面两帮轮廓线。绘制距内框下边界 4700 单位的水平直线 aa，为巷道底板线。将 aa 向上偏移 200 个单位，得直线 bb，为巷道渣面线。再将 bb 向上偏移 1760 和 2160 个单位，得到直线 cc 和 dd，为电机车轮廓线和架线弓子的水平定位线。如图练习 13.3 所示。

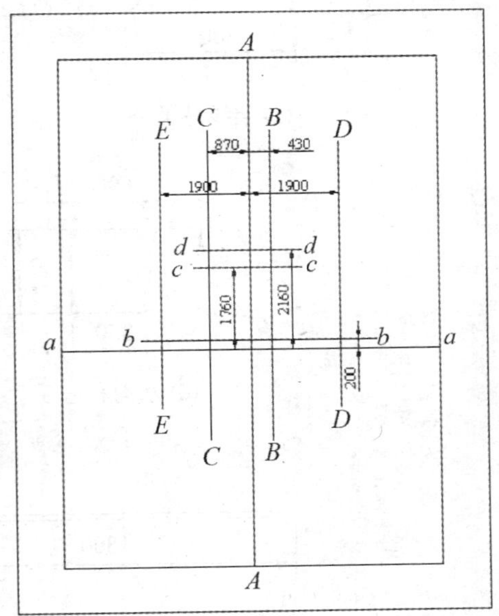

图练习 13.3 辅助定位线

(5) 绘制巷道图

设轮廓线图层为当前图层。执行"矩形"(REC)命令，指定第一角点，为辅助线 aa 和辅

助线 EE 的交点，指定第二交点，输入相对坐标@(3800,2160)，画出矩形，为巷道断面的两帮。执行"圆弧"命令，方法起点、圆心、端点，如图练习 13.4 所示，依次指定 1、2、3 三点，画出半圆弧，作为巷道断面的拱顶。执行"分解"(X)命令，分解矩形，删去矩形的上边界。然后执行"偏移"(O)命令，偏移距离为 100，完成后及时更改净断面图层属性。最后执行"修剪"(TR)命令，剪去多余底板线，结束命令，完成巷道断面轮廓的绘制，如图练习 13.5 所示。

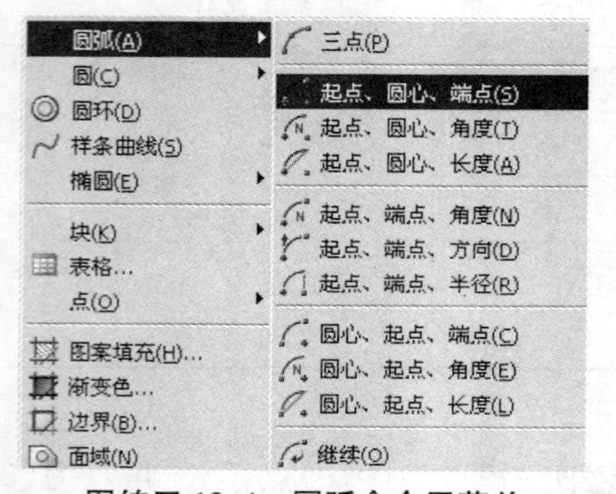

图练习 13.4　圆弧命令子菜单

(6) 绘制各类图元

各图元尺寸如图练习 13.6 所示。

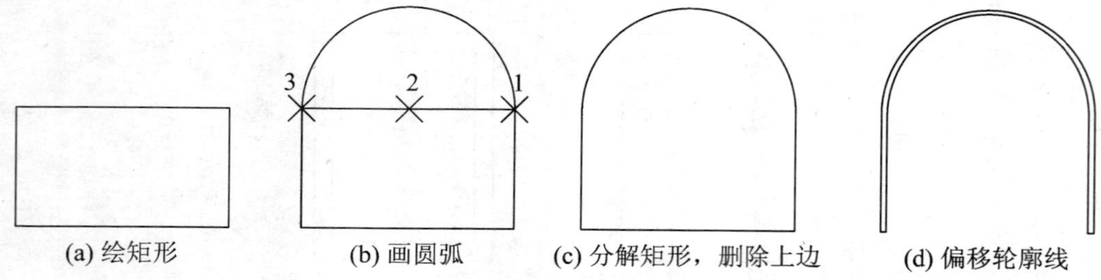

图练习 13.5　巷道断面轮廓的绘制

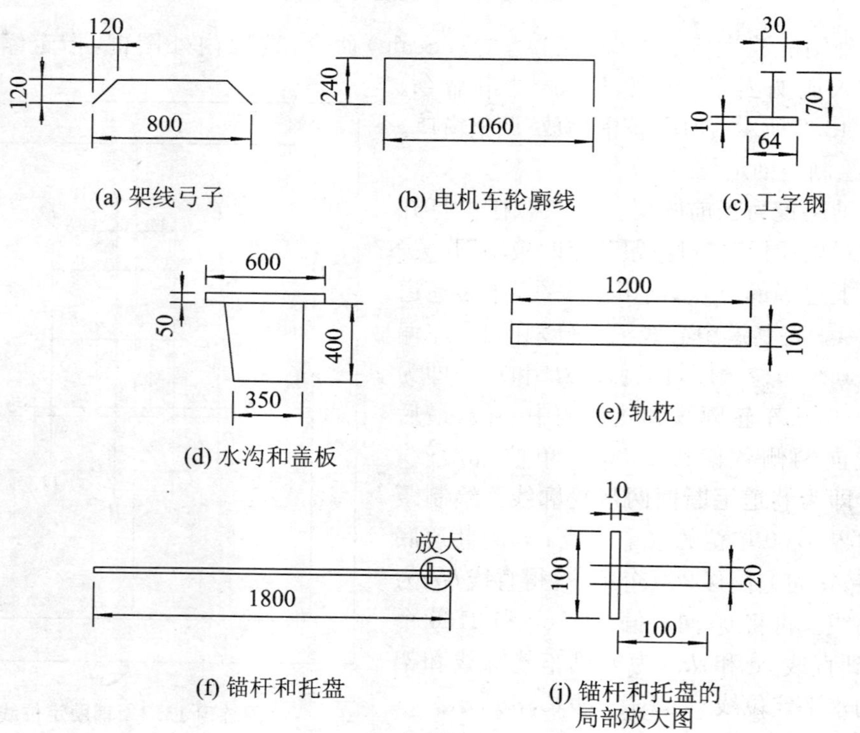

图练习 13.6　各类图元的尺寸

(7) 安装图元

将绘制好的图元，依次复制至断面图中。架线弓子和电机车轮廓线以其中点为基点，分别复制到定位线 *dd* 和 *BB*、*CC* 的交点和定位线 *cc* 和 *BB*、*CC* 的交点。水沟和盖板以盖板的右上角为基点，移动到定位线 *bb* 与巷道右帮的交点。将工字钢安装在轨枕上后，整体移动到 *bb* 和 *BB*、*CC* 的交点。锚杆和托盘的移动，设锚杆图层为当前图层，打开“对象跟踪”、“极轴跟踪”和“对象捕捉”，然后以托盘左边中点为基点，再捕捉净断面的左下角点 4，光标沿铅垂线方向向上追踪 2160 个单位(另一锚杆向上追踪 1060 个单位)，输入 Enter 结束命令，完成巷道左帮两锚杆绘制，如图练习 13.7 所示。巷道拱顶上锚杆利用“阵列”(AR)命令绘制，选中巷道左帮上方的锚杆和托盘，选择拱顶半圆的圆心为环形阵列的中心，参数设置如图练习 13.8 所示。巷道右帮最下方的锚杆可以执行“镜像”(MI)命令得到。

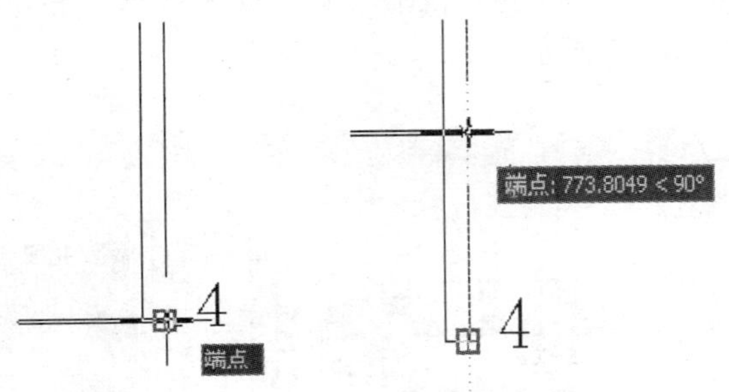

光标捕捉到 4 点 光标沿铅垂线向上追踪
等光标处出现小十字 并输入追踪距离

图练习 13.7 利用对象追踪绘制锚杆

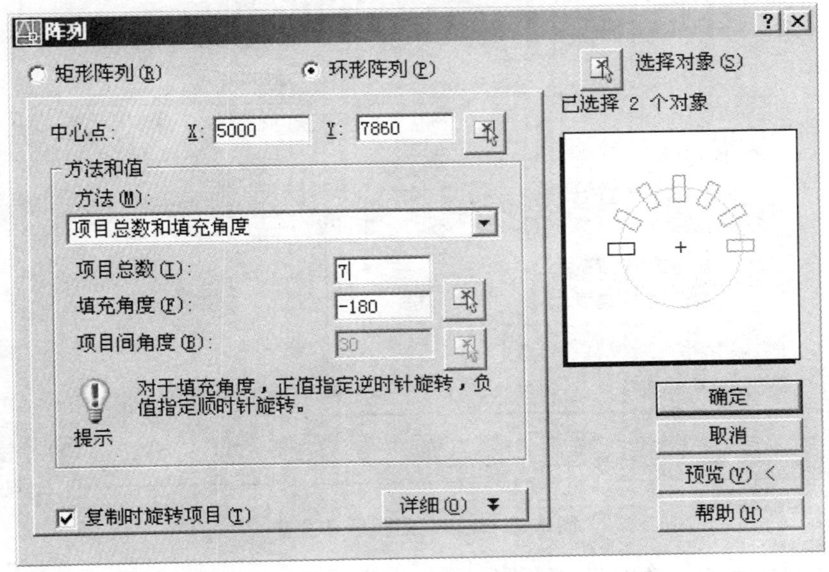

图练习 13.8 设置“阵列”对话框

(8) 绘制底板线、中心线和填充图形

执行“偏移”(O)命令，偏移水沟的轮廓线，偏移距离为 100，再执行“倒角”(CHA)命令，输入参数 d，设第一倒角和第二倒角的距离为“0”，然后选取要连接的线段，重复命令。如图练习 13.9 所示。

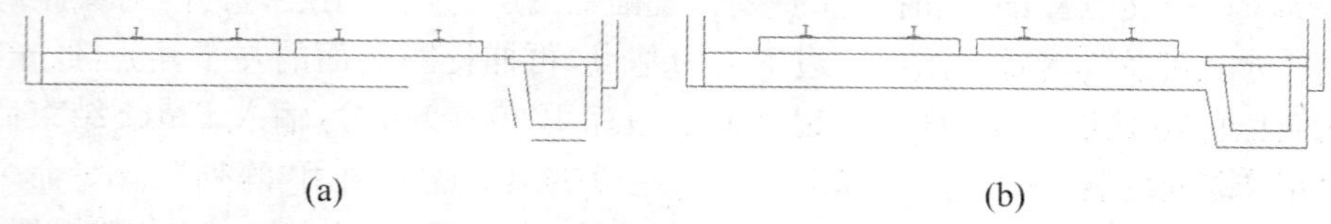

图练习 13.9 绘制底板线

设置填充图层为当前图层。关闭锚杆图层，以“AR-CONC”图案对净、毛断面间进行填充，比例为 1.2，如图练习 13.10 所示。

图练习 13.10 图案填充设置

设置中心线图层为当前图层，绘制中心线，完成图形。“窗口缩放”图形，将多余的对象删除，并依次检查各对象，使其与该对象所在图层的特性匹配。

(9) 创建表格及文字注释

按照表练习 13.3 创建表格样式后执行“表格”命令，分别按照 4 行 12 列和 4 行 4 列创建，然后按要求合并单元格，通过“对象特性”窗口依次修改各单元格高度和宽度值。将 FS2.2-0.75 文字样式作为表格正文的添加样式。注意单元格内文字的换行，采用“Alt+Enter”的命令形式。最后将表格归位，输写表格标题，如图练习 13.11 所示。

围岩普氏系数	掘进尺寸(m)		锚杆数量（根）	材 料 使 用 量							喷射机型号	800
	净宽度	净高度		喷射材料(m)	拱顶(m)	两帮(m)	铺底(m)	铁(kg)	竹笆(1个)	铺底(m)		
												400
430	520	520	520	560	560	560	560	560	560	560	760	

锚喷双轨运输大巷断面图		比例	1：50	540
		图号	013-1	
制图				540
图纸大小	A3			
700	700	1400		

图练习 13.11 表格尺寸和内容

(10) 标注

将标注图层置为当前图层，将表练习 13.4 的标注设置置为当前，按照图练习 13.1 尺寸标注，先按着水平方向标注图形，再按竖直方向标注尺寸。多用连续标注，不漏标。

最后，关闭辅助。

参 考 文 献

[1] 李维. 中文版 AutoCAD 2005 实用培训教程[M]. 北京:科学出版社,2005.
[2] 刘苏,陈旭玲. AutoCAD 2006 应用教程[M]. 北京:科学出版社,2006.
[3] 王谟金:AutoCAD 2005(中文版)机械制图与实训教程[M]. 北京:机械工业出版社,2005.
[4] 王斌,马进. 中文版 AutoCAD 2006 实用教程[M]. 北京:清华大学出版社,2006.
[5] 唐妮. 中文版 AutoCAD 标准 2005 教程[M]. 北京:中国电力出版社,2005.
[6] 黄和平. CAD 2005 室内装潢设计[M]. 北京:清华大学出版社,2005.
[7] 曾海平,苏少辉,汪晓平. 中文版 AutoCAD 2006 基础与应用教程[M]. 北京:清华大学出版社,2006.
[8] 郭朝勇. AutoCAD 2006 中文版应用教程[M]. 北京:电子工业出版社,2006.
[9] 郭启全,赵增慧,李莉. AutoCAD 2005 基础教程[M]:北京:北京理工大学出版社,2004.
[10] 潘地林. AutoCAD 2005 实用教程[M]. 合肥:中国科学技术大学出版社,2005.
[11] 肖洪云. AutoCAD 2005 基础教程[M]. 西安:电子科技大学出版社,2005.
[12] 张轩. AutoCAD 2006 机械制图设计范例[M]. 北京:清华大学出版社,2006.